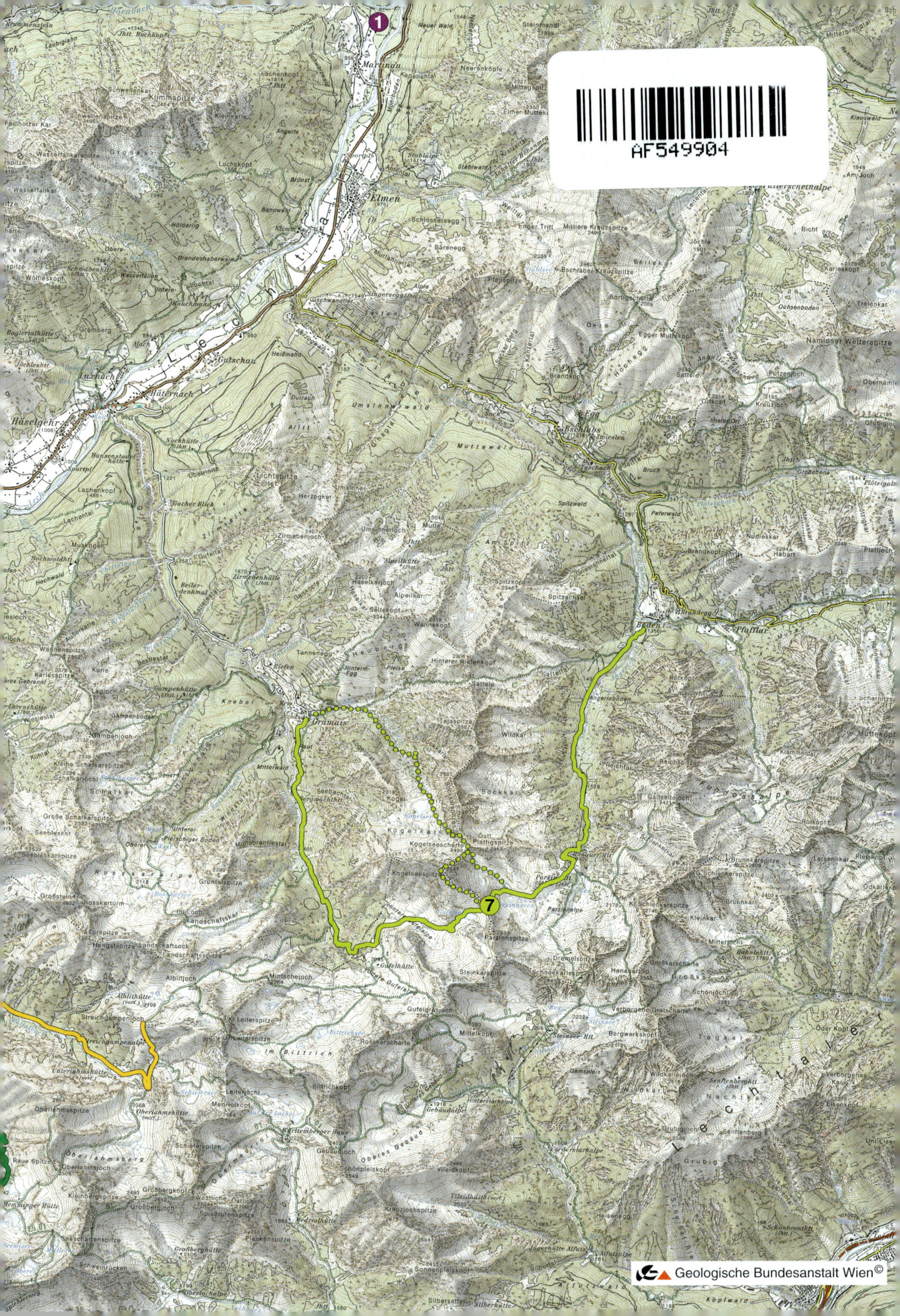
AF549904
Geologische Bundesanstalt Wien©
Martinau
Elmen
Häselgehr
Gramais
Bschlabs
Boden
Pfafflar
Lechtaler
7
1

Bibliografische Information der Deutschen Nationalbibliothek

Die Deutsche Nationalbibliothek verzeichnet diese Publikation in der Deutschen Nationalbibliografie; detaillierte bibliografische Daten sind im Internet über http://dnb.dnb.de abrufbar.

Titelbild

Grießltalpanorama

Blick von der Wildebene unterhalb der Ruitelspitze nach Südwesten entlang des Grießtltals auf die Fallenbacherspitze und die Holzgauer Wetterspitze im Hintergrund. Im Mittelgrund der hintere Sonnenkogel und die Greitjochspitze.

Rückseite

Bergwiese im Bernhardstal

Das untere Bernhardstal mit seinen faszinierenden bunten Bergblumenwiesen im späten Frühjahr. Im Talschluss ragen die noch mit Schnee bedeckten Bergmassive des Strahlkopfs und der Ramstallspitze steil empor.

Druckvorstufe: Verlag Dr. Friedrich Pfeil, München
Druck: PBtisk a.s., Příbram I – Balonka

Printed in the European Union

ISBN 978-3-89937-275-5

Verlag Dr. Friedrich Pfeil, Wolfratshauser Straße 27, 81379 München
Tel.: +49 89 5528600-0 – Fax: +49 89 5528600-4 – E-Mail: info@pfeil-verlag.de – www.pfeil-verlag.de

Wanderungen in die Erdgeschichte

42

Lechtaler Alpen

RÜDIGER HENRICH und CLAUDIA HENRICH

Mit Beiträgen von JOSEF WALCH zu Jagd, Forst und Almen

Verlag Dr. Friedrich Pfeil · München 2022

Inhalt

Vorwort ... 5

Geologische Landschaften und Erdgeschichte

Plattentektonische Entwicklung und Vielfalt der Ablagerungsräume ... 6

Landschaftstypen von der Trias bis zur Kreide ... 20

Eiszeitlicher Formenschatz und Ablagerungen ... 22

Tektonische Grundlagen für das Verständnis des Gebirgsaufbaus ... 23

Jagd und Wild im Lechtal ... 27

Wald und Forstwirtschaft im oberen Lechtal ... 33

Die Almwirtschaft im Lechtal ... 41

Wanderungen

1 Von Vorderhornbach ins Orchideenparadies der Lech-Aue um Martinau ... 46

2 Alpine Flora, Geologie und einmalige Ausblicke entlang des Lechtaler Höhenpanoramawegs vom Lachenkopf über die Jöchlspitze nach Bernshardseck ... 52

3 Von den bunten Bergwiesen und imposanten Schluchten im Bernhardstal zu den steil aufragenden Dolomit-Felsmassiv und Kar-Landschaften der Hornbachkette um die Hermann-von-Barth-Hütte ... 67

4 Steil und hoch hinauf – Von Elbigenalp über Kasermandl und Balschtesattel zur Söllner Rotwand ... 77

5 Auf dem Höhenbach-Schlucht- und Talweg zur Roßgumpenalpe – Geologie zum Anfassen ... 90

6 Von Bach hinauf auf die Wildebene am Fuß des Ruitelspitzmassivs ... 108

7 Von Gramais über den Gufelsee ins Steinbockrevier am Gufelseejöchl ... 123

8 Das Panorama der Saxeralm – Der Schlüssel zum Verständnis des geologischen Aufbaus der Lechtaler Alpen ... 140

9 Vom Parseiertal zu den Felsmassiven und Karlandschaften um die Memminger Hütte ... 153

10 Durch das Röttal hinauf zum Streichgampenjöchl ... 167

11 Durch das Grießltal über die Baumgartalm zum Fallenbacher See ... 182

Über die Autoren ... 196

Vorwort

Die Lechtaler Alpen zählen zu Recht mit zu den reizvollsten Landschaften der Nördlichen Kalkalpen. Aufgrund ihres hochalpinen Charakters sind hier die geologischen Formationen meist nahezu perfekt aufgeschlossen und eröffnen einmalige Einblicke in den tektonischen Aufbau des Gebirges. Sie bilden eine Schlüsselregion für das Verständnis des alpinen Deckenbaus und standen daher schon seit langer Zeit im Fokus der wissenschaftlichen Erforschung. Darüber hinaus beherbergen sie eine äußerst vielfältige und faszinierende Pflanzen- und Tierwelt. Perfekt erschlossen durch attraktive Wanderwege bieten sie Bergwanderern vielfältige Möglichkeiten zu einzigartigen Naturerlebnissen. Das Autorenteam, RÜDIGER HENRICH (emeritierter Geologie Professor an der Universität Bremen), CLAUDIA HENRICH (botanisch interessierte Geologin) und Diplomingenieur JOSEF WALCH (Forstmann aus dem Lechtal) lädt Sie ein, mit uns zusammen die Region zu erkunden. Nach einführenden Kapiteln zu Geologie, Forst, Jagd und Almwirtschaft haben wir für Sie 11 Wanderungen zusammengestellt. Lassen Sie sich von unserer Begeisterung und Faszination anstecken und machen sich auf den Weg in die Lechtaler Berge.

Alle Autoren sind mit der Region durch langjährige wissenschaftliche Arbeit und zahlreiche Exkursionen sehr gut vertraut. JOSEF WALCH ist hier beheimatet und tief verwurzelt. RÜDIGER HENRICH hat in Kooperation mit Kollegen der Geologischen Bundesanstalt in Wien seit Jahrzehnten zusammen mit seinen Studenten der Universitäten Kiel und Bremen eine geologische Neuaufnahme der amtlichen geologischen Karten Blatt Landeck und Holzgau vorgenommen. Seine Ehefrau CLAUDIA HENRICH hat ihn bei vielen Exkursionen und gemeinsamen Begehungen begleitet und stets ein wachsames Auge auf die Pflanzenwelt gehabt. Die meisten der Bilder im Buch wurden von ihr aufgenommen. Das Blatt ÖK 114 Holzgau ist gerade neu erschienen und kann über die Bundesanstalt in Wien bezogen werden. Interessant für Fachkollegen ist, dass auf diesem Blatt nun die Lechtal-Decke und die Inntal-Decke als Teilelemente einer zusammenhängenden neu definierten Karwendel-Decke zusammengefasst werden. Diese Neudeutung basiert auf einer im International Journal of Earth Sciences erschienenen Arbeit von Ortner und Kilian (2022).

Die über Jahrzehnte andauernde sehr erfolgreiche Zusammenarbeit mit der Geologischen Bundesanstalt in Wien bildet eine der wichtigsten Voraussetzungen für die Erstellung des vorliegenden Buches. Wir danken Hofrat Prof. Dr. HANS-PETER SCHÖNLAUB, Hofrat Dr. WOLFGANG SCHNABEL, Dr. HANS-GEORG KRENMAYR, Magister ALFRED GRUBER und Magister GERHARD BRYDA für die vielfältige Unterstützung der Geländearbeiten und die anregenden Diskussionen bei gemeinsamen Begehungen. Unsere Quartiergeber im Lechtal und in Madau haben unsere Aufenthalte mit ihrer Gastfreundschaft angenehm versüßt. Unvergessen sind die tollen Abende mit HELGA und KLAUS FREY im Berggasthof Hermine. Die Bürgermeister in Elbigenalp und Almmeister der Region haben durch Erteilen von Fahrgenehmigungen unsere Arbeit sehr unterstützt. Dr. HUBERT HILPERT und Dr. MAXIMILIAN SCHEUNGRAB (Verlag Dr. Friedrich Pfeil) haben das Manuskript sorgfältig durchgearbeitet und verbessert und ein perfektes Layout des Gesamtwerks erstellt. Allen sei hierfür herzlich gedankt.

Wilstedt bei Bremen und Häselgehr im Lechtal, im Juni 2022

RÜDIGER HENRICH, CLAUDIA HENRICH, JOSEF WALCH

Geologische Landschaften und Erdgeschichte

Plattentektonische Entwicklung und Vielfalt der Ablagerungsräume

Trias: Zeit riesiger Karbonatplattformen und paradiesischer Korallenmeere

Während der Trias-Epoche (vor 230–206 Mio. Jahren) gab es den riesigen Kontinent "Pangäa", der vom weltumspannenden Ozean "Panthalassa" umgeben war. Von Osten her griff ein Meeresgolf in den Großkontinent ein, der mehrere Hunderte bis Tausende Kilometer lang war und als Tethys bezeichnet wird. Auf den Schelfgebieten der Tethys entwickelten sich in der Obertriaszeit vor rund
1 220 Millionen Jahren in Äquatornähe die größten Karbonatplattformen, die es in der gesamten Erdgeschichte jemals gab. Mit mehreren Hundert Kilometern Breite und mehreren Tausend Kilometern Länge sind deren Reste heute noch in den alpidischen Gebirgsstöcken von den Alpen bis in den Himalaya aufgeschlossen. Bereits im Jahre 1971 hat mein Doktorvater HEINRICH ZANKL auf dem Sedimentologenkongress in Heidelberg ein sehr differenziertes Bild der Ablagerungsräume auf den
2 riesigen Karbonatplattformen der Obertrias und den angrenzenden Beckenbereichen vorgestellt. Am Rand des Schelfmeeres zum Beckenbereich des Tethys-Ozeans entwickelte sich in der Obertrias durch zunehmend verbesserten Wasseraustausch ein weit ausgedehnter Riffgürtel. Dahinter erstreckten sich von zahlreichen flachen Inseln durchsetzte weite Lagunen und Karbonat-Wattgebiete, die im Raum des heutigen Süddeutschlands am Rand der Pangäa von einer Gebirgskette, dem Vindelizischen Land, begrenzt war. Das Zusammentreffen nährstoffreicher Zwischenwässer mit warmen Oberflächenwässern des lichtdurchfluteten tropischen Schelfmeeres führte bei gleichzeitiger Absenkung des Untergrundes zu einer enormen Kalkproduktion. Dabei wurden während der gesamten Trias in den Nördlichen Kalkalpen bereichsweise über 3000 Meter mächtige, kalkige Sedimente abgelagert. Die damaligen Bedingungen waren ähnlich jenen, die heute in der Karibik oder am Great Barrier Reef vor der Ostküste Australiens herrschen. Jenseits der Riffe, in Wassertiefen von wenigen 100 Metern, wurde der feine Kalkschlamm der für ihre Ammoniden (Ceratiten) berühmten Hallstätter Kalke abgelagert. Daran schlossen sich der Kontinentalhang und schließlich der Boden des tiefen Tethys-Ozeans an (=Meliatha-Ozean). Hier entstanden mit zunehmender Wassertiefe kieselige Ablagerungen.

In den Karbonatwattgebieten des Hauptdolomits kam es zur frühen Ausscheidung von Dolomit (=Calciummagnesiumkarbonat, $CaMg(CO_3)_2$), der sich ähnlich wie heute auf den Bahamas bildete

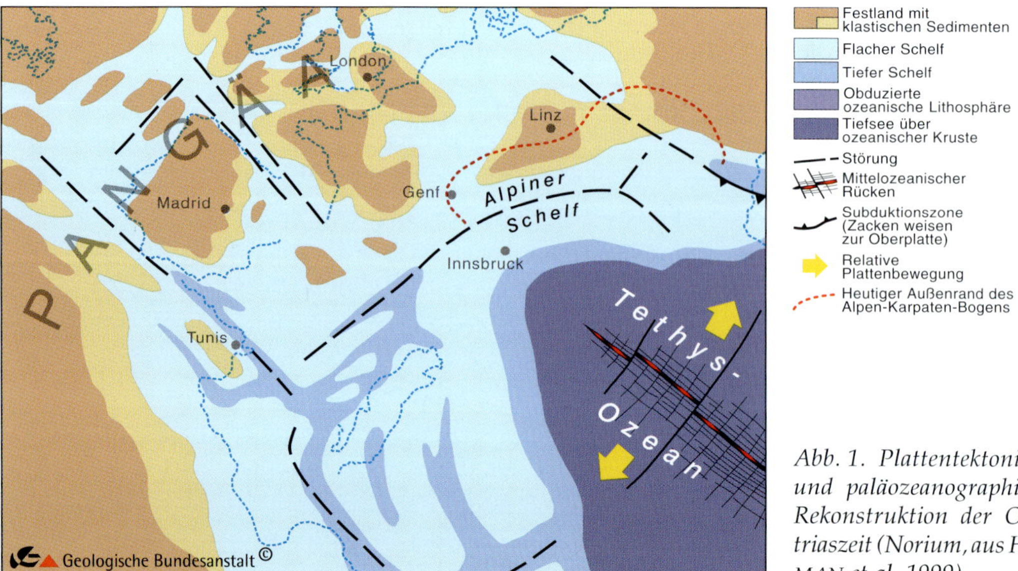

Abb. 1. Plattentektonische und paläozeanographische Rekonstruktion der Obertriaszeit (Norium, aus HOFMAN et al. 1999).

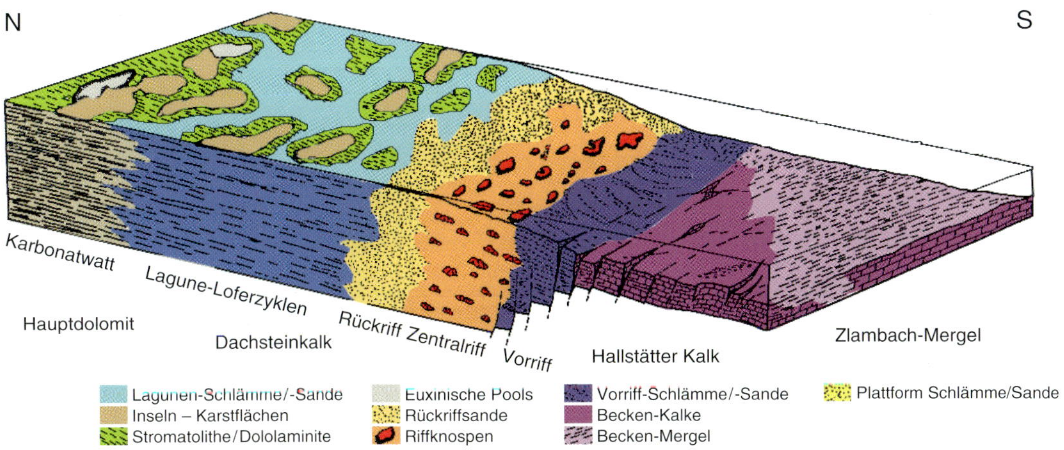

Abb. 2. Schematisches Blockbild eines Ausschnittes der Obertrias-Karbonatplattformen während des Noriums (verändert nach ZANKL 1971).

und im Gebirge durch hellbeigebraune, laminierte Algenmattenstrukturen bis heute überliefert sind. Die dazwischen liegenden Schlickflächen, auf denen im Wesentlichen Kalkschlamm sedimentierte, wurden durch spätere Dolomitisierungsprozesse – durch Infiltration magnesiumreicher Lösungen in die vorhandenen Porenräume – in einen sekundären zuckerkörnigen Dolomit überführt. Durch Meeresspiegelschwankungen entstanden zyklisch gebankte Abfolgen von zuckerkörnigen, mächtigen, oft mit Kohlenwasserstoffen versetzten und daher leicht bituminösen Dolomiten mit dünnbankigen, hellbeigebraunen Algenlaminiten (Stromatolithen).

Im Gelände fällt selbst aus großer Ferne die ausgesprochen zyklische Variation der Bankdicken im Hauptdolomit und im Dachsteinkalk auf. Im Bereich der Dachsteinkalk-Lagune treten die Bankungszyklen in Form von Loferzyklen auf. Diese wurden erstmals detailliert in der klassischen Pionierarbeit von A. G. FISCHER (1964) beschrieben. Der Basiszyklus umfasst eine dicke Bank (2–10 m) gefolgt von einer dünnen Bank (10–50 cm) und einer zentimeterdicken Fuge. In den Gebirgsstöcken der Lagunenfazies kann man ein weiteres wichtiges Phänomen beobachten: Die Bänke halten nicht über längere Strecken durch, sondern keilen seitlich aus. Sie bilden also genau genommen flach linsenförmige Körper. Die dicke Bank wird aufgrund des häufigen Vorkommens von großen Muscheln, den Megalodonten, auch als Megalodontenbank (C-Member) bezeichnet. Sie beinhaltet lagunäre Kalkschlämme und Sande mit typischen Fossilien dieses Lebensraums, wie Muscheln, Schnecken, *3a*
Foraminiferen und Grünalgen (Dasycladaceen). Horizontweise auftretende, schräggeschichtete Oolith- *3b,c*
sande wurden auf hoch turbulenten Untiefen am Plattformrand produziert und durch Strömungen in die Lagune verschwemmt. Die Megalodontenbänke keilen nach mehreren Hundert Metern Entfernung aus. Die dünnen Bänke (B-Member) werden von in sehr flachem Wasser wachsenden Algenmatten (Stromatolithen) beziehungsweise durch infolge extremer Eindampfung abgesetzten Dololaminiten aufgebaut. Die B-Bänke dünnen bereits nach mehreren Dekametern Entfernung aus. Gleiches gilt *3c*
für die mit Karsttonen gefüllten, mehrere Zentimeter breiten Fugen (A-Member).

Wie kam es zu dieser Zyklizität von Bankung und Faziesabfolgen? Bereits A. G. FISCHER (1964) hat erkannt, dass sich hierin Meeresspiegelschwankungen widerspiegeln. Abbildung 4 zeigt, wie man *4*
aus den unterschiedlichen Zyklenmustern transgressive und regressive Meeresspiegelentwicklungen ableiten kann. Dies kann auch schon sehr gut im Gelände beobachtet werden. Übrigens sind Lofer- *5*
zyklen nicht nur auf die alpine Mittel- und Obertrias in der Erdgeschichte beschränkt, sondern es gibt sie auf den flachen Schelfgebieten der Erde in Äquatornähe immer dann sehr häufig, wenn die klimatischen Voraussetzungen gegeben sind, nämlich ein warmes Klima (=Treibhaus-Klima) und fast kein Eis auf der Erde. Unter diesen Umständen ergeben sich hochfrequente (einige Tausend

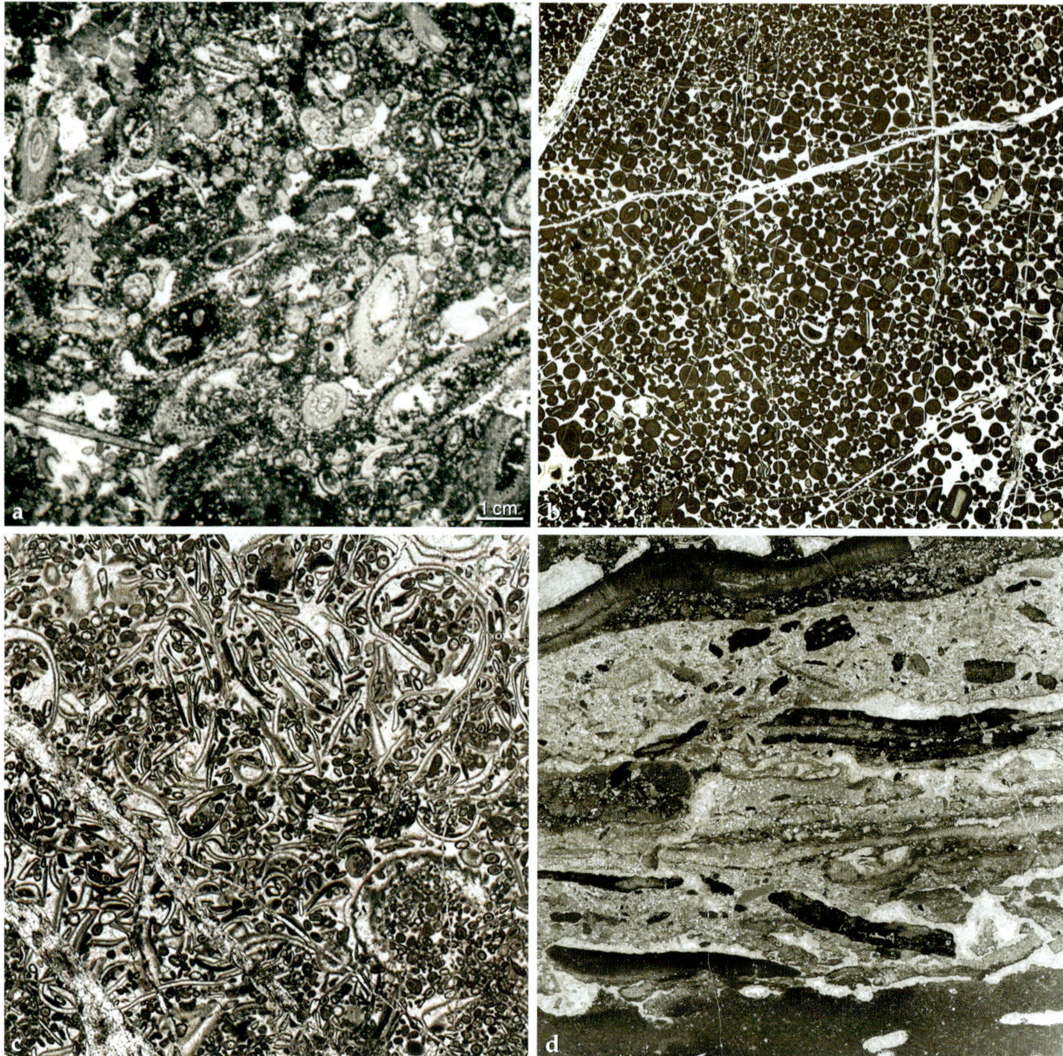

Abb. 3. Gesteinsdünnschliffe des C-Horizonts (Megalodonten-Bank im Wettersteinkalk, HENRICH *1984). a, Dasycladaceen-Foraminiferen Grainstone; b, Oolith; c, oolithische Schillkalke; d, Gesteinsdünnschliff des B-Horizonts (Wettersteinkalk,* HENRICH *1984). Von Gezeitenströmen aufgearbeitete Algenmatten (Stromatolith-Resediment).*

bis maximal 20000 Jahre) Meeresspiegelschwankungen mit niedriger Amplitude im Meterbereich (GOLDHAMMER et al. 2000, vgl. Abb. 4).

Rhätium: Entwicklung eines neuen Schelfbeckens, des Kössener Beckens, eingeleitet durch einen Megamonsun am Rande des Vindelizischen Landes

In der höchsten Stufe der Obertrias, dem Rhätium, hatten die Gebirgsketten am Rande des Vindelizischen Landes (der heutigen Böhmischen Masse) eine kritische Höhe überschritten, sodass sich an ihrer Südseite kräftige Megamonsun-Niederschläge abregneten, wie heute am Rande des Himalayas. Durch Flüsse wurden die an Tonsuspension reichen Wassermassen in das flache Schelfmeer der Karbonatplattform eingespeist. An deren Nordrand entstanden flache Delta- und Prodeltafächer und

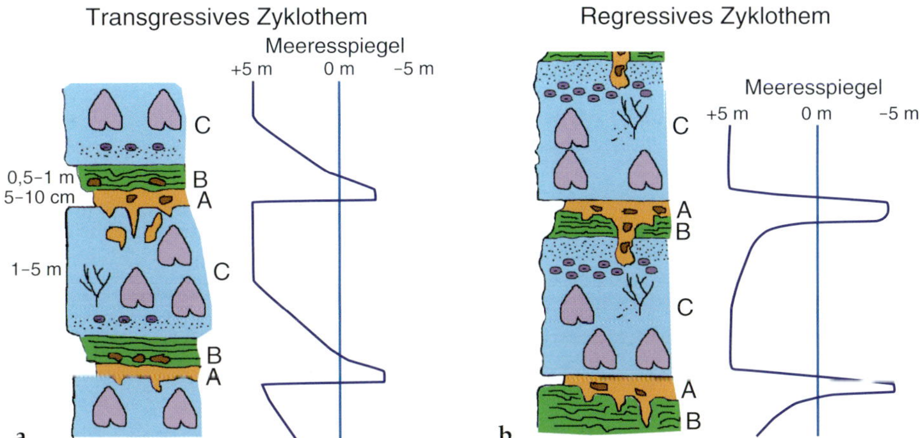

Abb. 4. Loferzyklen. a, transgressive, b, regressive Zyklotheme (Vorlesungsskript HENRICH *verändert nach* FISCHER *1964). A, Karst-Tone/-Brekzien; B, Stromatolith/Dololaminit; C, Megalodonten-Bank.*

Abb. 5. Geländeaufnahmen von transgressiven Zyklothemen (ABC-Sequenzen), Dachsteinkalk an der Kehlsteinstraße in Berchtesgaden.

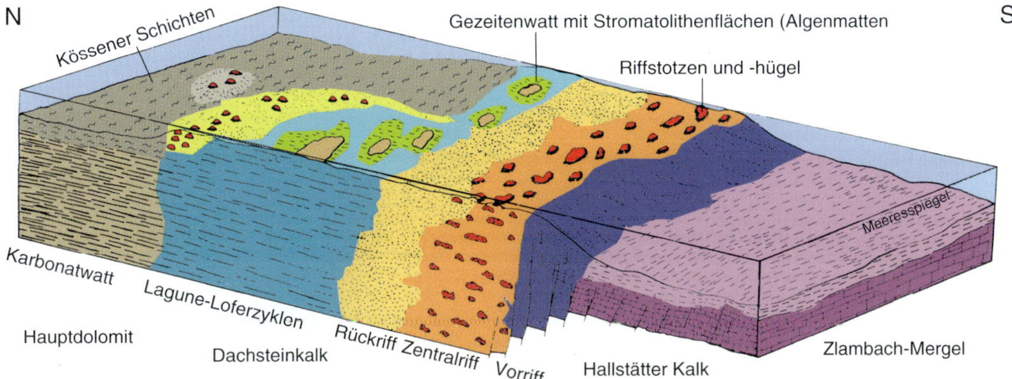

Abb. 6. Paläozeanographische Rekonstruktion der Ablagerungsräume auf dem alpinen Schelf während des Rhätiums (verändert nach ZANKL *1971). Legende siehe Abb. 2.*

Abb. 7. Ausschnitt aus dem rhätischen Korallen-»reef mound« bei Adnet mit Paläokarsterscheinungen. Wandanschnitt im Tropfbruch bei Adnet nahe Salzburg.

leiteten so die Entstehung des stark von terrigenen Schüttungen beeinflussten Kössener Schelfbeckens ein. 6

Die terrigene Sedimentzufuhr konnte im Gegensatz zur Karbonatproduktion jedoch nicht komplett die fortlaufende Absenkung der Schelfregion ausgleichen. Daher vertiefte sich das am Anfang sehr flache Kössener Becken im Laufe der Zeit zunehmend. Das Wechselspiel zwischen terrigener Zufuhr und zeitweise in begrenztem Maße stattfindender Karbonatsedimentation bildet sich in einer Wechselfolge von kalkigen und mergeligen Schichtpaketen ab, die durch dunkelgraubraune und schwarze Farbtöne charakterisiert sind. In einigen Kalkbänken sind intakte Korallenstöcke oder Korallenbruch zu erkennen. Lokal treten auch Korallen-Riffstrukturen (reef mounds) auf. Dies belegt, dass das Kössener Becken in diesen Bereichen noch in der durchlichteten Zone lag und Wassertiefen von
7 50 bis 100 Meter nicht überschritten wurden. Paläo-Karststrukturen in einigen der "reef mounds" zeigen, dass deren Topbereich über längere Zeiträume sehr flach war und im Einflussbereich der in den Loferzyklen dokumentierten Meeresspiegelschwankungen lag. Der "reef mound" bei Adnet nahe Salzburg ist ein klassisches Beispiel dafür.

Abb. 8. Übergang der rhätischen Rifframpe mit originalem Paläohang zum Kössener Schelfbecken an der Steinplatte bei Waidring in Tirol.

Der Übergang von einem rhätischen Riff mit Originalpaläohang zum Kössener Becken sowie mehreren "reef mounds" im Becken ist in besonders beeindruckender Weise in den Felswänden der Steinplatte bei Waidring in Tirol sichtbar. Die größte Wassertiefe erreichte das Kössener Becken am 8
Ende der Rhätzeit. Es waren an der Steinplatte ziemlich genau 250 Meter Wassertiefe. Dieser Wert ergibt sich, wenn man vom Steinplatte-Riff (Wassertiefe einige Meter) eine gedachte horizontale Linie ins Kössener Schelfbecken verlängert und die Höhendifferenz zur letzten Kössener Kalkbank über dem "reef mound" am Kammerköhr ermittelt.

Das Kössener Becken lag in weiten Bereichen im Einflussbereich der Welleneinwirkung, wofür "Lumachellenlagen" sprechen. Letztere entstehen, wenn sich infolge von kräftigen Stürmen aus Schlammsuspensionen Anreicherungen von zusammengespülten Muschel- und Brachiopodenschalen absetzen.

Der Ablagerungsbereich, der in der Inntal- und der Lechtal-Decke der hiesigen Region aufgeschlossenen Schichtfolge, umfasst im Wesentlichen Hauptdolomit und Kössener Schichten.

Jura: Intensive Zerblockung und Absenkung der ehemaligen Trias-Schelfgebiete induziert durch Zerfall von Pangäa und Öffnung des neuen penninischen Ozeans

Im Jura begann der Zerfall des Superkontinents Pangäa. Die tektonischen Bewegungen setzten entlang der späteren Trennungsfugen bereits im frühen Jura ein (vor etwa 190 Mio. Jahren). Im mittleren Jura öffnete sich zwischen dem zukünftigen Westafrika und dem zukünftigen südlichen Nordamerika das Ozeanbecken des zentralen Atlantiks, der an riesigen Seitenverschiebungen zwischen Spanien und dem nordwestlichen Afrika, weit gegen Osten versetzt, eine Fortsetzung im Penninischen Ozean fand. 9
Dieser trennte fortan das im Nordwesten gelegene "Alte Europa" von Afrika. Der Ablagerungsraum der Sedimentfolge, die in den heutigen nördlichen Kalkalpen in Deckenkomplexen aufgeschlossen ist, erstreckte sich entlang des Adriatischen Sporns am Nordrand Afrikas. Gleichzeitig begann die Schließung des Tethys-Ozeans. Ozeanische Kruste wurde dabei am Rand des "Adriatischen Sporns" obduziert (= aus der Tiefe in der Subduktionszone an die Oberfläche befördert).

Lias-Rotkalke – das "Leichentuch" roter, knolliger Ammonitenkalke über dem adriatischen Schelf

Im Zeitraum vom Lias bis zum Ende des mittleren Juras (vor 206–180 Mio. Jahren) wurden in wenigen bis einigen Hundert Metern Wassertiefe großflächig hemipelagische Sedimente, rote Knollenkalke (="Ammonitico rosso") und graue Fleckenkalke (bzw. Allgäu-Schichten), abgelagert. Diese Sedimente bedecken wie ein Leichentuch den ehemaligen adriatischen Schelf am Nordrand Afrikas und bekunden eine rasche Transgression und Eintiefung. Da gleichzeitig intensive synsedimentäre Tektonik die zunehmende Zerblockung der ehemaligen adriatischen Schelfplattform einleitete, kam es zu einer engräumigen topographischen Staffelung von Schwellen

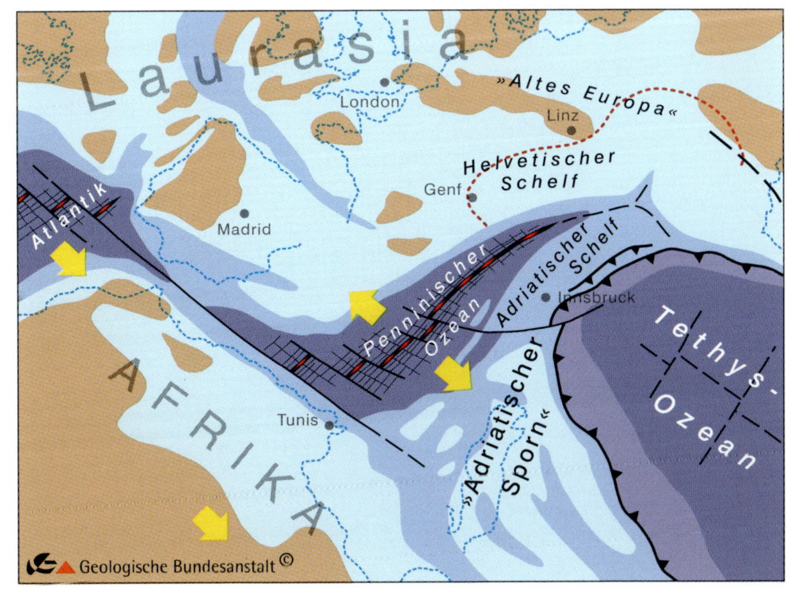

Abb. 9. Plattentektonische und paläozeanographische Rekonstruktion der Mittleren und der Oberen Jurazeit (aus HOFMANN et al. 1999).

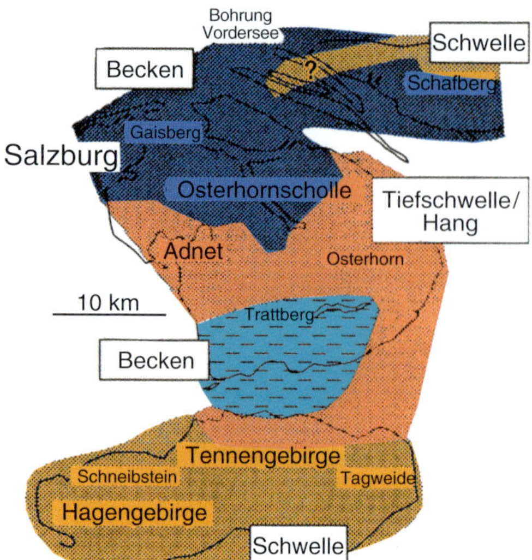

Abb. 10. Becken-Schwellen-Konstellation in den Berchtesgaden-Salzburger Alpen während des Lias (verändert nach BÖHM *1992 und* HENRICH *2016).*

und benachbarten Becken. Ein klassisches Gebiet, wo die Schwellen-Becken-Konstellation in exzellenten Aufschlüssen studiert werden kann, ist die Region 10
um Adnet südlich von Salzburg. Hier werden in Steinbrüchen seit Jahrhunderten Liasrotkalke, auch Adneter Kalke genannt, als Bau- und Dekorsteine abgebaut. Im Folgenden sollen die vielfältigen sedimentären und tektonischen Phänomene, die am Adneter "Seamount" besonders eindrucksvoll beobachtet werden können, in ausgewählten Streiflichtern 11
beleuchtet werden (HENRICH 2016).

Synsedimentäre Tektonik und Massenstrom-Ereignisse am Adneter Sea Mount

Am Top und der höheren Flanke des Adneter "Sea Mounts" wurden kondensierte Adneter Rotkalke abgelagert, die reichlich Fossilreste (Ammoniten, Belemniten, Muscheln, Schnecken, Foraminiferen, Seeigel und Seelilien) führen und engständig von Eisen-Mangan-Krusten durchzogen sind. Die Kondensation weist auf intensive, stark pulsierende Bodenströmungen hin. Abbildung 12 zeigt ein ein- 12
drucksvolles Beispiel eines solchen kondensierten Kalkes mit einer basalen Sedimentschicht, die sich über einem stabilisierten Meeresboden (Firmground) bei moderaten Strömungen aufgebaut hat und anschließend stark durchwühlt wurde. Darüber folgt ein Hartgrund mit einer Eisen-Mangan-Kruste, in der zahlreiche Ammoniten eingelagert sind. Der Hartgrund weist auf starke Bodenströmungsaktivität verbunden mit Erosion hin.

Zahlreiche synsedimentäre tektonische Spalten (Neptunian Dykes) durchziehen den Adneter "Sea Mount". Sie sind Zeugen der fortschreitenden Dehnungstektonik im Zuge der Zerblockung des
13 absinkenden adriatischen Schelfs.

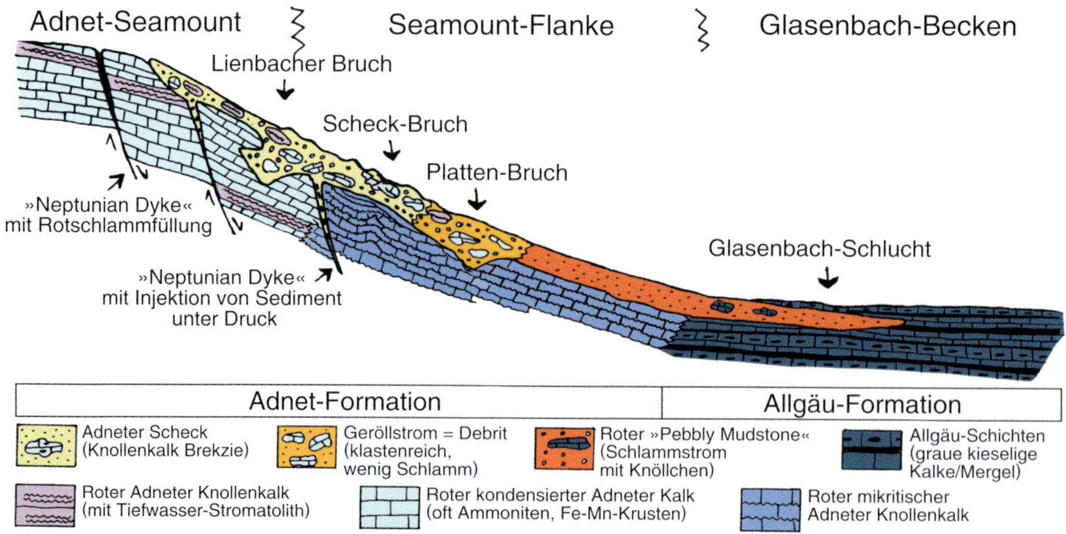

*Abb. 11. Schematischer Profilschnitt vom Top des Adneter »Sea Mounts« bis ins angrenzende Glasenbach-Becken (*HENRICH *2016).*

Abb. 12. *Intensiv durchwühlter kondensierter Adneter Kalk mit Hartgrundbildung und Anreicherung von Ammoniten (Lienbacher Bruch, Adnet »Sea Mount«).*

Abb. 13. Synsedimentär-tektonische Spalten. a, Y-förmige Spalte im rhätischen Riffkalk mit zweifacher Einfüllung von Lias-Schlämmen. Die Sedimente waren noch weich und sind beim zweiten tektonischen Puls tiefer in die Spalte eingesaugt und deformiert worden. b, Eine synsedimentär-tektonische Spalte öffnet sich im bereits verfestigten Adneter Kalk. In die Spalte wurden unter großem Druck scharfkantig aufgearbeitete Eisen-Mangan-Krustenfragmente eingepresst.

Abb. 14. Zementierte Schlammgeröllstromablagerung (Debris Flow) im Adneter Scheck, aufgebaut aus drei fließend ineinander übergehenden Lagen: einem schlammigen Debrit an der Basis; einem zementierten Klastenteppich im Mittelabschnitt, einer Toplage mit großen aufgearbeiteten Knollenkalkblöcken. Die fließenden Übergänge belegen, dass die Ablagerung des 5 Meter mächtigen Pakets schlagartig einphasig erfolgte.

Während der synsedimentär-tektonischen Ereignisse fanden vermutlich zahlreiche Mikroerdbeben
statt, die wiederum zur Instabilität der an den Flanken des "Sea Mounts" abgelagerten Sedimente
beitrugen und untermeerische Massenverlagerungen auslösten. Ein besonders eindrucksvolles
14 Beispiel ist das in Abbildung 14 dokumentierte Schlammstromereignis, das in der oberen Flanke
des Adneter "Sea Mounts" nahe dem Top ausbrach und sich zungenförmig bis in mittlere Hangpositionen ausbreitete.

Auch in unserem Exkursionsgebiet sind an vielen Stellen innerhalb der Lias-Rotkalke Massenstromereignisse und Schlammgeröllströme, meist jedoch geringeren Ausmaßes, bekannt.

Allgäu-Schichten (Lias-Dogger): hemipelagische Sedimentabfolgen über den rasch absinkenden und zerblockten ehemaligen Trias-Schelfarealen

Die Allgäu-Schichten bestehen aus grauen bis schwarzen Kalk-Mergel-Wechselfolgen, die sich aufgrund ihrer Fossilführung als tiefmarine Lebensräume ausweisen lassen. Sie wurden im Lias und im Dogger vor 200 bis 160 Millionen Jahren vor allem im westlichen Areal des ehemaligen adriatischen Schelfes (z.B. heutige Allgäuer- und Lechtaler Alpen) abgelagert. Der terrigene Eintrag war hier besonders hoch. Die Gesamtmächtigkeit der Allgäu-Schichten kann bis 1500 Meter betragen. Aufgrund der intensiven Zerblockung des ehemaligen adriatischen Schelfs kam es auch hier, wie

Abb. 15. Typische Gefügemerkmale in den Allgäu-Schichten, die durch die Tätigkeit von Organismen (Grab- und Wühlspuren sowie Wohn- und Fressbauten) in den kalkigen und mergeligen Sedimenten der Allgäu-Formation angelegt werden. CH, Chondrites, strauchartige sich verzweigende Fressgänge; P, Planulites, ein U-förmig gebogener, zentimetergroßer Röhrenbau; Z, Zoophycos, ein sich spiralig in das Sediment drehender, bis mehrere Zentimeter breiter Spreitengang.

im Berchtesgaden-Salzburger Raum, während des Lias und Doggers zur Differenzierung in Sedimentationströge und Schwellen. Entsprechend variiert die Schichtmächtigkeit lokal sehr stark mit höchster Mächtigkeit von Kalk-Mergel-Wechselfolgen in Trögen und geringster Mächtigkeit mit stark verkieselten Kalken über den Schwellen (z. B. die kieseligen Älteren Allgäu-Schichten im Madautal). Der Lebensraum war durch Weichböden (Soft Bottoms) und stabilisierte Meeresböden (Firm Grounds) charakterisiert, die ein reiches Bodenleben dokumentieren. Viele Organismen haben sich in den Schlamm und in die stabilisierten Böden eingegraben und eine Vielfalt von Grabspuren und Wohnbauten im Sediment hinterlassen. Da die Bautensysteme oft durch unterschiedlich gefärbtes Sediment von oben verfüllt sind, sind die Bauten in den Bänken oft deutlich sichtbar. Sie erhalten hierdurch ein fleckiges Aussehen, was auch zur Schichtbezeichnung des Fleckenmergels bei den alten 15
Geologen geführt hat. In diesem tieferen Meer am Rande des sich ab Dogger zunehmend öffnenden Peninnischen Ozeans lebten Ammoniten, Belemniten, Echinodermen, Muscheln und Brachiopoden, aber auch eine Vielfalt von planktonischen Organismen, die hauptsächlich den Kalkschlamm bilden.

Radiolarit und Malm-Aptychenkalk: klassische pelagische Tiefseesedimente

Die Abfolgen im höheren Jura (Oxfordium bis Tithonium) dokumentieren eine zunehmende Vertiefung und Absenkung der ehemaligen Schelfgebiete, die mit fortschreitender Öffnung des Penninischen Ozeans an den ozeanischen Spreizungszonen mit Kissenlaven (Pillowlaven) einhergeht. Typische Sedimente sind die Radiolarite (Ruhpolding-Formation), die die tiefste Phase des Penninischen Ozeans und des angrenzenden Randmeeres über dem tief abgesunkenen ehemaligen adriatischen Schelf kennzeichnen. Mit schwarzen, grünen und roten Farbvarianten sind sie oft besonders eindrucks-

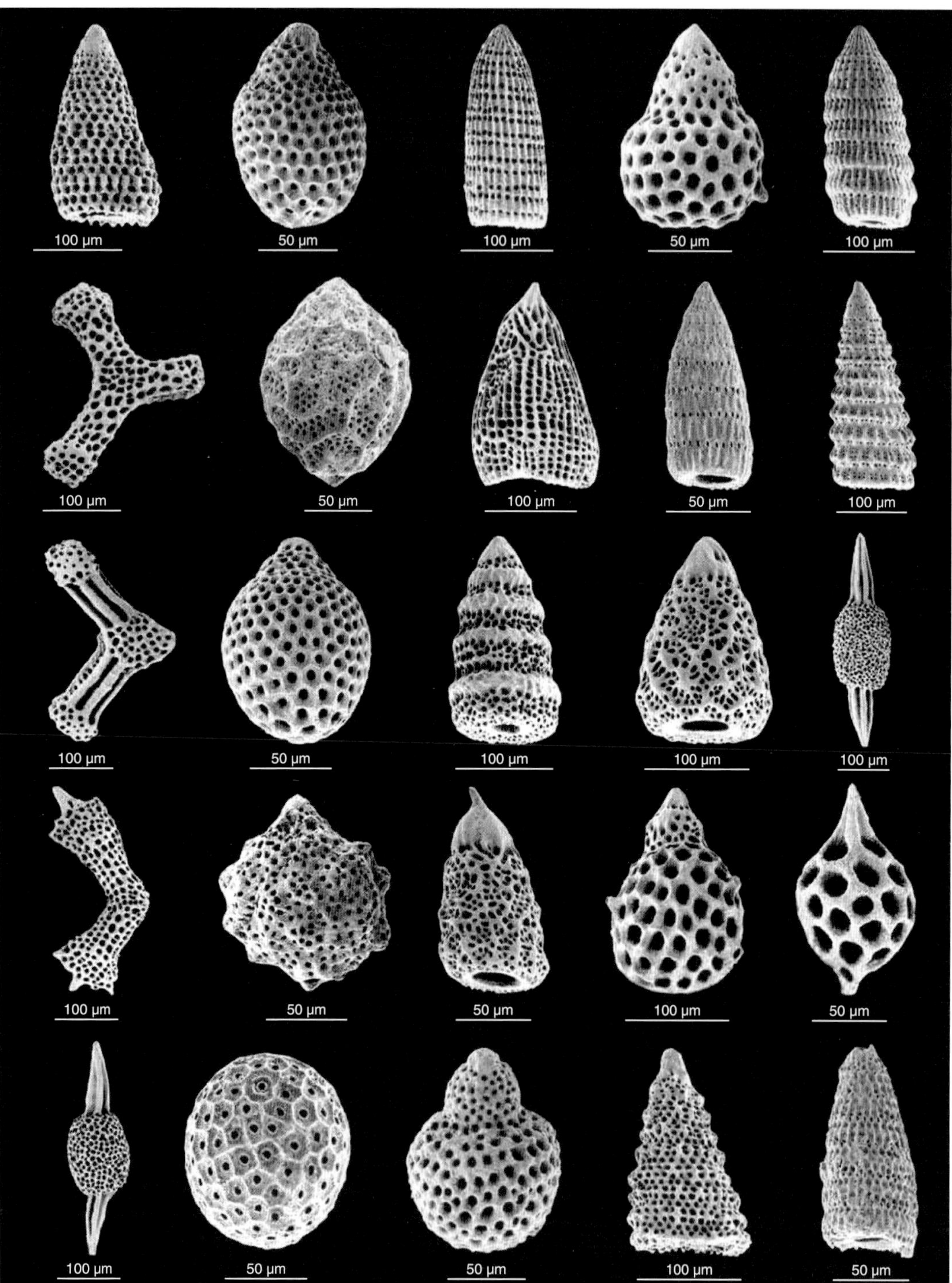

Abb. 16. Radiolarien-Vergesellschaftung der Probe EW284 A aus der Ruhpolding-Formation im Gebiet des Plassens östlich von Salzburg. Das Artenspektrum ermöglicht eine genaue zeitliche Einstufung (Auflistung der Arten und Erläuterungen zur Stratigraphie siehe WEGERER *et al. 2003).*

voll weithin sichtbar im Gelände aufgeschlossen, beispielsweise in der Rothornspitze im besuchten Gebiet. Die Rückstände von mit Flusssäure behandelten Gesteinsproben beinhalten vielfach nahezu perfekt erhaltene Radiolarien-Faunen. Radiolarien gehören zum Zooplankton des Ozeans. Sie treten in nährstoffreichen Wassermassen des offenen Ozeans gehäuft auf. Außerdem sind sie ausgezeichnete stratigraphische Werkzeuge. Die Bestimmung der in einer Probe vorhandenen Arten erlaubt eine engständige Einstu-
16 fung in Radiolarien-Zeitzonen.

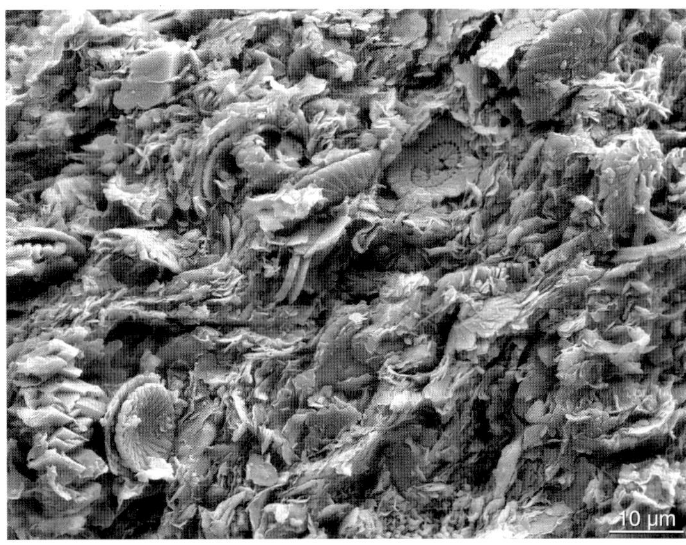

Abb. 17. Nahezu perfekt erhaltenes Nannoplankton (hauptsächlich Coccolithen), eingebettet in fein laminierte Tone (Probe DSDP 105-35-4, 65–66 cm, westlicher Atlantik, Oberjura, Tithonium, NJ-19B Nannofossil-Subzone; Fig. 3.13-1 aus Bornemann *et al. 2003).*

Die Ablagerungen des höchsten Juras (Kimmeridgium bis Tithonium) sind die rein pelagischen, schneeweiß- bis cremefarbenen alpinen Aptychenkalke (Aptychen = Kieferdeckel von Ammoniten). Deren dicht mikritische Matrix wird fast ausschließlich von winzigen, einigen Mikrometern großen planktischen Algen,
dem "kalkigen Nannoplankton" aufgebaut. Zeitgleich wurden analoge Sedimente auch im zentralen 17
Nordatlantik abgelagert. Zum kalkigen Nannoplankton werden verschiedene Phytoplanktongruppen gezählt. Am bedeutendsten sind Coccolithophoriden, Nannolithen und kalkige Dinozysten. Coccolithen sind einige Mikrometer große einzellige Algen (Klasse Prymnesiophycea, Abteilung Haptophyta). Sie sind photoautotroph. Daher ist ihr Vorkommen auf die durchlichteten obersten 50 bis 200 Meter der Oberflächengewässer beschränkt. Das kalkige Nannoplankton hat im Oberjura wichtige Entwicklungsphasen durchlaufen und extrem an Verbreitung zugenommen. Der hierdurch bedingte Übergang von roten Radiolariten zu schneeweißen Malm-Apytchenkalken hat weltweit zu einer schlagartig verstärkten Karbonatproduktion im Oberflächenwasser der Ozeane geführt. Meist erfolgt der Wechsel zwischen beiden Lithologien abrupt von einer Bank zur nächsten. Dieser rasche Wechsel wird auch als die Ruhpoldinger Wende bezeichnet.

Kreidezeit: Grundlegende Umstellung der plattentektonischen Konstellation

Die grundlegende Umstellung der plattentektonischen Verhältnisse erfolgte durch

- den endgültigen Zerfall der Pangäa sowie die Öffnung des Nord- und Südatlantiks;
- die Subduktion der adriatischen Platte, der Tethys und des penninischen Ozeans;
- die Anlage der Decken in den Nördlichen Kalkalpen, anschließend durch den zunehmenden Nordschub und die interne Deformation des Deckenstapels.

Der Superkontinent Pangäa zerfiel während der Kreide vollends. Schon am Beginn der Kreide, ab etwa
145 Millionen Jahre vor heute, begann sich die Öffnung des Nord- und Südatlantiks abzuzeichnen. Der 18
Penninische Ozean verbreiterte sich durch die anhaltende Bildung neuer ozeanischer Kruste. Aus dem Golf von Biskaya kommend entwickelte sich ein zweiter Ast, welcher die heutige Iberische Halbinsel vom "Alten Europa" abtrennte und um die heutigen Karpaten gegen Osten ausgriff. Der "Adriatische Sporn" löste sich im Zuge der Entstehung des östlichen Mittelmeeres allmählich von Afrika. Während des Anfangsstadiums der Alpidischen Gebirgsbildung entwickelte sich um etwa 135 Millionen Jahre vor heute eine Plattengrenze entlang der im spätesten Jura angelegten Störung, die den Penninischen mit dem Tethys-Ozean verband. Dieser Störung folgend wurde seit damals die Adriatische Platte über

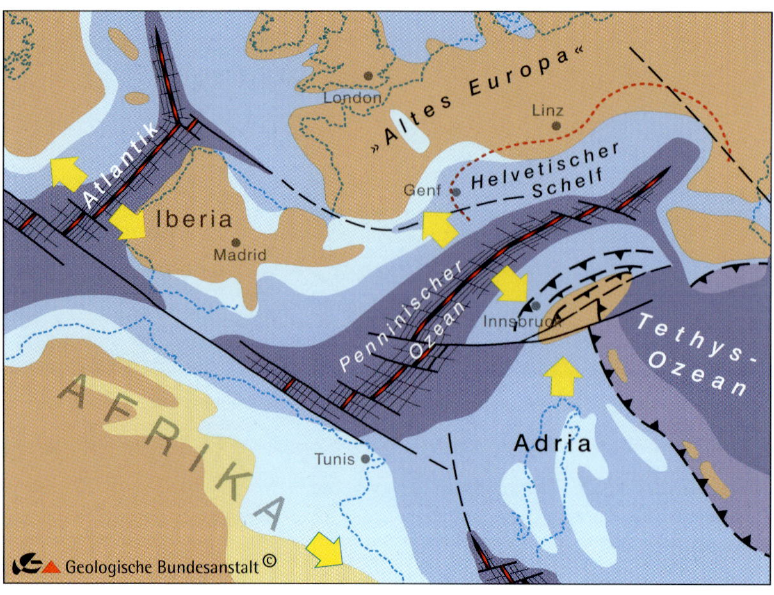

Abb. 18. Plattentektonische und paläozeanographische Rekonstruktion der Unteren Kreidezeit (aus HOFMANN *et al. 1999).*

die nordwestlich gelegene Lithosphärenplatte geschoben, welche nach Südosten in den Mantel abtauchte. Der dicke und schwere lithosphärische Mantel dieser abtauchenden Platte fungierte dabei wie ein Förderband, auf dem die auflagernde Kruste zur Subduktionszone transportiert wurde. Zuvorderst auf dem Förderband lag die kontinentale Kruste des ehemals nördlichsten Teils des "Adriatischen Sporns", dahinter die ozeanische Kruste des Penninischen Ozeans und schließlich die kontinentale Kruste des "Alten Europas".

Am Nordrand des ostalpinen Schelfs geriet der Ablagerungsraum der heutigen Kalkalpen in Bedrängnis mit der Subduktionszone. Hier kam es zur Anlage der ersten Deckenbildung in den östlichen Nördlichen Kalkalpen. In der Ober- und Mittelkreide wurde der gesamte Südrand des ostalpinen
19 Schelfs von den Subduktionsvorgängen betroffen und das Ozeanbecken der Tethys wurde endgültig an der Subduktionszone verschluckt.

Vor 85 Millionen Jahren ragten schon große Teile des Ostalpins als Inselwelt aus dem Meer her-
20 aus. Flüsse transportierten den Verwitterungsschutt in die verbliebenen seichten Meeresarme und bildeten den Auftakt zur Sedimentation der Gosau-Gruppe. Deren fossilreiche Sedimente zeugen von Kohlesümpfen und subtropischen Küstenlandschaften mit kleinen Riffen. Bis in das Tertiär hinein setzten sich die Subduktionsvorgänge fort. Schließlich wurde auch der Penninische Ozean endgültig verschluckt. Dessen bis ins Eozän verbliebener nörd-

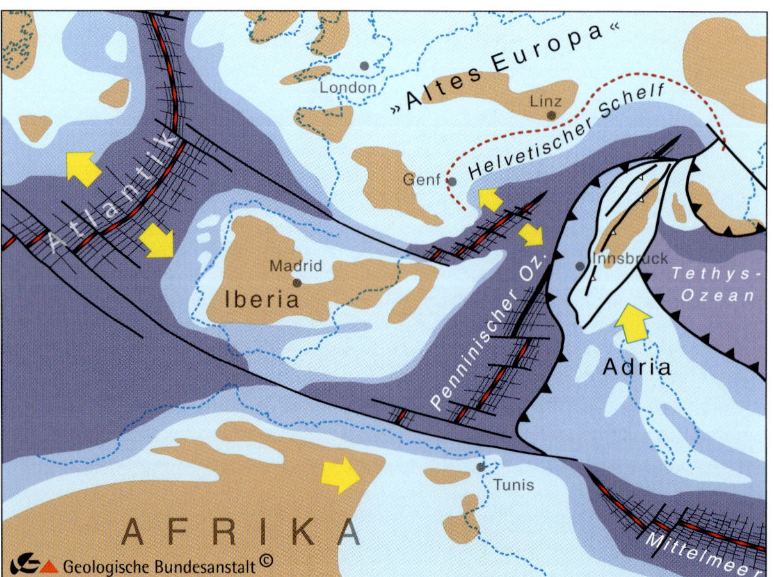

Abb. 19. Plattentektonische und paläozeanographische Rekonstruktion der mittleren und oberen Kreidezeit (aus HOFMANN *et al. 1999).*

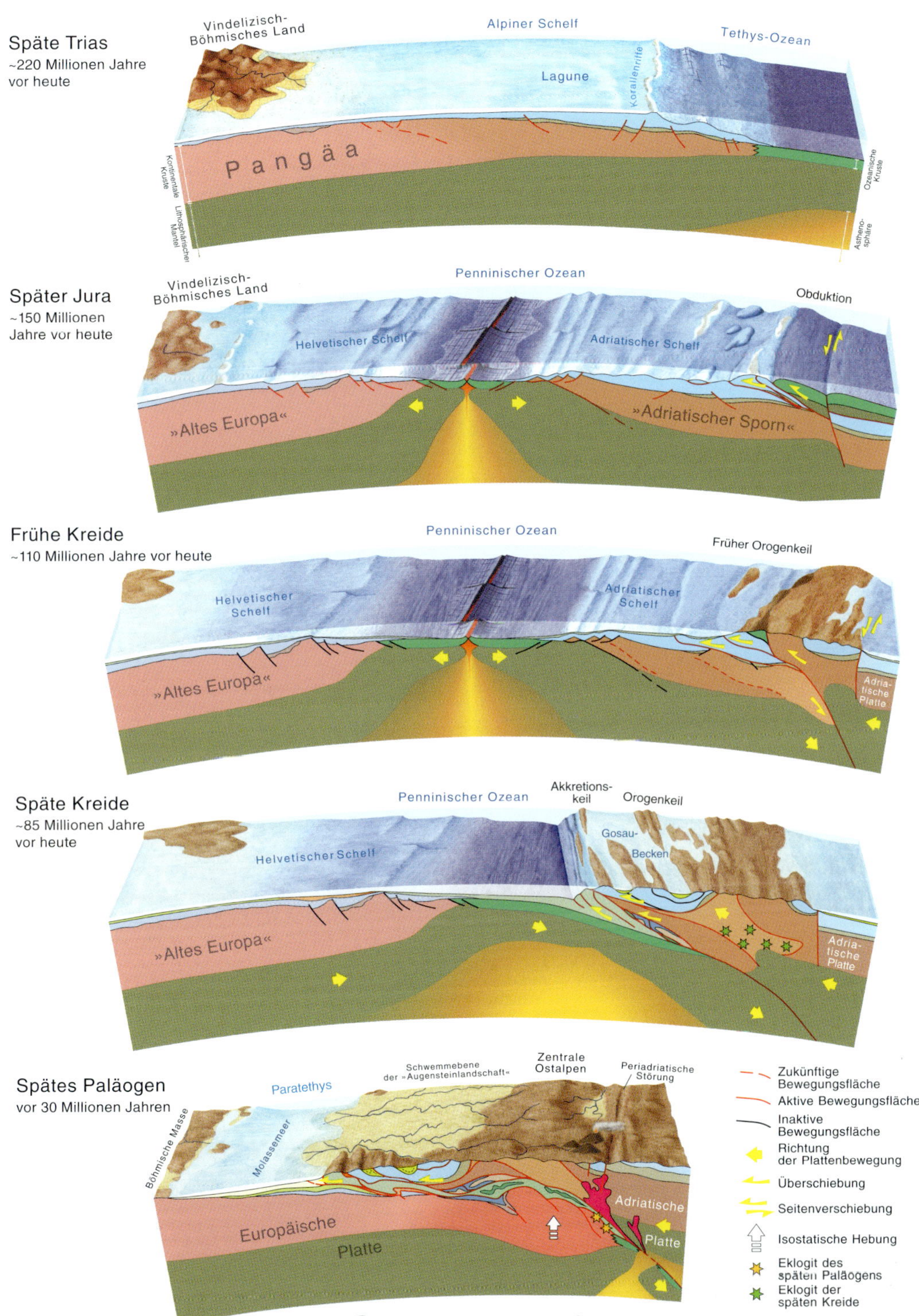

Abb. 20. Entwicklung des alpinen Raumes von der Trias bis ins Paläogen (aus HOFMANN *et al. 1999).*

lichster Teil, das Flyschbecken, wurde im Miozän dann endgültig von dem in seine heutige Position eingleitenden kalkalpinen Deckenstapel überfahren.

Wir sind nun ans Ende unseres spannenden, aber auch sehr umfangreichen Abrisses der plattentektonischen Entwicklung und der Ablagerungsräume im alpin-mediterranen Raum während des Zeitraums von der Trias bis ins Tertiär angelangt. Uns Autoren ist bewusst, dass es eine Menge an Stoff zu verdauen gibt. Sicherlich ist das nicht einfach. Daher fügen wir am Schluss noch eine ausgezeichnete Abbildung an, die von den Kollegen der Geologischen Bundesanstalt in Wien zusammen-
20 gestellt wurde und der Öffentlichkeit zur Verfügung steht. In ausgewählten Schnappschüssen wird die Entwicklung für einzelne Zeiten in faszinierenden Blockbildern nochmals plastisch dargestellt.

Landschaftstypen von der Trias bis zur Kreide

Das Verwitterungspotenzial von Gesteinen ist sehr stark von deren Lithologie abhängig. Tonige und mergelige Sedimente sind besonders verwitterungsanfällig. Gips wird extrem rasch gelöst und ausgelaugt. Kalke dagegen verkarsten sehr stark unter feuchtem Klima. Dolomite reagieren wesentlich weniger auf die Karstkorrosion. Sie neigen aber aufgrund ihres spröden Charakters bei hohem Gebirgsdruck im Untergrund zu einer äußerst engständigen Klüftung. Durch Entspannung und Öffnung der Kluftflächen beim Aufstieg des Gesteins an die Oberfläche zerfallen sie so oft bis in splittgroße Würfel. Verkieselungen hingegen in Form von Radiolariten, Hornstein-Knollen und -Bändern oder diffusen Aggregaten sind weitgehend verwitterungsresistent. Aufgrund ihres sehr unterschiedlichen lithologischen Aufbaus und somit ihres sehr differenzierten Verwitterungsverhaltens ergeben sich daher für die Formationen der Trias- bis Kreidezeit jeweils charakteristische Landschaftstypen. Die älteste im Exkursions- 21
gebiet aufgeschlossene Gesteinsfolge ist die Raibl-Formation. Sie beinhaltet drei Einheiten, eine untere tonig-sandige Folge, eine mittlere kalkig-dolomitische Serie sowie eine obere Einheit, gebildet aus abwechselnden Dolomit- und Gipslagen. Letztere neigt sehr stark zur Auslaugung. Je nach Gipsgehalt resultieren sehr unterschiedliche Setzungsraten und es kommt daher an der Erdoberfläche häufig zur Bildung von

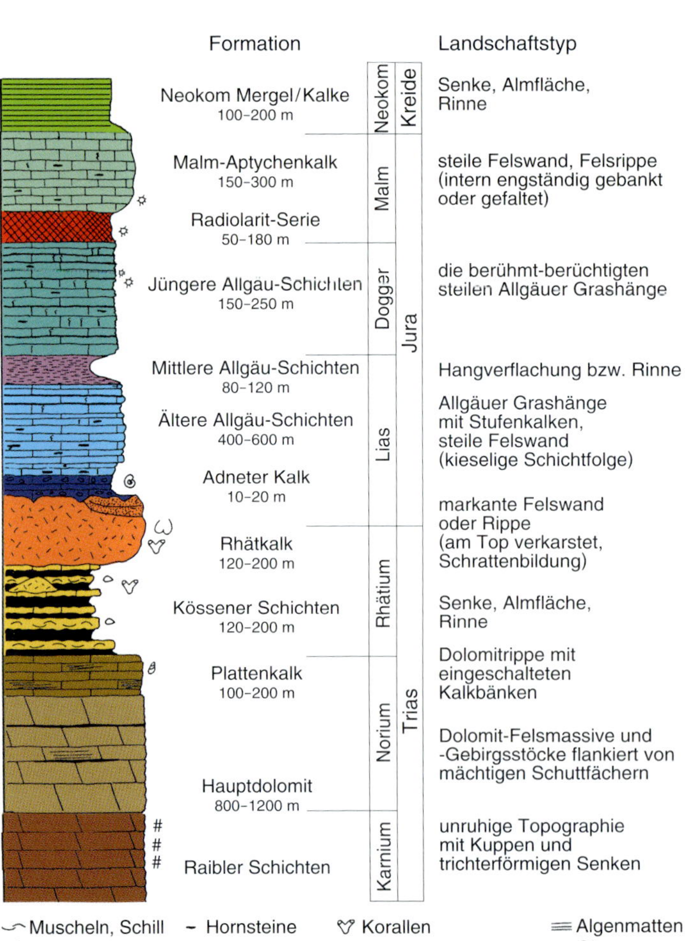

Abb. 21. Stratigraphischer Überblick über die Formationen und Landschaftsformen in den Lechtaler Alpen.

Dolinen und Sackungstrichtern. Charakteristisch ist für diesen Landschaftstyp eine sehr unruhige Topographie. Die Vorkommen von Raibler Schichten um Karlesloch am Fuß des Ruitelspitz-Massivs ist ein klassisches Fallbeispiel für diesen Landschaftstyp. Ein weiteres sehr eindrucksvolles und einmaliges Phänomen stellen die steilen Felsnadeln der Raibler Rauwackentürme im Karlesloch dar (siehe Wanderung 6). Sie werden von bei der Gebirgsbildung sekundär intensiv verbackenen Lösungsrückstandsbrekzien aufgebaut.

Den nächsten Landschaftstyp bilden die bizarren, charakteristisch graubraun verwitternden Dolomit-Felsmassive der bis 1200 Meter mächtigen Hauptdolomit-Formation. Im Exkursionsgebiet imponieren besonders die markant steil aufragenden Hauptdolomit-Gebirgsketten, die entlang der Deckengrenzen der Inntal- und Lechtal-Decke aufgereiht sind. Im Süden ist der Nordrand der Inntal-Decke und die Überschiebung auf die Lechtal-Decke weithin sichtbar, verfolgbar durch die West-Ost aneinandergereihte Kette von imposanten Hauptdolomit-Massiven (Ruitelspitze, Wannenspitze, Lichtspitze). Im Norden markieren die Hauptdolomit-Bergzüge der Hornbachkette mit ihren eindrucksvoll eingeschnittenen Groß-Karen die Grenze zwischen der Lechtal-Decke und der Allgäu-Decke. Von einem der bis 2500 Meter Höhe reichenden Hauptdolomit-Gipfel blickt man über die bis 1200 Meter mächtigen, zyklisch gebankten Dolomit-Ablagerungen tief hinab in das Hornbachtal, wo die Schichtfolge der darunter liegenden Allgäudecke durch einen völlig anderen Landschaftscharakter geprägt ist, der von den berühmt-berüchtigten steilen Allgäuer Grashängen beherrscht wird.

Besonders eindrucksvoll sind die in den Hauptdolomit-Gebirgsstöcken ausgebildeten Stirnfaltenstrukturen, die im Zuge der von Südost nach Nordwest gerichteten Überschiebung der Decken angelegt wurden und die Schubrichtung klar nachvollziehen lassen. Obwohl imposant aufragend, sind Hauptdolomit-Berge weniger steil als vergleichbar hohe Wetterstein- und Dachsteinkalk-Massive. Ursache dafür ist die Tendenz des Dolomits zu engständiger Klüftung und zum "Absanden". Mit dem Begriff "Absanden" wird der grusig-würfelige Zerfall des Dolomits an der Oberfläche bezeichnet. Die Hauptdolomit-Rücken werden deshalb vielfach in ihren tiefen Flanken von großdimensionierten Schuttfächern eingehüllt, in denen der würfelige Dolomit-Schutt talwärts verfrachtet wird.

Im hangenden Abschnitt des Hauptdolomits sind immer wieder dicke Kalkbänke eingeschaltet. Diese Dolomit-Kalk-Wechselfolge wird als Plattenkalk abgegrenzt. Sie bildet im Gelände morphologisch oft eine mittelsteil aufragende, abgeflachte Rippe, aus der die einschalteten Kalkbänke deutlich hervorstechen. Die glatten Schichtflächen der Kalkbänke sind oft von engständig gescharten Wasserablaufrinnen, den sogenannten Schratten, durchzogen. Der Kontrast zu den würfelig zerfallenden Dolomiten ist klar ersichtlich.

Kalk-Mergel/Tonstein-Wechselfolgen neigen zu rascher und tiefgründiger Verwitterung. Sie sind daher oft stark verlehmt und schlecht aufgeschlossen. Als Landschaftstyp bilden sie Senken, Almflächen und tief eingeschnittene Rinnen. Gleich drei Formationen neigen zur Ausbildung dieses Landschaftstyps (siehe Abb. 21). Es sind die Kössener Schichten, die Allgäu-Schichten und die Neokom-Mergel/Kalke. Der Geologe sucht daher beim Betreten einer Almfläche gezielt kleine Ausbisse anstehenden Gesteins auf oder analysiert im Lehm verstreut vorkommende Lesesteine, in der Hoffnung, Leitgesteine zu finden. Dunkle Lumachellen- und Schillkalke sind ein klares Indiz für die Kössen-Formation, während die Allgäu-Schichten durch fleckige Bauten und Wühlgefüge identifiziert werden können. Der Verwitterungslehm der Neokom-Schichten zeichnet sich dagegen oft durch seine charakteristische graugrüne Farbe aus. Die bereits von Jakobshagen 1965 erkannte und in ihrem Aufbau detailliert beschriebene Dreigliederung der Allgäu-Formation ist im Gelände meist bereits deutlich in der Morphologie erkennbar. Die Manganschiefer der mittleren Allgäu-Formation bilden eine markante Senke aus, welche die steilen, berühmt-berüchtigten Grashänge der mächtigen Älteren und Jüngeren Allgäu-Schichten durchzieht.

Steiles Relief sowie fast saiger stehende Felswände werden von kalkreichen Formationen aufgebaut. Die fast reinen Rhätischen Riff- und Plattformkarbonate sind häufig als eine einzige, senkrecht aufragende, massive Felswand oder Rippe aufgeschlossen, deren Topbereich intensiv verkarstet ist. Oft sind die Rhätkalkwände beliebte Kletterparadiese, beispielsweise die Rhätkalk-Mauer am Simms-Wasserfall im Höhenbachtal bei Holzgau (siehe Wanderung 5).

Dem Landschaftstyp "steile Felswand" oder "Felsrippe" sind auch die Malm-Aptychenkalke zuzuordnen. In deren internem Aufbau fallen die regelmäßigen Bankungszyklen aus dünnen Kalkbänken und Mergelfugen auf, die vielfach zu eindrucksvollen Faltenstrukturen verformt sind (siehe Wanderung 9).

Eiszeitlicher Formenschatz und Ablagerungen

Während der letzten 2,8 bis 3 Millionen Jahre war die Nordhalbkugel von mindestens 25 Vereisungsphasen betroffen. Von diesen Vereisungsphasen lassen sich im Alpenraum fünf Vereisungen nachweisen. Diese werden nach der Gliederung des Geologen ALBRECHT PENCK um die Jahrhundertwende mit zunehmendem Alter der Vereisung mit den Namen Würm-, Riß-, Mindel- und Günz-Eiszeit, die in jüngerer Zeit durch eine weitere Eiszeit, die Biber-Eiszeit, ergänzt wurden, bezeichnet. Im Alpenkörper selbst sind meist nur die jüngsten Ablagerungen der Würm-Eiszeit erhalten, im Vorland lassen sich jedoch in markant ausgebildeten Terrassenlandschaften auch Ablagerungen der
22 älteren Eiszeiten und Zwischeneiszeiten nachweisen. Abbildung 22 gibt einen Überblick über die wichtigsten Eisströme in den Glazialzeiten im Allgäu, die durch den Lechtal- und Wertachgletscher bestimmt werden.

Die Höhe des Eisstroms betrug am Ausgang des Lechtals noch 1200 Meter und stieg bis auf über 2000 Meter Höhe in den südlichen Regionen an. Besonders auffällig ist der durch die erodierende

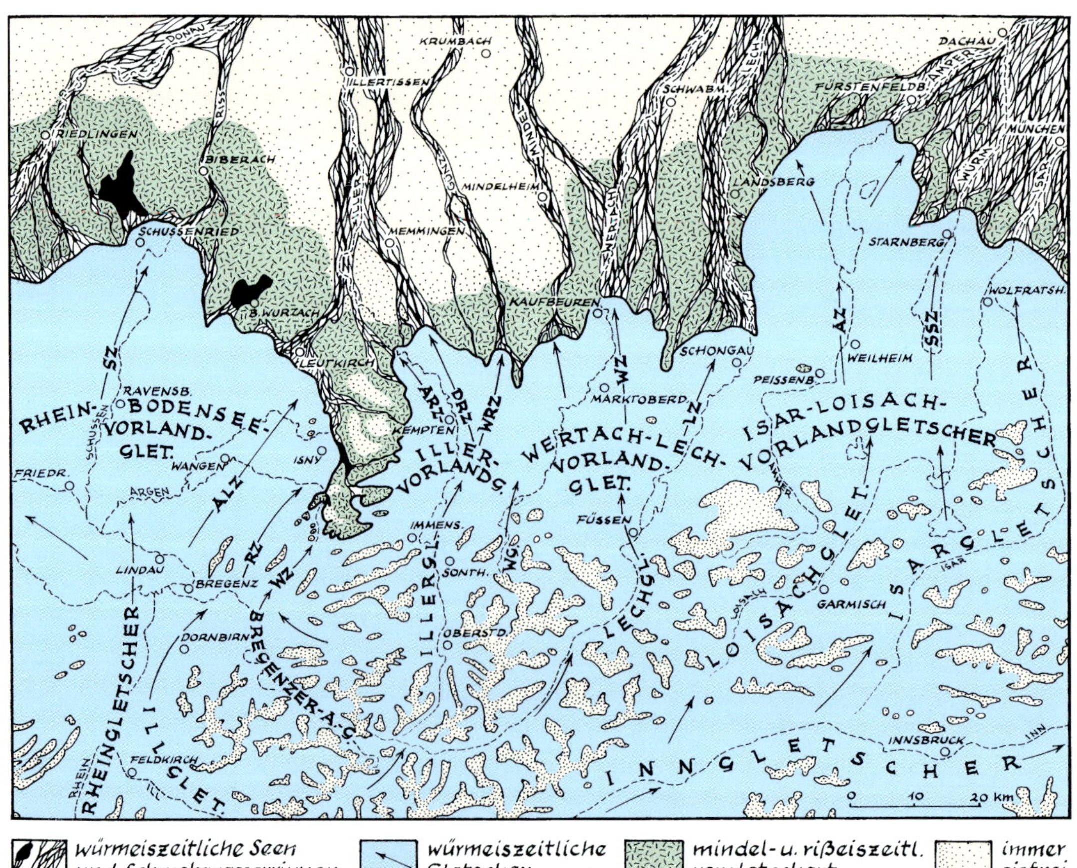

würmeiszeitliche Seen und Schmelzwasserrinnen | würmeiszeitliche Gletscher | mindel- u. rißeiszeitl. vergletschert | immer eisfrei

Abb. 22. Die wichtigsten Eisströme in den Glazialzeiten im Allgäu. Aus H. SCHOLZ 1995.

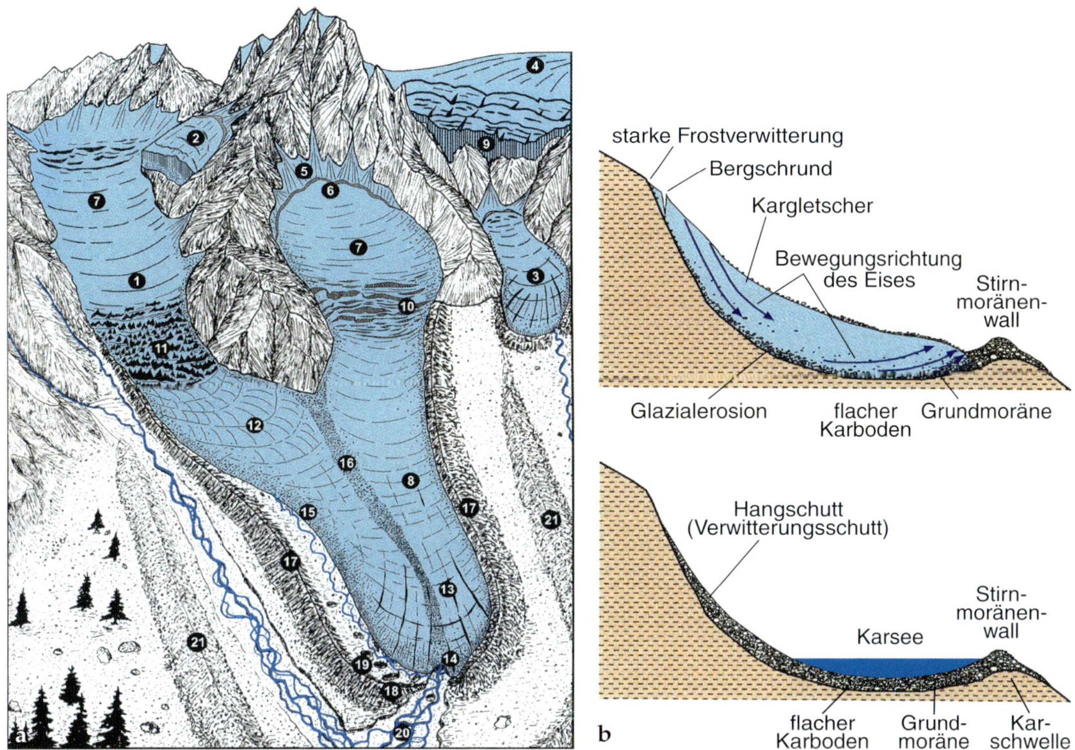

Abb. 23. a, Der glaziale Formenschatz. 1, Tagletscher; 2, Hängegletscher; 3, regenerierter Gletscher; 4, Plateaugletscher; 5, Wandvergletscherung; 6, Bergschrund; 7, Firnbecken (Nährgebiet); 8, Zehrgebiet, durch die Firnlinie FL getrennt; 9, Eisabbruch; 10, Gletscherbruch mit Querspalten; 11, Gletscherbruch mit Seracs; 12, Ogiven; 13, Gletscherspalten; 14, Gletscherzunge mit Gletschertor; 15, Oberflächenmoräne; 16, Mittelmoräne; 17, Seitenmoräne; 18, Stirnmoräne; 19, Toteislöcher; 20, Sanderfläche, von Schmelzwässern in Form eines verzweigten Rinnensystems durchflossen; 21. Moränenwälle eines älteren Eishochstandes. b, Schematische Querprofile durch ein Kar, oben mit einem Kargletscher, unten mit einem Karsee, der durch eine Karschwelle mit einem Moränenwall aufgestaut wird. Aus K*RAINER* *2005.*

Kraft des Eises vorgegebene Formenschatz, der in Abbildung 23 erläutert ist. Abschnittweise finden 23
sich im Lechtal und Madautal klassische Trogtalformen mit entsprechenden seitlichen Hängetälern und am Abschluss der Hängetäler Kare, Kartreppen und Karriegel, wie sie in der Abbildung ausgewiesen sind.

Tektonische Grundlagen für das Verständnis des Gebirgsaufbaus

Aufgrund ihres hochalpinen Charakters und vielfach perfekter Aufschlüsse kann man in den Lechtaler Alpen die Grundstrukturen des Baustils des Gebirges perfekt studieren und ein umfangreiches dreidimensionales Verständnis des Ablaufs und der Dynamik der Deformationskräfte erwerben. Mit diesen Prozessen wollen wir uns bei unseren Wanderungen intensiver beschäftigen, sodass am Ende der tektonische Werdegang des besuchten Gebietes wie ein Film vor unserem inneren Auge abläuft. Bevor wir loslegen, müssen wir einige Grundlagen der Tektonik kennenlernen. Das ist quasi das Handwerkszeug für unsere Studien.

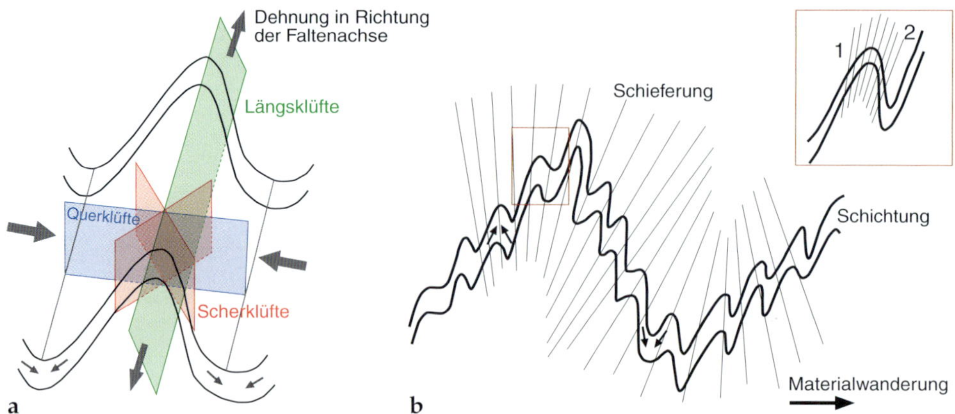

Abb. 24. a, Dreidimensionale Skizze einer Falte mit verschiedenen Kluft-Formen. b, Querschnitt durch eine Falte mit Zusatzfalten der ersten Ordnung sowie Schichtung und Schieferung; Inlay rechts oben: 1, normale Lagerung, die Schieferung ist steiler als die Schichtung; 2, überkippte Lagerung, die Schichtung ist steiler als die Schieferung.

Bei der Auffaltung von Schichten zu Gebirgen besteht ein grundsätzliches Problem, nämlich Mangel
24 an Platz. Abbildung 24 veranschaulicht, wie dieser Platz geschaffen werden kann. Als erstes werden die ursprünglich horizontal gelagerten Schichten nach oben und unten gewellt. Es entstehen Falten, wobei die nach oben gekrümmten Falten als Sättel und die nach unten ausgebeulten Falten als Mulden bezeichnet werden. Die Stelle, an der eine gefaltete Lage ihre maximale Krümmung erhält, wird als Scharnierlinie bezeichnet. Die Faltenachse ist die durchschnittliche räumliche Orientierung der Scharnierlinien der Falte. Die Seiten werden als Faltenschenkel bezeichnet und geben Auskunft über die Form der Falte. Wenn der Gebirgsdruck weiter steigt, reicht der Platzgewinn durch einfache Auffaltung nicht aus. Jetzt bilden sich innerhalb der Falte Bruchlinien aus, die sogenannten Klüfte,

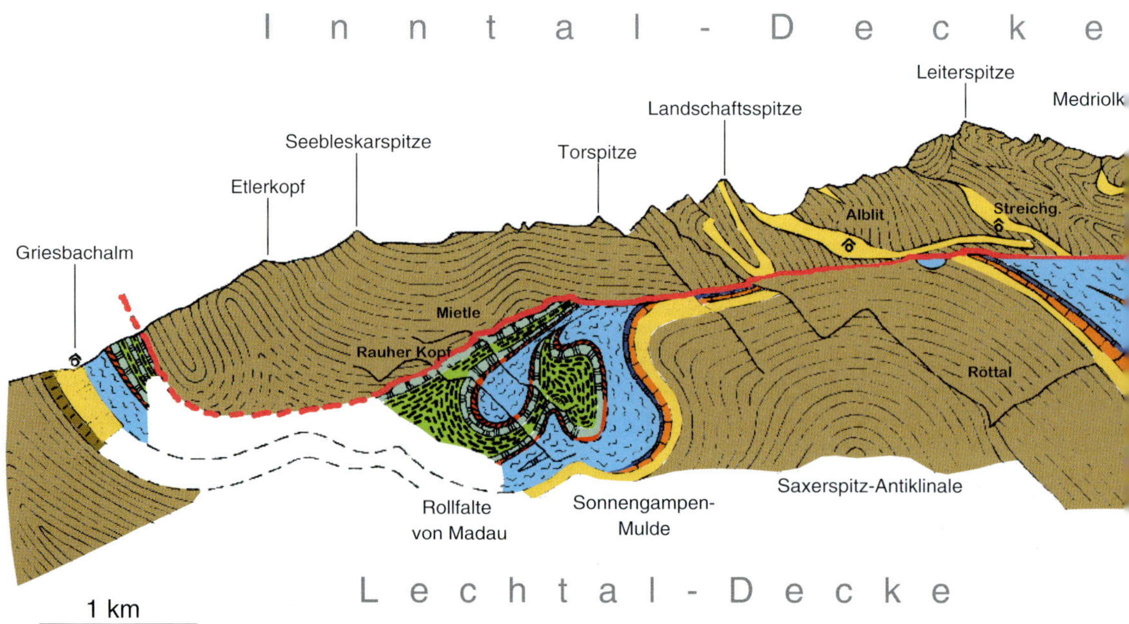

die entsprechend ihrer Ausrichtung in Bezug auf die Faltenachsenebene als Längsklüfte (=parallel zur Faltenachsenebene), Querklüfte (=senkrecht zur Faltenachsenebene) und Scherklüfte schräg zur Faltenachsenebene) bezeichnet werden. Zusätzlicher Platz kann entlang dieser Flächen zum einen durch Wegführen von noch verformbarem Material (zum Beispiel Ton) von den Schenkeln und Hineinpressen in die Scharniere der Falte, sowie zum anderen durch Längsverschiebung von Sedimentkeilen entlang der Scherklüfte und Dehnung in Richtung der Faltenachse gewonnen werden. Steigt der *24a*
Einengungsdruck weiter, so kann in tonreichen Sedimenten durch strenge Einregelung der plättchenförmigen Tonminerale parallel zur Achsenebene zusätzlich Platz gewonnen werden. Das so neu entstandene, engständige, parallele Lagengefüge von Schichtsilikaten wird als Schieferung bezeichnet. *24b*

Die Schieferung wird nur bei sehr intensiver Einspannung, dass heißt bei großen Versenkungstiefen angelegt. In den Nördlichen Kalkalpen wurde dies meist nicht erreicht. Zusätzliche tektonische Elemente der Einengung sind Überschiebungen. Hierbei wird ein höherer Schichtstapel entlang einer flach geneigten Störungsbahn über einen darunter liegenden Stapel geschoben. Dabei wird Platz gewonnen. Solche Überschiebungen werden beim Zerreißen von Faltenstrukturen bevorzugt entlang der Scharniere angelegt. Von einer Decke spricht man, wenn ein Verband in seiner ursprünglichen Wurzelzone abgeschert und über weite Strecken überschoben wird und nunmehr wurzellos eine tiefere Einheit überdeckt. Die in den Nördlichen Kalkalpen aufgeschlossenen Decken sind solche in höheren Stockwerken der Subduktionszone abgescherte großdimensionierte Gesteinskörper, da ist man sich heute sicher.

Wie die Einengung des Gebirges erfolgte, war bei den Alpengeologen jedoch seit Beginn des 20. Jahrhunderts umstritten. Die Gruppe der "Autochthonisten" ging lediglich von einer Auffaltung der Schichtenfolge an Ort und Stelle mit nur wenigen Bruchzonen aus. Zusätzlich kam es ihrer Meinung nach in geringem Umfang zur Verdoppelung und zur Aufschiebung von einzelnen Schichtpaketen. Dieser Theorie stand bereits Anfang des 20. Jahrhunderts die im Zusammenhang mit umfangreichen Kartierungen in den Nördlichen Kalkalpen von AMPFERER 1911 aufgestellte Deckentheorie gegenüber. Dieses Konzept geht von einer wesentlich weiteren Schubweite der Schichtpakete aus. Das an seinem Herkunftsort abgetrennte, im Fall der kalkalpinen Decken bis 3 Kilometer mächtige Schichtpaket wurde anschließend über erhebliche Entfernungen verfrachtet, um schließlich "allochthon", das heißt, an fremdem Ort, übereinandergestapelt zur Ruhe zu kommen.

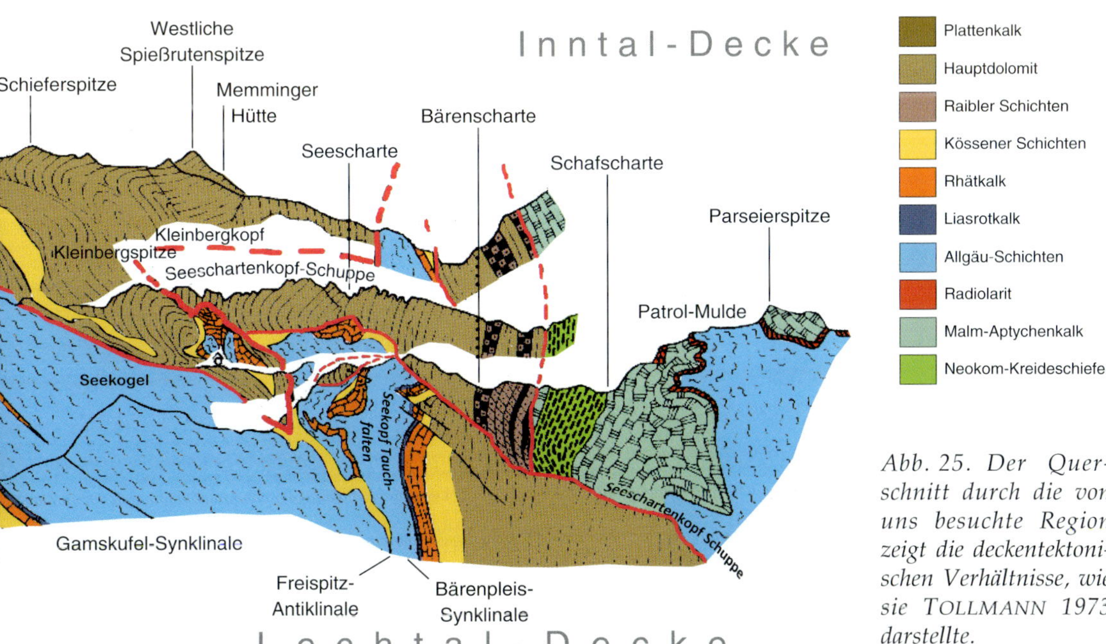

Abb. 25. Der Querschnitt durch die von uns besuchte Region zeigt die deckentektonischen Verhältnisse, wie sie TOLLMANN *1973 darstellte.*

In den 1950er und 1960er Jahren behielten zunächst die Verfechter der Autochthonie die Oberhand (ZACHER 1959, JAKOBSHAGEN 1961). Es war dann ALEXANDER TOLLMANN, der die klassische Auffassung AMPFERERS der deckentektonischen Gliederung durch eine großmaßstäbliche Aufnahme und tektonische Konzeption für die gesamten nördlichen Kalkalpen 1970, 1971 bestätigte und untermauerte. 1973 veröffentlichte TOLLMANN ein sehr eindrucksvolles Profil, in dem er seine deckentektonischen Vorstellungen für die von uns besuchte Region veranschaulichte. In neuerer Zeit haben dann Tiefbohrungen bei Hindelang und im Vorderriss-Gebiet eindrucksvoll die Deckenstruktur für die nördlichen Kalkalpen belegt.

Literatur

BÖHM, F. (1992). Mikrofazies und Ablagerungsmilieu des Lias und Dogger der Nordöstlichen Kalkalpen. – Erlanger geologische Abhandlungen 121: 52–217

BORNEMANN, A., U. ASCHWER & J. MUTTERLOSE (2003). The impact of calcareous nannofossils on the pelagic carbonate accumulation across the Jurassic-Cretaceous boundary. – Paleogeography, Paleoclimatology, Paleoecology 199, 187–228.

FISCHER, A. G. (1964). The Lofer cyclothems oft the alpine Triassic. – Bull. Geol. Surv. Kansas 169: 107–149.

GOLDHAMMER, R. K., P. A. DUNN & L. A. HARDIE (1990). Depositional cycles, composite sea-level oscillations, cycle stacking patterns, and the hierarchy of stratigraphic forcing: examples from the Alpine Triassic platform carbonates. – Geol. Soc. America Bull. 102: 535–562.

HENRICH, R. (1984). Facies, dolomitization and karstification of lagoonal carbonates: Triassic of the Northern Alps. – Facies 11: 109–156.

HENRICH, R. (2016). Synsedimentary tectonics and mass wasting along the Alpine margin in Liassic time. – Pp. 449–459 in G. LARMARCHE et al. (eds.), Submarine Mass Movements and Their Consequences. – Advances in Natural and Technological Hazards Research 38; DOI 10.1007/978-3-319-20979-1_45, Springer International Publishing Switzerland.

HOFMANN, T., W. G. MANDL, H. PERESSON, G. PESTAL, J. PISTOTNIK, J. REITNER, S. SCHARBERT, W. SCHNABEL & H. P. SCHÖNLAUB (1999). Rocky Austria – Eine bunte Erdgeschichte von Österreich. – 1. Aufl., 63 S.; Geologische Bundesanstalt (Wien).

JACOBSHAGEN, V. (1961). Der Bau der südöstlichen Allgäuer Alpen. – N. Jb. Paläont. Abh. 113: 153–206.

JAKOBSHAGEN, V. (1965). Die Allgäu-Schichten (Jura-Fleckenmergel) zwischen Wettersteingebirge und Rhein. – Jahrbuch Geologische Bundesanstalt 108: 1–114.

KRAINER, K. (2005). Nationalpark Hohe Tauern – Geologie. – 198 S., Universitätsverlag Carinthia (Klagenfurt).

ORTNER, H., S. KILIAN (2022). Thrust tectonics in the Wetterstein and Mieming mountains, and a new tectonic subdivision of the Northern Calcareous Alps of Western Austria and Southern Germany. International Journal of Earth Sciences, 111, 543–571.

SCHOLZ, H. (1995). Bau und Werden der Allgäuer Landschaft. – 305 S., 47 Taf; Schweizerbart'sche Verlagsbuchhandlung.

TOLLMANN, A (1970). Der Deckenbau der westlichen Nordkalkalpen. – N. Jb. Geol. Paläont. Abh., 136, 80–133.

TOLLMANN, A. (1971). Zur Rehabilitierung des Deckenbaues in den westlichen Nordkalkalpen. – Jb. Geol. B.-A., 114, 273–360.

TOLLMANN, A. (1973). Der Südwestrand der Inntaldecke in den Tiroler Kalkalpen. – Verh. Geol. B.-A., 3, 367–376.

WEGERER, E., H. SUZUKI & H.-J. GAWLICK (2003). Zur stratigraphischen Einstufung von Kieselsedimenten südöstlich des Plassen (Nördliche Kalkalpen, Österreich). – Jb. Geol. B.-A. 43/2: 323–336.

ZACHER, W. (1959). Geologie der Umgebung des Tannheimer Tales (Außerfern, Tirol). – 106 S.; Dissertation Technische Hochschule München.

ZANKL, H. (1971) .Upper Triassic Carbonate Facies in the Northern Limestone Alps. VIII Int Sediment Congress 1971, Sedimentology of parts of Central Europe, Guidebook: 147–185.

Jagd und Wild im Lechtal

JOSEF WALCH

Geschichtliche Entwicklung der Jagd

Die Jagd ist so alt wie die Menschheit selbst. Für den urzeitlichen Menschen war das Jagen von Wildtieren und Sammeln von Früchten die Lebensgrundlage. Die Jagd sicherte das Überleben in einer Umwelt, die noch nicht vom Menschen beherrscht wurde und diente vor allem der Nahrungsbeschaffung. Es war aber nicht nur die Gewinnung von Fleisch und Fetten sehr wichtig, auch Felle und Häute wurden für Bekleidung, Knochen zur Herstellung von Werkzeugen verwendet. Mit der Sesshaftwerdung des Menschen wurde der Schutz der Siedlungen, der Haustiere und der kultivierten Flächen immer wichtiger. Raubtiere gefährdeten die Menschen oder die Herden. Das Wild verursachte Schäden auf den Anbauflächen. Die Jagd wurde daher zur Verteidigung von Leben und Besitz eingesetzt.

Im frühen Mittelalter entwickelte sich die Jagd dann immer mehr zum Privileg des Adels. Die Jagdrechte für die bäuerliche Bevölkerung wurden mehr und mehr eingeschränkt. Für die Könige und den Hochadel war die Jagd einerseits eine Übung für mögliche Kriege und andererseits ein geselliges Vergnügen. Auch in Tirol spielte die Jagd bereits im Mittelalter eine wichtige Rolle. Im Jahr 1414 wurde die erste Jagdordnung für Tirol von Herzog FRIEDRICH IV. erlassen und die Jagd unter "Bann" gelegt. Die Jagd war nur mehr Rittern und Edelknechten erlaubt. Kaiser MAXIMILIAN ging seiner Jagdleidenschaft auch im Außerfern nach. KASPAR GRAMAISER, der aus Gramais, der kleinsten Gemeinde Tirols, stammte, war sein oberster Gebirgs- und Gamsjägermeister. In den Zei-

Abb. 26. Rotwildfütterung im Bereich der Hochalpe in Steeg.

ten, in denen die Landesfürsten die Jagd für sich beanspruchten und diese für die Bauern verboten war, kam es zur einer deutlichen Überhege der Wildbestände und häufig zu starken Schäden auf Kulturflächen, unter denen die Bevölkerung litt. Besonders nach dem Tod von Landesfürsten griffen die Bauern dann zur Selbsthilfe. Es wird mehrfach von "Wildereraufständen" berichtet.

Entwicklung des Wildtierbestandes

Mit der immer dichter werdenden Besiedlung des Lechtales und der dadurch bedingten Verkleinerung der Wildlebensräume wurden Wildtiere immer stärker zurückgedrängt. Manche Wildarten wurden komplett ausgerottet. Dies galt vor allem für Großraubtiere wie den Bären oder den Wolf, aber auch für den Luchs oder mehrere Geierarten. Auch der Fischotter, der früher, wie Ortsnamen belegen, im Lechtal vorkam, ist verschwunden. In der Chronik der Gemeinde Häselgehr wird beschrieben, dass der letzte Luchs in Häselgehr in einer Falle umkam. In Gramais wurde im Frühjahr 1864 der letzte Bär bei einer Treibjagd, an der sogar der Pfarrer beteiligt war, erschossen. Um 1870 wurde unterhalb der Mündung des Otterbachs in den Lech der letzte Fischotter erlegt.

Nach dem zweiten Weltkrieg, beginnend in den 1950er-Jahren wurde durch eine kontinuierliche Hege des Schalenwildes, aber vor allem durch die Einführung der Winterfütterung für das Rotwild und
26 Rehwild ein deutlich zu hoher Wildbestand aufgebaut. Großflächige Schälschäden in den mittelalten Beständen (Stangenholz) und Verbiss- und Schlagschäden in den Jungwaldbeständen waren die Folge.

Mit einem aufwändigen Projekt, finanziert von mehreren Jagdpächtern im oberen Lechtal ab 1971, wurde das Steinwild wieder erfolgreich in den Allgäuer und Lechtaler Alpen angesiedelt. Mittlerweile sind wieder mehrere Kolonien mit insgesamt 130 bis 150 Stück Steinwild vorhanden, die auch wieder bejagt werden können.

In den letzten Jahren gab es vereinzelt Hinweise auf das Vorkommen des Luchses. Der 2006 in Bayern erlegte Bär "Bruno" wurde bei seiner Wanderung durch das Lechtal mehrfach gesichtet. Seit einigen Jahren kann man im Lechtal oder in den Seitentälern fallweise auch wieder den größten Vogel der Alpen, den Bartgeier, beobachten. Seit dem Jahr 2019 ist ein Brutpaar im oberen Lechtal nachgewiesen.
27 Alpendohlen sind in großer Zahl an vielen Orten im Lechtal anzutreffen. Im Umfeld von Hütten bieten die Spielchen dieser neugierigen Tiere oft eine willkommene Abwechslung für die Wanderer.

Strenge gesetzliche Regelungen der Jagd

Nach der Revolution von 1848 wurde das Jagdrecht an das Grundeigentum gebunden. Die Erlassung entsprechender Jagdgesetze wurde auf die Länder übertragen. Zum Schutz des Wildes und zur Ausübung der Jagd wurden umfangreiche Regelungen erlassen. Dabei wurden auch Mindestgrößen von Jagdgebieten festgelegt. Die Mindestgröße liegt aktuell in Tirol bei 300 Hektar, aus früheren Zeiten sind aber auch noch kleinere Jagdgebiete vorhanden. Bei den Jagdgebieten handelt es sich entweder um Eigenjagdgebiete oder Genossenschaftsjagdgebiete. Alle in einer Gemeinde liegenden Grundflächen, die nicht als Eigenjagdgebiete festgestellt sind und zusammenhängen, werden zu einem Genossenschaftsjagdgebiet zusammengefasst.

Nach den Bestimmungen des Tiroler Jagdgesetzes gibt es zahlreiche jagdbare Wildtiere, zu denen zum Beispiel auch Fuchs, Dachs, Marder, Hase oder Federwild gehören. Die Bejagung ist mit genau festgelegten Jagd- und Schonzeiten geregelt. Der Abschuss von Hirsch, Reh und Gams, von Steinwild, Murmeltieren und Birkwild wird über Abschusspläne festgesetzt.

28 Vor ungefähr 10 Jahren wurde beim Rotwild im oberen Lechtal die Tuberkulose-Krankheit festgestellt. Da es sich um eine gefährliche Seuche handelt, die auch auf Rinder oder den Menschen übertragen werden kann, werden Bekämpfungsmaßnahmen nach dem Tierseuchengesetz durchgeführt.

Verschiedene Tiere, wie zum Beispiel Luchs, Steinadler, Graureiher oder die heimischen Eulenarten sind nach dem Jagdgesetz ganzjährig geschont. Ihre Erlegung ist mit hohen Strafen belegt. Wer in Tirol die Jagd ausübt, muss eine auf seinen Namen lautende, gültige Tiroler Jagdkarte mit sich führen. Die Jagd darf nach den Bestimmungen des Tiroler Jagdgesetzes nur auf einem festgestellten Jagdgebiet ausgeübt werden.

Abb. 27. Die allgegenwärtige, neugierige Alpendohle.

Jagdbewirtschaftung

Im oberen Lechtal gibt es rund 50 Jagdgebiete. Rund zwei Drittel sind Eigenjagdgebiete, die zum Großteil im Eigentum von Agrargemeinschaften stehen. Die Größen dieser Jagdgebiete liegen überwiegend zwischen 200 und 900 Hektar. Einzelne Eigenjagden, zu denen sehr viele Hochgebirgsflächen gehören, sind über 1000 Hektar groß. Bei einem Drittel der Jagdgebiete handelt es sich um Genossenschaftsjagdgebiete. Diese weisen Größen zwischen 2000 und 5000 Hektar auf. Die Jagdgebiete können von den Eigentümern selbst bewirtschaftet oder müssen verpachtet werden. Mit einer einzigen Ausnahme sind derzeit alle Jagdgebiete im Lechtal verpachtet. Zum Teil sind auch mehrere Jagdgebiete gemeinsam verpachtet. Für jedes Jagdgebiet muss eine Jagdaufsicht bestellt werden. Für Jagdgebiete mit einer Größe von mehr als 2000 Hektar, die wenigstens zu 1500 Hektar aus Waldungen bestehen, und für alle Jagdgebiete über 3000 Hektar ist ein Berufsjäger zu bestellen. Die Ausgaben für eine Jagd reichen von den Kosten für die Pacht, Personalkosten für die Jagdaufsicht, über den Material- und Sachaufwand für den Jagdbetrieb und Steuern bis zu den Ausgaben für die Wildfütterung und den Ersatz von Wildschäden. Bei den Pächtern handelt es sich zum Großteil um sehr kapitalkräftige Personen, die beträchtliche Summen für die Ausübung der Jagd ausgeben. Die Jagd ist damit einerseits ein elitäres Hobby und andererseits ein bedeutender Wirtschaftsfaktor.

Neben den Arbeitsplätzen für Einheimische bietet der Verkauf von Heu und Silage auch für die Landwirtschaft gute Verdienstmöglichkeiten. Mit dem Handel mit Jagdwaffen und sonstiger jagdlicher Ausrüstung und mit der Verwertung des Wildbrets, der Tierhäute und Trophäen lassen sich gute Umsätze erzielen. Der Ertrag aus der Jagdverpachtung ist für die Gemeinden und Agrargemeinschaften eine gute, regelmäßige Einnahmequelle. Die Pächter im Lechtal haben sich im Jahr

Abb. 28. Rotwild im Lechtal. a, »Kolbenhirsche«, das sind Hirsche beim Neuaufbau ihres Geweihs. b, Ein Hirschkalb, das geduldig auf seine Mutter wartet.

Abb. 29. Gämsen bei der Äsung.

1971 zu einer Hegegemeinschaft zusammengeschlossen. Zu dieser Hegegemeinschaft gehören die Hegeringe Lechtal I, Lechtal Mitte und Lechtal II. Der durchschnittliche Abgang an Wild (Abschuss und Fallwild) im Bereich dieser Hegegemeinschaft liegt derzeit bei rund 640 Stück Rotwild, 580 Stück Rehwild und 230 Stück Gamswild. Jährlich werden ca. 25 Steinböcke und 65 Murmeltiere erlegt. 29

Wildfütterung

Die Jagdausübungsberechtigten sind verpflichtet, dem Rotwild in der winterlichen Notzeit frühestens ab dem 16. November bis längstens 15. Mai des folgenden Jahres und dem Rehwild frühestens ab dem 1. Oktober bis längstens 15. Mai des folgenden Jahres ausreichend Futtermittel vorzulegen, soweit es zur Sicherung eines angemessenen Wildbestandes oder zur Vermeidung von Schäl- und Verbissschäden erforderlich ist. Die Fütterung darf ausschließlich an Fütterungsanlagen durchgeführt werden. Das Rotwild muss mit qualitativ hochwertigem Heu versorgt werden. Dem Heu darf auch Grassilage, Maissilage oder Obsttrester beigemischt werden, der Heuanteil (gemessen an der Trockenmasse) muss aber mehr als 50 Prozent betragen. Die Verabreichung von Zusatzstoffen oder Kraftfutter ist verboten. Dem Rehwild darf ausschließlich Heu oder Heu in Verbindung mit etwas Kraftfuttermittel vorgelegt werden. Die Fütterung von Steinwild oder Gamswild ist grundsätzlich verboten. Im Bereich der Hegegemeinschaft Lechtal gibt es ungefähr 30 Rotwildfütterungen und 40 Rehwildfütterungen. Es werden beträchtliche Futtermittelmengen benötigt. Die Fütterungen werden vom Jagdpersonal betreut. Aufgrund der Lage der Fütterungen auch weitab von Siedlungen sind zum Erreichen der Fütterungen oft Lawinenstriche zu überqueren. Bei entsprechenden Schneefällen ist die Fütterung daher mit viel Mühe und Gefahren verbunden. 30

Abb. 30. Rotwildfütterungsplatz im verschneiten Birkental bei Nesselwängele.

Im Wald rund um die Fütterungen kommt es durch den Einstand des Wildes während des gesamten Winters zu teilweise deutlichen Schäden, vor allem dann, wenn diese Einstandsgebiete sehr klein sind oder zu viel Wild an den Fütterungen steht. Eine Störung des Wildes während der Fütterungszeit wirkt sich besonders schlecht auf den Wald und das Wild aus. Eine Beunruhigung der Einstandsgebiete durch Tourengeher sollte daher unbedingt vermieden werden.

Ausblick

Mit dem weitgehenden Fehlen der natürlichen Feinde und mit einer verstärkten Hege des Wildes kommt der Jagd oder den Jägern die unverzichtbare Aufgabe der Regelung der Wildbestände zu. Ein an die Tragfähigkeit der Biotope oder den Lebensraum angepasster Wildbestand ist nicht nur die Grundvoraussetzung für den Aufbau stabiler Waldbestände oder für eine intakte Kulturlandschaft, sondern auch für die langfristige Erhaltung eines gesunden Wildbestandes. Zu hohe Schalenwildbestände, wie sie teilweise noch vorhanden sind, führen nicht nur zu einer Beeinträchtigung der Schutzwirkung des Waldes, sondern haben auch negative Auswirkungen auf die Landwirtschaft, den Naturschutz oder die Gesundheit. Die Jagd ist in unsere Zeit unverzichtbar. Wir brauchen aber eine verantwortungsbewusste Ausübung der Jagd, die alle Interessen der Landeskultur berücksichtigt.

Wald und Forstwirtschaft im Oberen Lechtal

JOSEF WALCH

Der Wald ist nicht nur ein das Landschaftsbild entscheidend prägendes Element, sondern hat eine große Bedeutung für das Leben und Wirtschaften der Menschen. Der Wald ist je nach dem Blickwinkel, unter dem man ihn betrachtet, Lebensraum, Schutzschild, Rohstofflieferant, Erholungsraum, Wasserspeicher, Klimaregulator, Rückzugsgebiet oder vieles andere. In einem Berggebiet wie dem Tiroler Lechtal bildet der Wald eine wesentliche Lebensgrundlage.

Alle forstlichen Angaben im Nachfolgenden beziehen sich auf den Försterbezirk "Oberes Lechtal", der von der Vorarlberger Landesgrenze bis nach Elmen reicht. Zu diesem Försterbezirk gehören die Lechtal-Gemeinden Steeg, Holzgau, Bach, Elbigenalp, Häselgehr, Elmen und Vorderhornbach sowie die Seitentalgemeinden Kaisers, Gramais, Hinterhornbach und Pfafflar.

Gute Waldausstattung auf eher ungünstigen Standorten

Das obere Lechtal weist eine Größe von rund 50000 Hektar auf. Knapp 20000 Hektar davon sind als Wald eingestuft. Damit bedeckt der Wald rund 40 Prozent der Gesamtfläche. Mit diesem Wert liegt die Waldausstattung unter dem Durchschnitt des Bezirkes Reutte (47 %), aber nur geringfügig unter dem Durchschnitt des Landes Tirol (41 %). Die Waldfläche im Lechtal nimmt derzeit durch Naturverjüngung auf landwirtschaftlichen Grenzertragsböden und Almen und das Hinaufwandern der Waldgrenze leicht zu. Die Standortvoraussetzungen für den Wald in diesem Berggebiet sind zum überwiegenden Teil recht ungünstig. Rund drei Viertel dieser Wälder stocken auf seichtgründigen Kalk- und Dolomitstandorten mit mäßiger Nährstoff- und Wasserversorgung und geringer Humusauflage. Auf den viel leichter verwitterbaren Kalkmergelgesteinen (rund ein Viertel der Fläche) haben sich fruchtbare Böden mit guter Nährstoffversorgung und Wasserspeicherkapazität entwickelt. Diese Standorte sind sowohl für das Waldwachstum als auch für die Land- und Almwirtschaft wesentlich ertragreicher. Den Fleckenmergelstandorten sind auch die Lechtaler Grasberge zuzurechnen. Viele dieser fruchtbareren Standorte wurden im Mittelalter zur Gewinnung von Bergwiesen und Almen gerodet.

Der Wald schützt vor Lawinen, Steinschlag, Muren und Hochwasser

Aufgrund der steilen Hanglagen und der hohen Niederschläge im Bereich der Nordstaulagen der Allgäuer und Lechtaler Alpen ist der Schutz, den die Wälder für die darunterliegenden Lebensräume bieten, von enormer Bedeutung. Ohne den direkten und indirekten Schutz des Waldes wäre

Abb. 31. Wald ist ein guter Steinschlagschutz. Große Fichten haben riesige Dolomit-Felssturzblöcke gestoppt.

Abb. 32. Das Augusthochwasser im August 2005. a, Überflutung der Lechtalstraße zwischen Bach und Elbigenalp. b, Gefährdung eines alten Bauernhauses in Häselgehr.

eine Dauerbesiedelung in diesem Raum nicht möglich. So verhindert der Wald das Anbrechen von
31 Lawinen, dämpft den Hochwasserabfluss bei Starkniederschlägen, fängt Steinschlag auf und schützt durch intensive Bewurzelung den Boden vor Erosion.

Bei starken Regenfällen bremst ein dichter Wald die Wucht der Niederschläge und gibt diese erst mit Verzögerung weiter. Ein Teil des Niederschlages bleibt direkt in den Baumkronen hängen. Das von den Bäumen abtropfende Wasser trifft mit wesentlich weniger Energie auf dem Boden auf als direkt auf das Erdreich fallende Niederschläge. Dadurch werden Erosion oder Bodenabtrag vermindert. Ein gesunder Waldboden mit viel Humus kann wie ein Schwamm große Wassermengen aufnehmen und speichern. So kommt es zu einer deutlichen Verzögerung von oberflächlichen Abflüssen bei Starkregen. Der Wald hat damit für den Schutz vor Hochwasser eine große Bedeutung. Dennoch kommt es in jüngerer Zeit infolge des fortschreitenden Klimawandels immer wieder bei langfristig anhalten-
32 dem Starkregen zu katastrophalen Überflutungen wie beispielsweise dem Augusthochwasser 2005.

Wald auf steilen Hanglagen verhindert auch die Entstehung von Lawinen und vermindert den Schneeschub. Durch das Vorhandensein der Bäume kommt es bereits beim Schneefall oder bei der Setzung der Schneedecke zu einer anderen Schneeablagerung als auf Freiflächen. Durch eine ausreichende Zahl an Baumstämmen wird der Schnee gegen Schneegleiten oder das Anbrechen von Lawinen abgestützt. Der Wald wirkt wie eine Lawinenverbauung beziehungsweise stellt einen natürlichen Lawinenschutz dar. Der Wald kann das Anbrechen von Lawinen ausgezeichnet verhindern, wenn Lawinen aber bereits in Fahrt sind, kann der Wald hier nicht mehr standhalten. Oberhalb der
33 Waldgrenze oder dort, wo der Wald stark geschädigt ist, müssen aufwändige künstliche Lawinenverbauungen in mühsamer Arbeit angelegt werden.

Im Hochgebirge tritt häufig Steinschlag auf, der durch das Ausbrechen von Steinen aus Felswänden oder das Abkollern von losem Gestein entsteht. Eine gute Bestockung kann hier sehr viele Steine auffangen. Die Bäume erleiden dadurch aber Stammschäden, die Fäulnispilzen das Eindringen ermöglichen. Daher sind als Steinschlagschutz vor allem Bäume mit einer dicken Borke wie die Lärche und die Weißkiefer oder Bäume mit gutem Ausheilungsvermögen wie der Ahorn sehr gut geeignet.

Viel Schutzwald – wenig Wirtschaftswald

Aufgrund der großen Bedeutung der Schutzwirkung ist der Großteil der Waldflächen als Schutzwald eingestuft. Im Lechtal handelt es sich bei rund 90 Prozent der Waldflächen um Schutzwälder,

Abb. 33. Künstliche Lawinenverbauungen. a, Verbauung der Elmer-Mähder Lawine mit Stahlschneebrücken. b, Lawinenverbauung auf dem Häselgehrer Heuberg, wahrlich ein harter Job.

die zur dauernden Erhaltung der Schutzfunktion aber eine besondere Behandlung brauchen. Der Schutzwald, soweit bei diesem überhaupt eine Bewirtschaftung möglich ist, muss entsprechend vorsichtig bewirtschaftet werden. Nutzungen müssen, damit eine rechtzeitige Wiederbewaldung gewährleistet ist, sehr behutsam und kleinflächig durchgeführt werden. Mehr als die Hälfte des Schutzwaldes kann nicht bewirtschaftet werden. Es handelt sich dabei um Hochwaldbestände auf sehr steilen Hängen oder in extremen Lagen. Auch die Latschen- und Grünerlenflächen, die eine wichtige Bodenschutzfunktion ausüben, sind als Schutzwald außer Ertrag eingestuft.

Bei nur zehn Prozent des Waldes im Oberen Lechtal handelt es sich um Wirtschaftswald, in dem Holznutzungen ohne besondere Berücksichtigung der Schutzfunktion durchgeführt werden können und der damit für die Forstwirtschaft von Bedeutung ist.

Waldgesellschaften und Baumarten

Die Wälder im Oberen Lechtal gehören zum Wuchsgebiet der nördlichen Zwischenalpen. Als Waldgesellschaften in der montanen Stufe (bis 1400 m) kommen der Fichten-Tannen-Wald, der Fichten-Tannen-Buchen-Wald, und der Fichten-Kiefern-Wald vor. In der subalpinen Stufe (oberhalb 34

Abb. 34. a, Elmen mit Fichten-Objektschutzwald auf dem Abhang der Rotwand. b, Fichten-Tannen-Buchenwald zwischen Martinau und Vorderhornbach im Herbst.

Abb. 35. a, Subalpiner Lärchen-Fichtenwald auf dem Abhang des Pimig mit dem Biberkopf in Hintergrund. b, Zirbenwald auf dem Weg zum Hahntennjoch in der Gemeinde Pfafflar.

35a von 1400 m) sind Fichtenwaldgesellschaften mit teilweiser Beimischung von Lärche, örtlich auch
Zirbe, natürlich vertreten. Sowohl die Lärche als auch die Zirbe sind Baumarten, die kontinentales
Klima bevorzugen und hauptsächlich in den Innenalpen, weniger in den Randalpen vorkommen.
Der Anteil der Lärche nimmt lechtalaufwärts zu, die Zirbe ist nur kleinflächig vor allem in den
35b südlichen Seitentälern vertreten. Der schönste Zirbenbestand des Außerferns ist im Bschlaber Tal
im Bereich der Auffahrt auf das Hahntennjoch zu finden. Die Weißkiefer kommt hauptsächlich auf
sehr mageren, trockenen Südhängen vor. Die Tanne ist eine sehr wichtige Baumart der Randalpen
oder Zwischenalpen, ihre Verbreitung beschränkt sich allerdings auf die montanen Lagen (bis zu
einer Höhe von etwa 1400 m).

Einige Besonderheiten im Waldbestand im Lechtal und seinen Seitentälern sollen nicht unerwähnt
36a bleiben. Im Lawinenauslaufbereich bei Dürnau (Gemeinde Holzgau) bauen uralte Lärchen einen

Abb. 36. a, Lärchen-Bannwald Dürnau (Gemeinde Holzgau). b, Eine eindrucksvolle mächtige uralte Eibe (Standort Hornbachtal). Als Bildmaßstab dient der Autor dieses Kapitels.

wichtigen Bannwald auf. Und dann ist da noch
36b die prächtige uralte Eibe im Hornbachtal, die nicht nur Wanderer, sondern auch sehr erfahrene Forstmänner zu begeistern vermag.

Innerhalb der potenziellen Waldgrenze bilden an vielen Stellen ausgedehnte Latschenbestände den obersten Gehölzgürtel. Auf Schutthalden und in Lawinenbahnen dringen sie bis zum Talboden vor. Die Waldgrenze liegt im Lechtal auf einer Seehöhe von 1800 bis 1850 Metern, in den Innenalpen steigt die Waldgrenze auf über 2000 Meter an.

Aufgrund der überwiegend schlechten Standortvoraussetzungen liegt der durchschnittliche Holzzuwachs nur bei ca. 4 Festmetern pro Hektar und Jahr. Auch die durchschnittlichen Holzvorräte (ca. 300 Festmeter pro Hektar) weisen im Vergleich zum übrigen Tirol relativ niedrige Werte auf. Hauptbaumart ist die Fichte mit einem Anteil von rund 85 Prozent, in geringerem Umfang sind Kiefer, Tanne, Lärche, Buche, Ahorn, Vogelbeere oder sonstige Laubhölzer beigemischt.

Abb. 37. Stark durch Verbiss von Rehwild geschädigte junge Tanne.

Schlechter Waldzustand

Insbesondere die Wälder auf schwer zugänglichen Standorten weisen durch Überalterung, Vitalitätsverlust und abnehmende Bestockung einen sehr schlechten Zustand auf. Die dringend notwendige Verjüngung dieser aufgelichteten Wälder ist derzeit aufgrund der schlechten Erträge der Forstwirtschaft und der hohen Kosten, die bei diesen Verjüngungsmaßnahmen anfallen, nur schwer umzusetzen. Die Möglichkeit der Förderung dieser Maßnahmen mit öffentlichen Mitteln ist zwar grundsätzlich gegeben, aber nur sehr beschränkt möglich. Vor allem dann, wenn das Aufkommen der Jungbäume durch starken Wildeinfluss oder Weidevieh erschwert wird. Gerade die Baumarten Tanne, Buche, Ahorn und Vogelbeere sind durch kontinuierlichen Wildverbiss in ihrem Aufkommen besonders gefährdet. Die Verjüngung von Lärche und Kiefer wird durch Fege- und Schlagschäden
beeinträchtigt. An den Wildschäden sind alle drei Schalenwildarten, sowohl Rot- als auch Reh- und 37
Gamswild in unterschiedlichem Ausmaß beteiligt.

Waldeigentum – überwiegend Gemeinschaftswald

Der Großteil des Waldes steht im Eigentum von Agrargemeinschaften oder Gemeinden und wird gemeinschaftlich genutzt. Während Wiesen- und Ackerflächen bereits bei der Besiedlung aufgeteilt wurden, blieben der Wald und die Almen zum überwiegenden Teil im Gemeinschaftsbesitz. In früheren Zeiten waren alle Gemeindebürger nutzungsberechtigt. In Verbindung mit einer deutlichen Bevölkerungszunahme ab dem Mittelalter wurden diese Nutzungsrechte an die bestehenden landwirtschaftlichen Betriebe (Stammsitzliegenschaften) gebunden. Seit dem Beginn des 20. Jahrhunderts sind aus diesen Nutzungsgemeinschaften durch Regulierung zum Teil Agrargemeinschaften entstanden. In verschiedenen Gemeinden ist das Grundeigentum bei den Gemeinden verblieben (Gemeindegut). Im Gemeinschaftswald wird an die berechtigten Liegenschaften der sogenannte Haus- und Gutsbedarf abgegeben, das heißt, sie erhalten jährlich das zum Heizen erforderliche Brennholz und das zur Erhaltung der Gebäude erforderliche Bauholz. Die Abgabe des Holzes erfolgt im Wesentlichen über "Holzteile", die an die Berechtigten verlost werden und von diesen im Wald selbst aufgearbeitet werden müssen. Die Verlosung des Holzes soll eine möglichst gerechte Holzabgabe sicherstellen.

Ein Teil des Holzes wird von der Gemeinschaft selbst zur Abdeckung der Bewirtschaftungskosten verkauft.

Rund 10 Prozent des Waldes gehören der Republik Österreich und werden von der Österreichischen Bundesforste Aktiengesellschaft (ÖBF AG) verwaltet. Die Staatswaldflächen sind teilweise aus den landesfürstlichen Waldungen und teilweise aus Waldflächen, für die die Gemeinden aufgrund der in früheren Jahrhunderten nicht möglichen Bewirtschaftung keine Steuern bezahlt haben, hervorgegangen. Bis 1982 gab es für die Staatswaldflächen eine eigene Forstverwaltung im Bezirk, nach sehr starken Rationalisierungs- und Personaleinsparungsmaßnahmen werden diese Flächen mittlerweile vom Forstbetrieb Oberinntal mit Sitz in Hall betreut.

Nur 5 Prozent der Waldfläche sind Privatwald. Die Privatwaldflächen haben im Durchschnitt eine Flächenausstattung von unter einem Hektar und sind zum überwiegenden Teil aus zugewachsenen landwirtschaftlichen Flächen entstanden.

Aufwändige Waldbewirtschaftung

Die Lieferung des Holzes aus dem Wald ist in einer Gebirgsgegend mit hohem Aufwand und teilweise auch mit Schäden am verbleibenden Waldbestand verbunden. Die historische Baumfällung mit der Zugsäge *38a*
sowie die Holzbringung mit einer Seilbahn oder mit *38b*
dem Pferd, das Bauen von Holzloiten (Holzrutschen)
oder das Triften im Wasser waren sehr arbeitsintensiv *38c*
und wären in der heutigen Zeit nicht mehr finanzierbar.

Das früher übliche "Abtreiben" des Holzes (Schwerkraftlieferung) über die steilen Hänge hat oft sehr starke Schäden an den Baumstämmen oder der vorhandenen Verjüngung verursacht. Mittlerweile ist die Erschließung des Waldes mit Forstwegen weit fortgeschritten. Größere Holzmengen werden in der heutigen Zeit mit modernen Seilkränen aus dem Wald geholt. Vor allem
Seilkräne, die auf einem LKW montiert und mit einem *39*
Kippmast ausgestattet sind, können sehr rasch aufgestellt und mit vertretbaren Kosten betrieben werden.

Nachhaltige Waldbewirtschaftung

Die Holznutzung im Försterbezirk Oberes Lechtal liegt im langjährigen Durchschnitt bei ca. 17000 Festmetern. Die Nutzungsmenge orientiert sich am laufenden

Abb. 38. Fällung und Holztransport in früheren Zeiten. a, Baumfällung mit der Zugsäge. b, Holzbringung mit einer Seilbahn. c, Holzdrift auf dem Lech, Auffangen des Holzes in Häselgehr.

Zuwachs und ist nachhaltig möglich. Zu hohe Nutzungsmengen kommen nur bei Katastrophen durch Stürme oder Borkenkäferbefall vor. Zur notwendigen rechtzeitigen Waldverjüngung wäre eine leichte Steigerung der Nutzung sinnvoll und wertvoll. Vor allem bei der Pflege der Jungbestände sind Rückstände vorhanden.

Abb. 39. Moderne Holzbringung mit einem Kippmast-Seilkran.

Im Bezirk Reutte gibt es zwar moderne Holzbaubetriebe, aber kein größeres, leistungsfähiges Sägewerk. Daher wird ein Großteil des Verkaufsholzes über den Fernpass abtransportiert. Mit einem höheren Einschnitt und dem verstärkten Einsatz von Biomasse könnte die Wertschöpfung verbessert werden. Gleichzeitig würden zusätzliche Arbeitsplätze im ländlichen Raum entstehen. Mit der Ausschöpfung des Nutzungspotenzials und rechtzeitigen Durchführung von Pflegemaßnahmen wäre ein zusätzliches Einkommen für Nebenerwerbsbauern zu erzielen.

Neben den Einnahmen aus dem Holzverkauf bilden vor allem die Einnahmen aus der Jagdverpachtung für die Waldbesitzer ein wichtiges wirtschaftliches Standbein. Die Genossenschafts- und Eigenjagden im oberen Lechtal sind größtenteils an ausländische Jagdpächter vergeben, die ihr Augenmerk mehr auf einen hohen Wildbestand als auf einen guten Waldzustand legen. Die Schaffung oder Erhaltung eines ausgewogenen und landeskulturell verträglichen Wildbestandes nimmt bei der Waldbewirtschaftung eine entscheidende Rolle ein.

Der Klimawandel macht den Bergwäldern zu schaffen

In den letzten Jahren sind die Auswirkungen des Klimawandels in den Bergwäldern immer deutlicher zu spüren. Die durchschnittlichen Jahrestemperaturen in den Alpen liegen im Vergleich zum
vorindustriellen Zeitraum um fast 2 Grad höher. Längere Trockenperioden im Sommer kommen öfter
vor. Unwetter mit orkanartigen Stürmen und Starkniederschlägen treten häufiger auf und führen zu 40
gewaltigen Schäden im Wald). Mit der zunehmenden Erwärmung ist ein Ansteigen der Waldgrenze
um 150 bis 200 Meter zu erwarten. Die Zusammensetzung der Vegetation verändert sich spürbar, die
Baumartenmischung in den Wäldern ist im Wandel. Der Anteil der flachwurzelnden Fichte nimmt, 41
bedingt durch Trockenheit, Stürme und Borkenkäferbefall, vor allem in den tieferen Lagen ab. 42

Abb. 40. a, Sturmschaden entlang der Gramaiser Landstraße bei Häselgehr. b, Aufarbeitung von Sturmschäden oberhalb des Weilers Häternach in der Gemeinde Häselgehr.

Abb. 41. a, Wurzelteller einer flachwurzelnden Fichte, die durch einen Sturm umgedrückt wurde. b, Eine flach wurzelnde Fichte krallt sich auf einem großen Steinblock fest.

Tiefwurzelnde Baumarten, die besser im Boden verankert sind und weniger an Wassermangel leiden, nehmen zu und können ihr Areal ausweiten. In unseren Wäldern erweisen sich damit vor allem die Tanne, die Buche, der Ahorn oder die Lärche als "klimafitte" Baumarten. Es ist zu erwarten, dass die Eiche im Außerfern heimisch wird. Diese Veränderungen werden sich aber, wenn nicht aktiv mit gezielten Bewirtschaftungsmaßnahmen eingegriffen wird, sehr langsam in einem Zeitraum von mehreren Jahrzehnten einstellen.

Entstehen und Vergehen, Aufbau und Zersetzung, Absterben und neues Leben sind im Wald auf kleinstem Raum zu beobachten. Der Wald mit seiner Kreislaufwirtschaft und seiner perfekten Nachhaltigkeit, die uns bei sorgfältigem Umgang mit dem Wald den Rohstoff Holz dauernd zur Verfügung stellt, hat für alle Menschen, nicht nur für die Bewohner des Lechtales, eine enorme Bedeutung.

Abb. 42. a, Abgestorbene Fichten bilden ein sogenanntes »Käfernest«. b, Fraßbild des Buchdruckers (sechszähniger Fichten-Borkenkäfer).

Abb. 43. Weideflächen auf der Kaiseralpe am Weg zum Kaiserjoch, Kaisers.

Die Almwirtschaft im Lechtal

JOSEF WALCH

Die reizvolle Landschaft des Lechtales geht zu einem wesentlichen Teil auf die jahrhundertelange bäuerliche Bewirtschaftung zurück. Aus einer Naturlandschaft ist dabei eine attraktive Kulturlandschaft entstanden. Verglichen mit anderen Landesteilen von Tirol herrscht im Lechtal ein relativ raues Klima mit viel Niederschlag und mäßigen Temperaturen vor. Die landwirtschaftliche Nutzung erfolgt im Wesentlichen in Form der Grünlandwirtschaft. Es gibt kaum Ackerbauflächen. Das gesamte Grünland (Wiesen, Weideflächen und Almen) wird als Futter für die Viehwirtschaft verwendet. Milchwirtschaft und Viehzucht werden zum Großteil im Nebenerwerb betrieben. Eine florierende Almwirtschaft ist ein wesentliches Standbein dieser Form der Landwirtschaft.

Geschichtliche Entwicklung

Die Almwirtschaft im Lechtal ist sehr stark mit der Besiedlung des Tales verbunden. Noch ehe sich Menschen im oberen Lechtal niederließen, wurden die Almen in den Seitentälern von verschiedenen Gemeinden aus den Bezirken Landeck und Imst, aber auch vom Allgäu her genutzt. Dies lässt sich daran erkennen, dass man in den südlichen Seitentälern den ältesten Außerferner Namensbestand findet. So haben zum Beispiel die Ortsnamen Pfafflar, Gramais, Alperschon oder Almajur einen romanischen Ursprung und gehen auf die Almwirtschaft zurück. Ursprünglich gehörten die Gemeinden Namlos, Pfafflar und Gramais zum Gericht Imst und wurden als Almen genützt. Gute Hinweise darauf, dass die Almwirtschaft der Ursprung der Besiedelung war, lassen sich auch bei den Eigentumsverhältnissen finden. So stehen zum Beispiel die Kaiser- , Boden-, Mahdberg-, Erlach- 43

Abb. 44. Almvieh auf den Weideflächen der Agrargemeinschaft 5-örtliche Pfarrgemeinde im Schwarzwassertal.

oder Almejuralpe, die auf dem Gemeindegebiet von Kaisers liegen, im Eigentum der Gemeinden des Stanzertales (Pians, Strengen, Flirsch, Grins, Pettneu und St. Anton). Der Name Elbigenalp deutet darauf hin, dass das mittlere Lechtal vor seiner endgültigen Besiedlung als Alm genutzt wurde.

Die Festlegung von Almflächen beziehungsweies die Gründung von Almen hing wie die Kultivierung von Wiesenflächen sehr stark von den geologischen Verhältnissen oder den Geländegegebenheiten ab. Relativ gut verwitterbare, sogenannte "weiche" Gesteine führen zu fruchtbaren Böden oder sanften Geländeformen. Solche Gebiete wurden bevorzugt als Almflächen verwendet. Später entstanden aus Almen auch Dauersiedlungen. Ein Beispiel ist hier die Ortschaft Madau, die zur Gemeinde Zams gehört und im 19. Jahrhundert aufgrund der abgeschiedenen Lage als Dauersiedlung wieder aufgelassen wurde.

44 Beim Großteil der Almen handelt es sich von Anfang an um Gemeinschaftsalmen. Die Nutzungsverhältnisse, Wegerechte, Schneefluchtrechte oder Holzbezugsrechte für die Almen sind seit jeher genau festgelegt. Die Almwirtschaft bildete in früheren Zeiten für die Bevölkerung in den Bergen eine entscheidende Lebensgrundlage. Darum gab es zu diesen Nutzungsrechten immer wieder Streitigkeiten, wie zahlreiche Gerichtsakten belegen.

Die wichtigsten Entscheidungen in allen Fragen der Bewirtschaftung wurden in der jährlich einmal stattfindenden Vollversammlung getroffen. Hier wurde auch festgelegt, welche Arbeiten von den Weideberechtigten oder von den Viehhaltern pro aufgetriebenem Stück Weidevieh zu leisten waren. In dieser Versammlung wurden ein oder mehrere Alpmeister gewählt, die für den laufenden Betrieb zuständig waren. Der Großteil der Almgemeinschaften wurde im 20. Jahrhundert durch die Agrarbehörde reguliert. In teils aufwändigen Regulierungsverfahren wurden detaillierte Regulierungspläne ausgearbeitet und erlassen. Bei Streitigkeiten innerhalb der Gemeinschaften ist die Agrarbehörde nach wie vor zuständig.

Auf einzelne Almen waren in früherer Zeit Almhütten für jeden einzelnen Weideberechtigten vorhanden. Beispiele dafür sind die "Almdörfer" Fallerschein und Stablalpe. Auf beiden Almen wurden im 20. Jahrhundert Gemeinschaftsalmgebäude errichtet. Im Fallerschein werden die ursprünglichen Hütten mittlerweile alle privat verwendet. Auf der Stablalpe wurde beim Bau der Gemeinschaftssennhütte zwar beschlossen, dass alle Berechtigten ihre Hütten abreißen müssen. Nur ein Teil hat sich an diese Vereinbarung gehalten, einige Hütten stehen noch und werden privat verwendet.

Almwirtschaft heute

Abb. 45. Ehemalige Hirtenhütte auf Hinterappenzell im Alperschontal.

Grundvoraussetzung für eine gute Bewirtschaftung in der heutigen Zeit ist die Erschließung jeder Alm durch einen Fahrweg oder zumindest mit einer Materialseilbahn. Da es sich beim Hauptteil der Alpungskosten in der heutigen Zeit um Personalkosten handelt, ist eine gute Erreichbarkeit der Alm Grundvoraussetzung für das Weiterbestehen. Auch die Belieferung der Alm und der Abtransport der Almprodukte lässt sich mit einem Fahrweg viel leichter und kostengünstiger durchführen. Ich habe im Jahr 1968 als "Kleinhirte" den ganzen Sommer auf der Hinteren Krabachalm in Steeg verbracht. Damals gab es noch keine befahrbare Straße. Mein Vater war für die Versorgung des Almpersonals mit Proviant und für den Abtransport der Butter zuständig. Ein- bis zweimal pro Woche musste er einen vierstündigen Fußmarsch zur Alm und wieder zurück mit einem schweren Rucksack bewältigen. Von den ehemals zahlreichen Hirtenhütten werden heute nur noch wenige genutzt und instand gehalten.

Ein wesentliches wirtschaftliches Standbein für eine Almwirtschaft ist heute auch die Bewirtung von 43
Gästen. Gut gelegene Almen sind sehr beliebte Ausflugsziele nicht nur für Touristen, sondern auch für die einheimische Bevölkerung. Eine attraktive Almlandschaft und die sportliche Herausforderung beim Anmarsch oder bei der Anfahrt mit dem Mountainbike, in Verbindung mit einem herrlichen Angebot an natürlichen Produkten, haben teilweise zu einem regelrechten Besucheransturm auf den Almen geführt.

Abb. 46. Die Saxeralpe im Parseier Tal wurde 2018 aufgelassen.

Abb. 47. Galtvieh. a, Vier Rinderrassen in harmonischer Eintracht. b, Jungvieh an der Viehtränke.

Unerlässlich für die Bewirtschaftung ist eine zeitgemäße Ausstattung jeder Alm mit einem zweckdienlichen Almgebäude. Auf einer Kuhalm ist eine moderne Melkanlage Stand der Technik. Bei der Verarbeitung der Milch müssen strenge Hygienevorschriften eingehalten werden, eine gute Strom- und Wasserversorgung sind hier Grundvoraussetzung. Die Anwerbung von gutem Almpersonal hängt sehr wesentlich von der Erreichbarkeit und Ausstattung der Alm ab.

Aktuelle Zahlen

Abgelegene und wenig ertragreiche Almen wurden mit dem Rückgang der Landwirtschaft in den
letzten Jahrzehnten häufig aufgelassen. Ein aktuelles Beispiel für eine Stilllegung bietet die Saxeral-
46 pe im Passeiertal. Diese Hochalpe mit sehr guten Weideböden wurde im Jahr 2018 aufgelassen. Im
letzten Jahrzehnt wurden noch umfangreiche Rekultivierungen und Weideverbesserungsmaßnahmen
durchgeführt und die Seilbahn erneuert.

47 Zahlreiche ehemalige Sennalmen werden heute nur mehr mit Galtvieh (= Vieh das nicht gemolken wird) bestoßen. Der Galtviehbestand auf den Almen hat damit deutlich zugenommen.

Die Anzahl der Kuhalmen beziehungsweise der Almen, auf denen noch gemolken wird, hat stark abgenommen. Damit ist auch die Zahl der aufgetriebenen Kühe stark rückläufig, die Kühe bleiben immer häufiger auf der Heimweide. In den letzten Jahren hat sich auf manchen Almen auch die Mutterkuhhaltung etabliert, die mit wesentlich weniger Arbeitsaufwand für den Hirten oder Viehhalter verbunden ist.

Auf neun Almen im Lechtal beziehungsweise in den Nebentälern wird zwar noch gemolken, die Milch wird aber nicht mehr auf diesen Almen verarbeitet, sondern zu den Sennereien nach Steeg oder Reutte geliefert. Derzeit gibt es nur mehr zwei Almen, auf denen noch die Milch zu Butter oder Käse verarbeitet wird. Es handelt sich dabei um die Kaiseralpe in der Gemeinde Kaisers und die Petersbergalpe in Hinterhornbach. Ein Besuch dieser Almen zur Verkostung der Milchprodukte ist unbedingt zu empfehlen.

Im Jahr 2020 wurden im Lechtal von Steeg bis Forchach und in den Seitentälern 34 Almen und 13
Heimweideflächen bestoßen. Das beweidete Gebiet weist eine Größe von rund 6200 Hektar auf.
Bei rund der Hälfte dieser Fläche handelt es sich um Reinweideflächen, die übrigen Weideflächen
sind teilweise bewaldet. Laut Statistik wurden in diesem Jahr rund 1400 Rinder (Großvieheinheiten
48 – Summe aus Kühen, Jungvieh und Kälbern), 200 Schafe, 50 Pferde und 10 Ziegen aufgetrieben.

Ausblick

Die Erhaltung der über Jahrhunderte vom menschlichen Wirken geprägten Kulturlandschaft auch im Gebirge ist untrennbar mit einer kontinuierlichen Bewirtschaftung verbunden. Mit der Auflassung der Bewirtschaftung und der damit fehlenden Landschaftspflege kommt es relativ rasch zu einer
49 "Verwilderung" und verstärktem Zuwachsen der Almfläche durch Jungbäume, Sträucher und Büsche. Aus diesem Grund wird die Almwirtschaft in Tirol auch mit öffentlichen Fördermitteln unterstützt. Der Trend zu regionalen Produkten, der steigende Wert von Naturprodukten bietet zusätzlich eine gute Chance für die längerfristige Aufrechterhaltung der Almwirtschaft.

Abb. 48. Schafabtrieb an der Kastenalpe (Allgäuer Alpen). Sammeln bei der Hassenteufelhütte.

Abb. 49. Zuwachsende Weidefläche auf der Siglalm im Schwarzwassertal.

Wanderungen

1 Von Vorderhornbach ins Orchideenparadies der Lech-Aue um Martinau

Leichte, 2–3-stündige Wanderung.

Zwischen Mitte Mai und Mitte Juni ist ein Besuch im Auwald bei Martinau mit einer der größten Ansammlungen von Frauenschuh in Europa ein absolutes Muss. Die Wanderung beginnt bei der Brücke in Vorderhornbach. In der Nähe gibt es auch Abstellmöglichkeiten für den PKW. Vom Parkplatz geht es auf einem gut beschilderten Weg in südliche Richtung in den Auwald. Nach wenigen Hundert Metern erreicht man den Zugang zum Frauenschuhgebiet. Hier hat die Bergwacht einen
1.1 Info-Punkt eingerichtet. Ein Plan zeigt den Verlauf der drei perfekt beschilderten Pfade durch den Auwald. Meist trifft man hier auch Mitglieder der Bergwacht, die gerne und kompetent zusätzliche fachkundliche Informationen vermitteln.

Längs der Pfade ist es unmöglich, den Frauenschuh zu übersehen. Hunderte von Blüten faszinieren in dichten Gruppierungen in den schattigen Standorten des Auenwaldes. Doch bevor wir loslegen kurz noch einige interessante botanische Fakten zu dieser faszinierenden Orchidee.

1.2 Der bis 70 Zentimeter hohe **Gelbe Frauenschuh** (*Cypripedium calceolus*) ist eine stark gefährdete Art, die durch die europäische Flora-Fauna-Habitat-Richtlinie unter strengen Schutz gestellt ist. Die große, bauchige Lippe der Blüte ist gelb gefärbt, während die verzwirbelten Blütenblätter rotbraun im Sonnenlicht leuchten. Für viele Insekten ist der Frauenschuh unwiderstehlich. Die neugierigen Besucher fallen vom glatten Rand des Schuhs in sein Inneres. So gefangen, suchen die Insekten

Abb. 1.1. Wegenetz und Verhaltensregeln im Frauenschuhgebiet in der Martinauer Au (Wegenetz und Beschilderung erstellt und betreut durch die Bergwacht Elmen-Pfafflar und die Bergwacht Vorderhornbach).

Abb. 1.2. Gelber Frauenschuh (Cypripedium calceolus) ist in Horsten anzutreffen.

nach einem Ausgang, den eine durchscheinende Stelle der Unterlippe am hinteren Ende der Blüte vortäuscht. Auf dem Weg nach draußen müssen die Insekten ganz nah an der Narbe vorbei und bestäuben dabei die Blüte. Der Frauenschuh bildet bis 40 000 winzige Samen aus, die durch den Wind verbreitet werden. Aber nur mithilfe eines im Boden lebenden Pilzes (Mykorrhiza) kann der Samen auskeimen. Es vergehen jedoch 7 bis 15 Jahre, ehe sich aus der Pflanze eine Blüte entfaltet. Eine Besonderheit des Frauenschuhs sind seine Rhizome, welche als Speicherorgane dienen und eine vegetative (= ungeschlechtliche) Vermehrung und Bildung größerer Horste ermöglichen.

Neben der Hauptattraktion der Frauenschuhpopulationen beeindruckt im Kerngebiet des Orchideenwaldes auch die vielfältige Begleitflora. An erster Stelle fallen die reichen flächendeckenden Vorkommen von **Maiglöckchen** auf. Deren intensiv betörender Duft ist überall zu riechen. Daneben 1.3a, b

Abb. 1.3. Neben dem Gelben Frauenschuh finden sich Maiglöcken (Convallaria majalis) (a,b), Salomonssiegel (Polygonum officinale) (c) und Knabenkraut (Orchis sp.) (d).

Abb. 1.4. Weiße Waldhyazinthe (Platanthera bifolia) (a) und Schwertblättriges Waldvögelein (Cephalanthera longifolia) (b, c).

Abb. 1.5. *Großes Zweiblatt (Listera ovata).*

Abb. 1.7. *Vogelnestwurz (Neottia nidus-avis).*

Abb. 1.6. *Einbeere (Paris quadrifolia).*

treten an vielen Standorten üppige Sträucher des
Salomonssiegels auf. 1.3b

Die lila gefärbten Blüten des **Knabenkrauts** sowie 1.3c
die weißblühende **Weiße Waldhyazinthe** und 1.4
das **Schwertblättrige Waldvögelein** setzen zusätzliche attraktive Farbtupfer im halbschattigen Frauenschuhwald.

Etwas genauer hinsehen muss man bei einer weiteren Orchideenart, nämlich dem durchwegs grün
gefärbten **Großen Zweiblatt**, das sehr zahlreich 1.65
und zum Teil in stattlicher Wuchsform vorkommt.
Seltener findet man dagegen die **Vierblättige** 1.6
Einbeere und den Schmarotzer **Vogelnestwurz**. 1.7

Das dicht mit Wald bewachsene Frauenschuh-Kerngebiet wird von lichtem Kiefernwald mit einer Heidekrautschicht im Unterwuchs umrahmt. 1.8

Auch hier gibt es reiche Orchideenbestände. Genauso wie im Frauenschuh-Kerngebiet treten die Weiße Waldhyazinthe, das Knabenkraut und das Schwertblättrige Waldvöglein auf. Hinzu kommen **Mückenhändlwurz** und reiche Vorkommen
der **Fliegen-Ragwurz**. 1.9

Abb. 1.8. Kiefernwald mit Heidekraut im Unterwuchs.

Abb. 1.9. Fliegen-Ragwurz (Ophrys insectifera).

Abb. 1.10. a, Katzenpfötchen (Antennaria sp.); b, Schlauchenzian (Gentiana utriculosa).

1.10 Aus dem Krautteppich sprießen **Katzenpfötchen**, Habichtskraut, Vergissmeinnicht, Silberwurz, Hufeisenklee, Mehlprimel, die Herzblättrige Kugelblume, **Schlauchenzian**, Simsenlilie und blaublühende Teufelskralle hervor. Insgesamt ein wahrer Augenschmaus.

Resümee: Die Lechaue bei Martinau bietet zahlreiche botanische Höhepunkte, die man sich auf keinen Fall entgehen lassen sollte.

Alpine Flora, Geologie und einmalige Ausblicke entlang des Lechtaler Höhenpanoramawegs vom Lachenkopf über die Jöchlspitze nach Bernhardseck

Ganztagswanderung mit mittlerem Schwierigkeitsgrad.

Unsere heutige Wanderung führt uns zum eindrucksvollsten Höhen-Panoramaweg im Lechtal – ein absolutes Muss für jeden Gast. Die Anreise mit dem Auto oder zu Fuß zum Ausgangspunkt an der Talstation der Jöchlbahn ist von Bach aus sehr gut ausgeschildert. Von hier können die ersten 500 Höhenmeter von circa 1200 bis auf 1768 Meter Höhe hinauf ganz bequem mit dem Sessellift bewältigt werden. Wir laden Sie ein, die Bergfahrt mit einer naturkundlichen Entdeckungstour zu verbinden, die uns einen ersten Eindruck über den geologischen Aufbau dieser reizvollen Landschaft vermittelt.

Zunächst verläuft die Lifttrasse über den steilen, mit lichtem Fichtenwald bestandenen Berghang des Benglerwaldes. Unter uns spießen aus dem Wald immer wieder graue Felsklippen hervor, die von gut gebankten, splittrig verwitternden Dolomit-Folgen mit gelegentlich eingeschalteten glatt verwitternden dicken Kalkbänken aufgebaut werden. In Letztere hat das leicht saure Regenwasser im Laufe der Zeit tiefe, senkrecht zur Falllinie ausgerichtete Rinnen – die sogenannten Schratten – gefräst. Diese Kalk-Dolomit-Folge wird von den Geologen als Plattenkalk-Formation bezeichnet. Sie wurde vor rund 210 Millionen Jahren in einem flachen Karbonat-Schlickwatt abgelagert.

Bei 1610 Metern Höhe sind direkt unter uns nochmals mächtige Plattenkalke eindrucksvoll in einer Felsklippe aufgeschlossen. Dann folgt mit einem markanten Geländeknick ein offenes Wiesengelände. Direkt unter der Grasnarbe stehen hier die weichen und daher leicht verwitternden Mergel und Kalke der Kössener Schichten an, die sich während der Rhät-Stufe der Triasepoche vor rund 205–200 Milli-

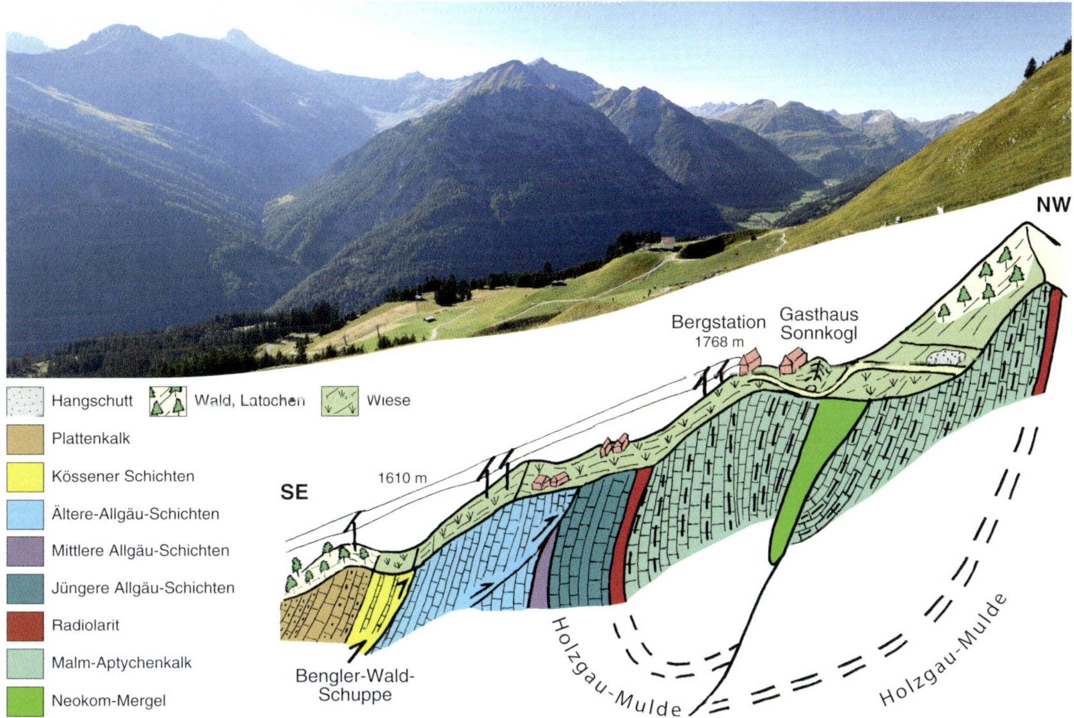

Abb. 2.1. Geologischer Profilschnitt durch die Holzgau-Mulde entlang der Trasse der Jöchlbahn.

onen Jahren in einem flachen Schelfmeer absetzten. Im Anschluss markiert eine erneute Versteilung im Hang den Übergang zu den Kalk-Mergel-Wechselfolgen der Älteren Allgäu-Schichten aus dem Unterjura (200–180 Millionen Jahre). Gegenüber den Kössener Schichten ist in dieser Formation der Anteil an weichen Mergeln wesentlich geringer und die Kalkbänke sind oft aufgrund von auftretenden Verkieselungen deutlich härter. Beides zusammen bedingt das steilere Relief des Hanges. Die Verkieselungen sind auf Kieselschwämme zurückzuführen, die einen Wechsel im Ablagerungsraum zu einem offenen Ozean-Randbecken anzeigen. Etwas höher verflacht sich der Wiesenhang wieder und wir blicken auf zwei Gruppen von Heuschobern. Danach geht es kontinuierlich stetig steil bergan, bis wir die Bergstation bei 1768 Metern Höhe erreichen. Dass auch die letztgenannten Reliefveränderungen im Berghang mit den geologischen Verhältnissen im Untergrund zu tun haben, wird
anhand des längs der Jöchlbahn-Lifttrasse geführten geologischen Profilschnitts sofort klar. Die bisher 2.1
beschriebene Abfolge vom Plattenkalk bis zu den Älteren Allgäu-Schichten beinhaltet das in südliche Richtung überkippt einfallende Schichtpaket der Benglerwald-Schuppe. Oberhalb der ersten Gruppe von Heuschober-Hütten folgt dann ein gleichfalls in südliche Richtung einfallendes Schichtpaket aus jüngeren Allgäu-Schichten, Radiolarit und Malm-Apytchenkalk, das dem überkippt liegenden Flügel der breit aufgespannten Holzgau-Mulde zuzuordnen ist. Die Jüngeren Allgäu-Schichten und die im Untergrund ausgeschuppten Mergel und Tonsteine der Mittleren Allgäu-Schichten sind im Vergleich zum Radiolarit und dem bankweise verkieselten Malm-Aptychenkalk vergleichsweise leichter zu erodieren und erklären somit das beobachtete Hangprofil.

Es ist sinnvoll, uns einen ausführlichen Überblick der Gesamtstruktur der Holzgau-Mulde zu verschaffen, bevor wir die Wanderung beginnen. So können wir die einzelnen Haltepunkte entlang
der Wegstrecke stets in den geologischen Gesamtkontext einordnen. Ein Blick auf den geologischen 2.2
Kartenausschnitt zeigt, dass die Bergstation der Jöchlbahn auf Malm-Apytchenkalken des überkippten Südflügels der Mulde errichtet wurde. Direkt nördlich davon ist in der geologischen Karte ein

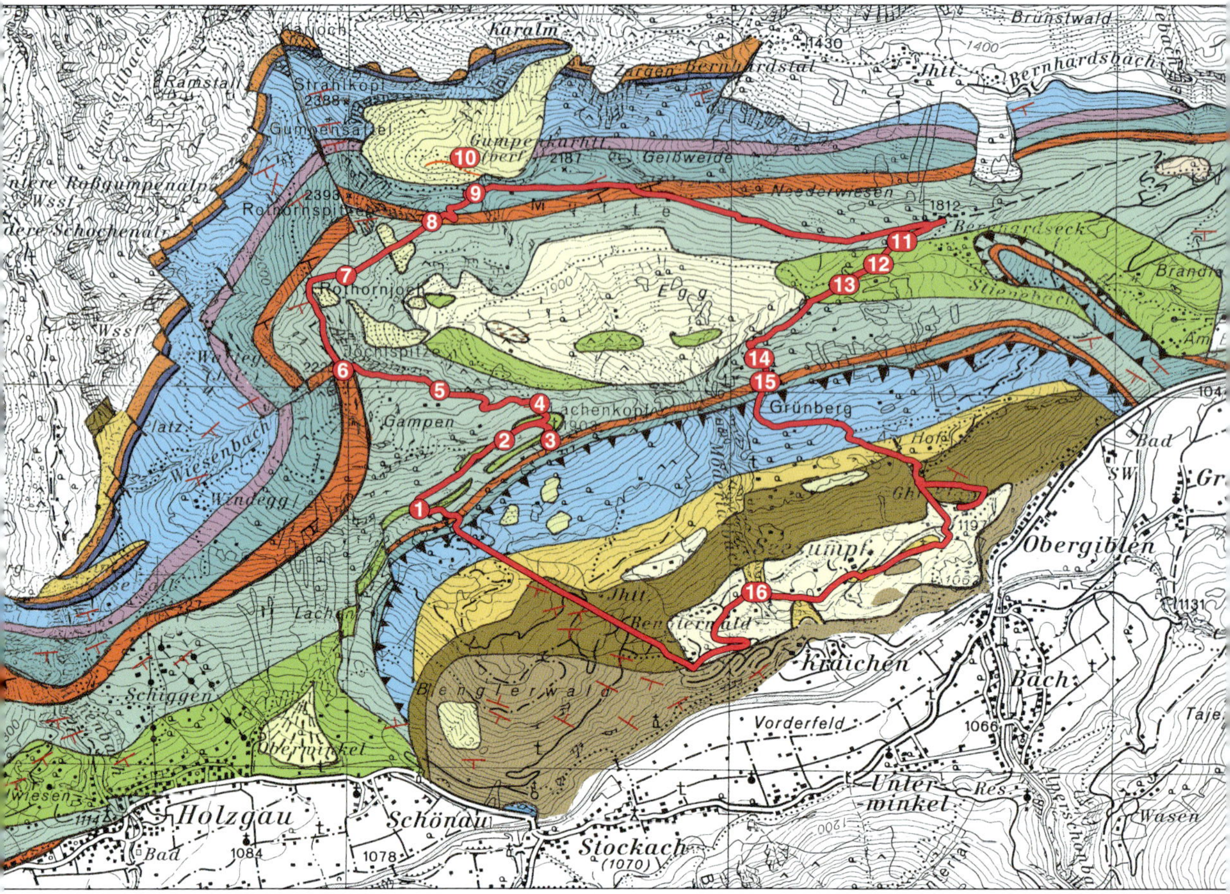

Abb. 2.2. Geologische Karte der Umgebung von Holzgau mit den Haltepunkten unserer Wanderung **2**. *Legende auf Seite 196.*

schmaler Streifen von Neokom-Mergeln ausgewiesen, lediglich ein kümmerlicher Rest des ehemals sehr viel mächtigeren Muldenkerns, der durch die von Südost nach Nordwest immer stärker vorrückende und überschiebende Benglerwald-Schuppe extrem zusammengepresst und ausgedünnt wurde. Genau hier am westlichen Eckpunkt des Benglerwald-Schuppenkomplexes ist die maximale Kompression des Muldenkerns zu erkennen. In südwestlicher Richtung auf Holzgau zu wird der Ausstrich der Neokom-Mergel deutlich breiter, da in diese Richtung die Benglerwald-Schuppe auskeilt. Ein ähnliches Phänomen beobachten wir am anderen Ende der Schuppe nordöstlich von Obergiblen, wo durch die bulldozerartig vorpreschenden Gesteinsmassen des Schuppenkomplexes ein Teil des Muldenflügels, nämlich das Schichtpaket aus Jüngeren Allgäu-Schichten, Radiolarit und Malm-Aptychenkalk, abgerissen und nach Nordwesten verschleppt und in die Neokom-Mergel des Muldenkerns gepresst wurde. Insgesamt hat so die Benglerwald-Schuppe die Schichtfolge des Muldenflügels stark ausgedünnt sowie an ihren westlichen und östlichen Eckpunkten weitgehend ausgequetscht. Von dem extremen Nordwestschub der Schuppe wurde sogar auch noch der normal liegende, nach Süden einfallende Nordflügel der Holzgaumulde in Mitleidenschaft gezogen. Er wurde in nordwestlicher Richtung mehrfach zerblockt und im Vorschubscharnier keilartig verschoben. Im nördlichen Vorfeld der Ladekippe des Benglerwald-Schuppen-Bulldozers streichen im Bereich von Egg bis Bernhardseck die Neokom-Schichten des Muldenkerns nahezu ungestört breitflächig in West-Ost Richtung aus.

Abb. 2.3. Startpunkt der Gleitschirmflieger auf dem Wiesenhang östlich der Bergstation.

Unsere Wanderstrecke beginnt mit den Abfolgen des überkippt nach Süden einfallenden Malm-Apytchenkalks, welcher die Rippe aufbaut, auf der die Bergstation (1768 m) der Jöchlbahn steht. Direkt unterhalb quert der Weg hinter dem Gasthaus Sonnkogl dann eine kleine Kuppe, in der graugrüne, zum Teil fleckige Kalke und Mergel des Neokoms anstehen. Diese Schichtfolge des stark ausgequetschten Muldenkerns streicht entlang des Weges in nordöstlicher Richtung hinauf zum Lachenkopf (1903 m). Von dort biegt vom Weg ein Steig in nordöstlicher Richtung ab. Dieser führt über einen breiten Bergrücken stetig bergauf zur Jöchlspitze (2225 m). Der Anstieg erschließt die normal liegende, nach Süden einfallende Schichtfolge des Nordflügels (Malm-Apytchenkalk und Radiolarit) der Holzgaumulde. Von der Jöchlspitze verläuft der Steig längs des Berggrates in nördlicher Richtung zum Rothornjoch und quert dabei das an dieser Stelle im Muldennordflügel angelegte, stark zerblockte und keilartig versetzte Vorschubscharnier der von Süden vorrückenden Benglerwald-Schuppe. Am Rothornjoch biegt der Steig nach Nordosten ab und verläuft anschließend in östlicher Richtung im Bereich Mutte/Nederwiesen entlang des Streichens von Radiolarit und Malm-Apytchenkalk, bis schließlich am Bernhardseck (1812 m) der östlichste Punkt unserer Wanderung erreicht wird. Von hier aus führt der Steig in langgezogenen Schleifen in südwestlicher Richtung teils sehr steil bergab. Ab Gasthof Klapf (1197 m) geht es schließlich durch das flache Gelände um Seesumpf zurück zum Ausgangspunkt unserer Wanderung an der Talstation der Jöchlbahn. Beim Abstieg werden erneut der Muldenkern sowie Reste des Südflügels der Holzgaumulde und die Abfolgen der Benglerwald-Schuppe gequert. Soweit der Überblick über unsere heutige Wanderung. Nun gehts ins Detail.

An der Bergstation angekommen lädt eine Bank zu einem kurzen Verweilen und Genießen der herrlichen Aussicht ein. Nach Südosten blicken wir auf die Ortschaft Bach unter uns im Lechtal und südlich davon in das Alperschontal. Beiderseits des Alperschonbachs ragen mächtige Felsmassive auf, im Osten das Ruitelspitzmassiv und im Westen der Sonnkogl, hinter dem weit im Süden die Wetterspitze auszumachen ist. Im östlichen Wiesenhang direkt gegenüber unserem Sitzplatz befindet sich ein beliebter Abflugplatz für Gleitschirmflieger, deren buntes Treiben eine willkommene 2.3
Abwechslung bietet.

Abb. 2.4. Der Rücken, auf dem die Holzhütte des Bergbauernmuseums steht, wird von Malm-Aptchenkalk aufgebaut.

Abb. 2.5. Markanter Kontrast zwischen rotem Radiolarit und weißem Malm-Aptychenkalk in der Südflanke der Rothornspitze.

Abb. 2.6. Ausstellungsobjekte in der Holzhütte des Lechtaler Bergbaumuseums.

Nun geht es aber endlich los. In einer kleinen Kuppe direkt hinter dem Gasthaus Sonnkogl schneidet der Weg ein kleines Profil aus den Neokom-Schichten mit einer Wechselfolge von gut gebankten, hellgrauen, fleckigen Kalken und dunkelgrauen Mergeln an (1). Die Fleckigkeit der Kalke geht auf intensive Wühltätigkeit von Organismen zurück, wobei von oben helleres beziehungsweise dunkleres Sediment in die Wühlbauten eingefüllt wurde. Etwas höher am Weg finden sich die ersten Tafeln eines botanischen Lehrpfades. Oberhalb des Startplatzes der Gleitschirmflieger bei 1810 Metern Höhe bis zu einem ersten Hangplateau bei 1890 Metern Höhe folgt ein Wegabschnitt, der durch verrutschten Hangschutt gekennzeichnet ist, was sich in den angrenzenden Wiesen besonders deutlich durch eine unruhige Morphologie widerspiegelt. Hier beginnt eine flache Felsrippe, die sich bis zum Gipfel des Lachenkopfs (1903 m) verfolgen lässt (2). Sie wird aus den regelmäßig gebankten, hellgrauen und dichten Kalken des Malm-Aptychenkalks aufgebaut. Diese Malmkalk-Rippe ist 2.4
noch dem Südflügel der Holzgaumulde zuzurechnen. Direkt im Anschluss daran stehen in einer deutlich erkennbaren schmalen Senke die Neokom-Schichten des Muldenkerns an. Die charakteristischen graugrünen Mergel sind jedoch nicht durchgängig aufgeschlossen, sondern spießen nur gelegentlich dort hervor, wo die Grasnarbe fehlt. Vom Gipfel des Lachenkopfs (3) hat man einen herrlichen Ausblick . Im Nordwesten erhebt sich im Mittelgrund majestätisch die Rothornspitze, in deren Südgipfelfluren durch eine Blattverschiebung mit geringer Schubweite roter Radiolarit und weißer Malm-Aptychenkalk mit markantem Farbkontrast direkt aneinander grenzen. 2.5

Wir folgen dem Steig, der vom Lachenkopf und der nördlich vorgelagerten Neokom-Mergel-Senke in westnordwestlicher Richtung zum Gipfel der Jöchlspitze (2225 m) hinauf führt. In dem überwiegend von Wiese bedeckten Bergrücken finden sich immer wieder flache, felsige Aufschlüsse von Malm-Aptychenkalken. Bei 1950 Metern Höhe treffen wir kurz vor der Weggabelung (Alpenrosensteig/Panoramaweg Bernhardseck) auf eine neu errichtete Holzhütte, die das Lechtaler Bergbauernmuseum beherbergt (4). Das Inventar und die Einrichtung der Hütte, darunter auch viele Arbeitsgeräte, 2.6
vermitteln einen realistischen Eindruck von der mühsamen Arbeit der Bergbauernfamilien.

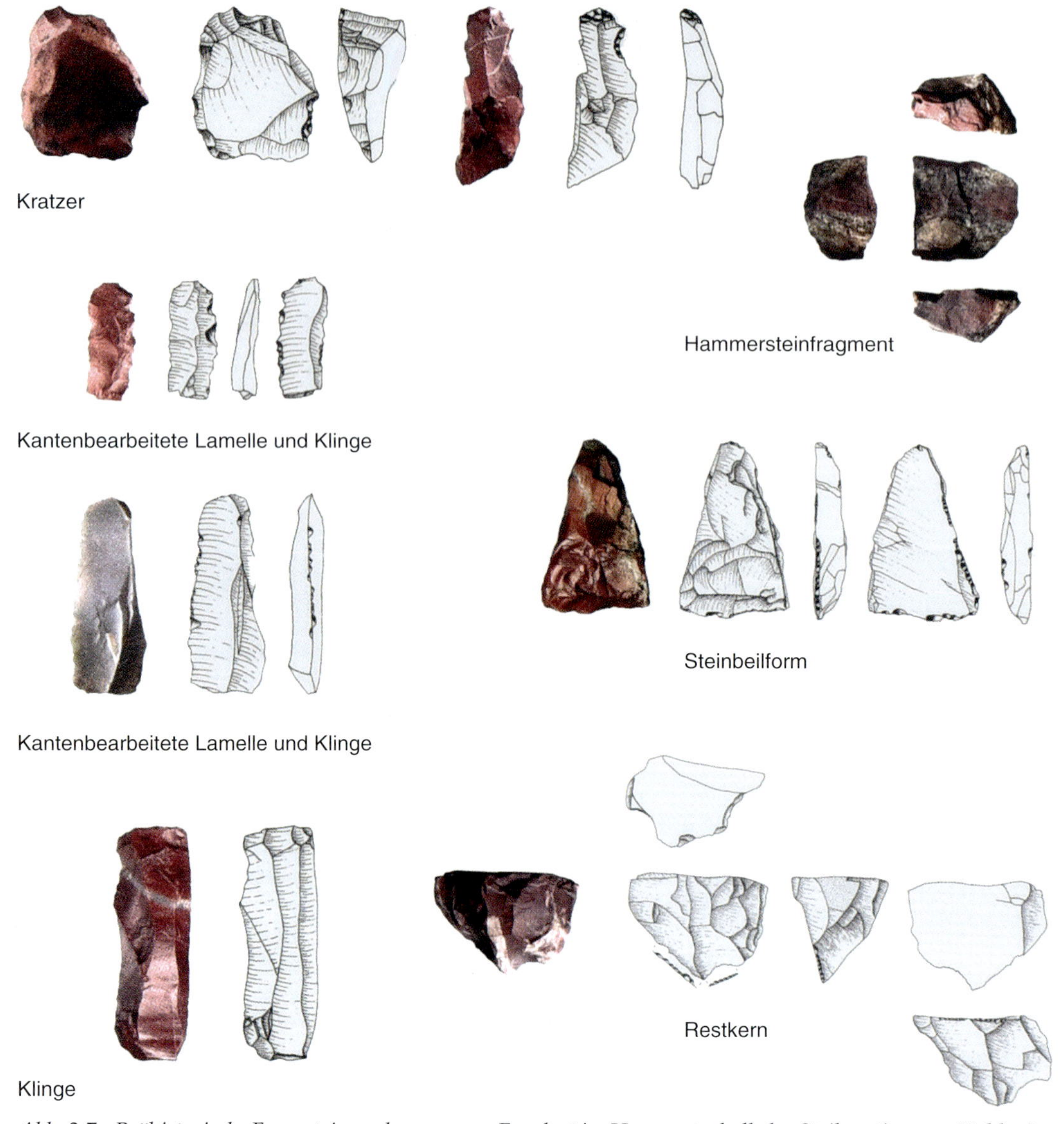

Abb. 2.7. Prähistorische Feuersteinwerkzeuge vom Fundort im Hang unterhalb des Steilanstiegs zur Jöchlspitze.

Wir folgen der Ausschilderung des Panoramawegs zum Bernhardseck und erreichen bei 2050 Metern Höhe ein breites Plateau unterhalb des letzten Steilanstiegs zur Jöchlspitze (5). Hier wurde 2011 (Bachnetzer et al. 2012) eine bedeutende prähistorische Fundstelle von Feuersteinwerkzeugen, 2.7 unter anderem Klingen, Kratzer, Hammersteinfragmente und Steinbeilformen neu entdeckt. Als Ausgangsmaterial für die Herstellung dieser Werkzeuge diente der in der direkten Umgebung anstehende rote, graue und schwarze Radiolarit. Manch weitere wissenswerte Details erfährt man auf der an dieser Stelle aufgestellten Informationstafel.

Von hier aus führt der letzte Aufstieg durch von Malm-Aptychenkalken aufgebaute felsige Bergwiesen zum Gipfel der Jöchlspitze (2226 m). Für die Mühe des Aufstiegs werden wir mit einem atemberaubenden Rundumpanorama belohnt (6).

Abb. 2.8. Blick von der Jöchlspitze tief hinab in das glazial ausgeräumte Giblertal. Im Hintergrund die beeindruckenden Bergketten auf der Südseite des Lechtals.

Östlich von unserem Standort geht es im Vordergrund direkt steil hinab ins Giblertal, in dessen 2.8 tieferen Flanken Neokom-Mergel anstehen, die aus der Senke am Lachenkopf in östlicher Richtung zunehmend breiter ausstreichen. Die weichen Neokom-Mergel wurden während der letzten Eiszeit tiefgründig abgetragen und ausgeschürft. So entstand der besonders breite, markante Taleinschnitt, der das heutige Landschaftsbild prägt. Der steile Wiesenhang und Bergrücken auf der höheren östlichen Talflanke, die sogenannte Mutte, wird hingegen von den deutlich härteren und widerstandsfähigeren Schichtfolgen des Malm-Aptychenkalks und des Radiolarites aufgebaut. Dahinter folgt, abermals versetzt nach Osten, ein markanter Einschnitt, das Bernhardstal. Im Anschluss daran ist ganz im Hintergrund ein klassischer Profilschnitt in den Gipfelfluren von der Rotwand im Süden bis zu den schroffen Felsspitzen der Kreuzkarspitze im Norden zu erkennen.

Im Südosten ragt jenseits des breiten Lechtals im Mittelgrund das imposante Felsmassiv der Ruitelspitze auf, deren schroff-felsige Gipfel sich markant von dem von Wald und Wiesen bedecktem Bergsockel absetzen. Östlich der Ruitelspitze stechen zwei weitere Felsmassive, die Wannenspitze und die Lichtspitze, im Panorama heraus. Als Geologe genießt man ein so fantastisches Rundumpanorama nicht nur, sondern versucht sofort aus den Beobachtungen ein dreidimensionales Bild der geologischen und tektonischen Strukturen zu entwickeln.

Aus den bisher während unserer Wanderung gewonnenen Erkenntnissen wissen wir, dass die Neokom-Mergel die jüngsten Schichten im Kern der Holzgaumulde bilden. Der Taleinschnitt des Giblerbaches erschließt uns folglich diesen Muldenkern. Hingegen sind folgerichtig die in den höheren Talflanken und im Bergrücken der Mutte anstehenden, hellen Malm-Aptychenkalke und roten Radiolarite dem Nordflügel der Holzgaumulde zuzuordnen. Das weiter im Hintergrund in nordöstlicher Richtung folgende Profil von der Rotwand zur Kreuzkarspitze erschließt dann die 2.9 älteren Abfolgen des Nordflügels der Holzgaumulde.

Die an der Jöchlspitze aus der Ferne nur in kleinem Maßstab auflösbare Abfolge des Profils ist bei zunehmender Annäherung während unseres weiteren Weges deutlicher und mit wesentlich mehr Details im Aufbau der Formationen auflösbar. In der Rotwand sind von Süd nach Nord mit den

Abb. 2.9. Die gesamte Schichtfolge des Nordflügels der Holzgaumulde ist in den Bergketten von der Söllner Rotwand bis zur Kreuzkarspitze aufgeschlossen. ÄA, Ältere Allgäu-Schichten (Lias); HD, Hauptdolomit; Kö, Kössener Schichten; PK, Plattenkalke; RK, Rhätkalke.

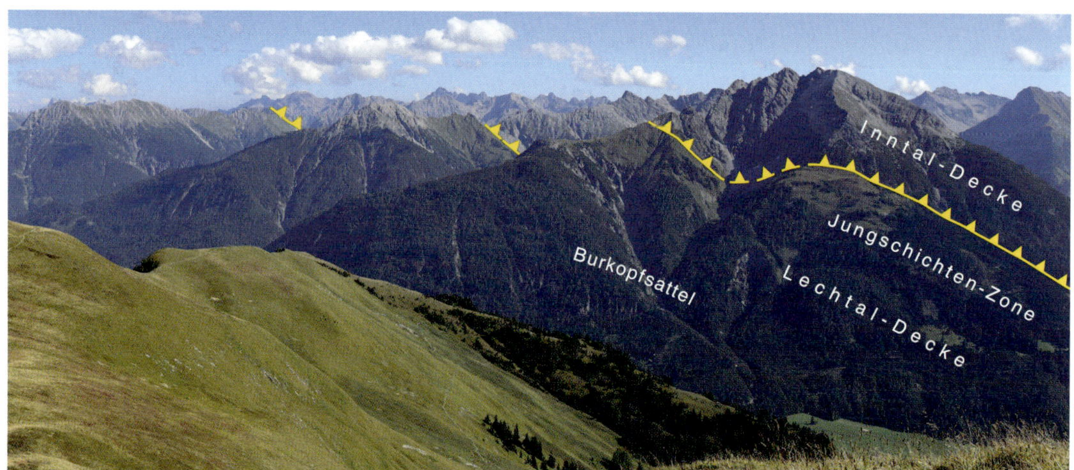

Abb. 2.10. Der Aufbau der Deckenstirn zwischen Inntal-Decke und Lechtal-Decke ist südlich des Lechs auch für den Laien besonders eindrucksvoll erkennbar. Sie verläuft von Westen (links) nach Osten (rechts) über die Felsmassive der Lichtspitze, Wannenspitze und Ruitelspitze.

Älteren Allgäu-Schichten , dem geringmächtigen und daher aus der Ferne nicht separat erkennbaren Liasrotkalk sowie dem triadischen Rhätkalk zunehmend ältere Formationen aufgeschlossen. Nördlich davon komplettieren am Balschtesattel Kössener Schichten, Plattenkalke sowie ein sehr breiter Ausstrich von Hauptdolomit im Kreuzkarspitzmassiv die Abfolge des Nordflügels.

Nördlich des Lechtals sind der Kern und der Nordflügel der Holzgaumulde komplett aufgeschlossen und lassen sich nahezu ungestört von West nach Ost verfolgen. Wenn sich die Gesamtstruktur südlich des breiten Lechtaleinschnitts ungestört fortsetzen sollte, müsste dort eigentlich der komplette

Abb. 2.11. Blick nach Westen von der Jöchlspitze auf den breitflächigen Ausstrich von Hauptdolomit in den Bergmassiven des Allgäuer Hauptkammes.

Südflügel der Holzgaumulde in voller Breite aufgeschlossen sein. Dies ist jedoch nicht der Fall. Hier beginnt eine andere Welt. Grund dafür ist der Nordschub der Inntal-Decke, der von Süden aus der Region um Madau erfolgte und den Südflügel der Mulde fast vollständig überschoben hat.

Die Deckenstirn der Inntal-Decke ist in den Gipfelfluren des Ruitelspitzmassivs weithin sichtbar. 2.10
Hier überschiebt die Inntal-Decke direkt (sichtbar anhand der aus Hauptdolomit gebildeten schroffen Felsspitzen der Ruitelspitz-Gipfelfluren) die jurassischen und kretazischen Jungschichten der Lechtal-Decke, die zusammen mit den Triasgesteinen des Burkopfsattels den darunter folgenden, deutlich flacheren, von Wiesen und Wald bestandenen Sockel des Ruitelspitzmassivs aufbauen. Die Details dieser starken Einengung auf der Südseite des Lechtals werden wir bei einer Wanderung von Bach zum Gipfel der Ruitelspitze genauer erkunden.

11 Zum Schluss ein Blick nach Westen, wo in breitem Ausstrich das bis 1200 Meter mächtige und mehrfach gefaltete Hauptdolomit-Paket des Allgäuer Hauptkammes in Verlängerung der Massive der Hornbachkette (z. B. Kreuzkarspitze) angetroffen wird.

Vom Gipfel der Jöchlspitze geht es weiter längs des Gratweges über fast durchwegs anstehende Malm-Aptychenkalk-Felsen (7) bis zum Rothornjoch (2150 m). Vom Steig aus hat man einen schönen Blick über die Mutte auf das
12 Rothornjoch und die Rothornspitze.

Abb. 2.12. Rothornjoch und Rothornspitze. Davor im Mittelgrund die Mutte.

Der Weg führt in der Mutte zunächst durch Hangschutt, der aus den Felswänden der Südflanke der Rothornspitze stammt und sich entsprechend den jeweils in den Wänden anstehenden Formationen entweder hauptsächlich aus hellen Malm-Aptychenkalken oder aus rotem Radiolarit

Abb. 2.13. Dünnplattiger roter Radiolarit im Aufstieg aus der Mutte.

Abb. 2.14. Dünnbankiger heller, dicht-mikritischer Malm-Aptychenkalk an der Einmündung des Aufstiegs in den Kammweg der Mutte.

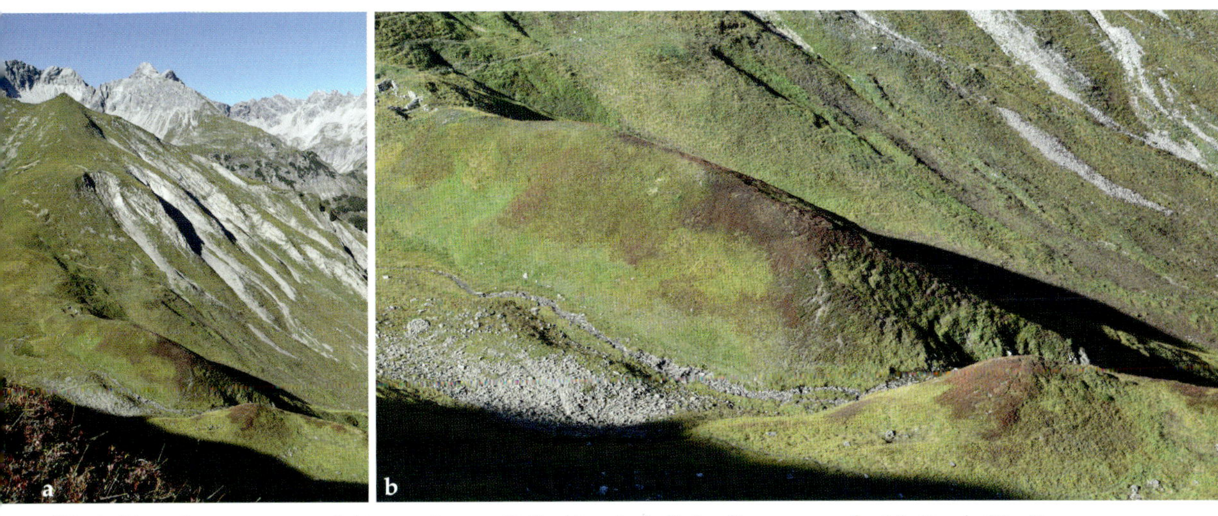

Abb. 2.15. a, Langgezogener Seitenmoränenwall direkt unterhalb des Kammwegs der Mutte. b, Ein jüngerer Bacheinschnitt durchtrennt den Moränenwall.

zusammensetzt. Im Aufstieg aus der Mutte steht bei 2160 Metern Höhe typisch dünn gebankter 2.13
roter Radiolarit an (8). Darüber ist im felsigen Wiesenhang bis zur Einmündung des Steigs in den
Kammweg der Mutte heller Malm-Aptychenkalk aufgeschlossen (9). 2.14

Vom Kammweg blickt man nach Norden tief hinab in das Gumpenkar – eine breite, markante Hohlkehle, die von den Eismassen im Glazial beim Abströmen von der Rothornspitze herausgefräst
wurde. Direkt unter uns wird ein langgezogener Seitenmoränenwall sichtbar, der angelegt wurde, 2.15
als nur noch eine kleine Resteiszunge nach dem weitgehenden Abschmelzen der mächtigen Eiskalotte im Kar existierte. In jüngerer Zeit wurde der Moränenwall direkt unter uns von einem Bach durchschnitten (10).

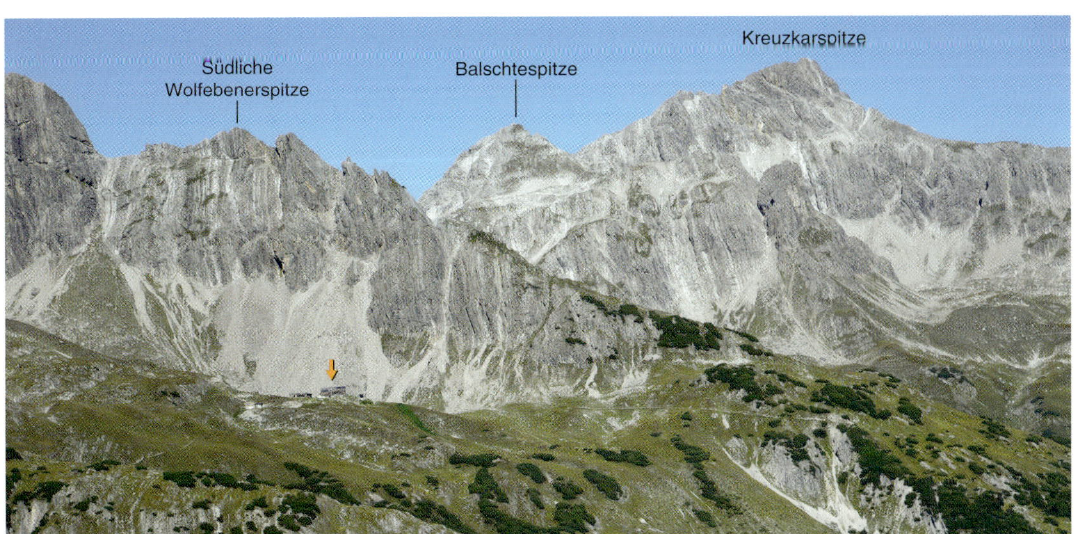

Abb. 2.16. Blick ins Hermannskar mit der Hermann-von-Barth-Hütte (orangener Pfeil) vor dem großen Schuttfächer im linken Bildausschnitt.

Abb. 2.17. Entlang von Querbrüchen in der Ost-West streichenden Rhätkalkrippe des Nordflügels der Holzgauer Mulde quetschen die Kössener Mergel hervor und werden in mächtigen Schutt- und Schwemmfächern hinab ins Bernhardstal gespült.

Der folgende Abstieg über den Kamm des Bergrückens in Richtung Bernhardseck bildet einen Höhepunkt unserer Wanderung. Ohne große Anstrengung beim Gehen kann man jetzt die reizvolle Landschaft mit ihren besonders vielfältigen Motiven und Teilaspekten in vollen Zügen genießen. Da
2.16 ist zum Beispiel der grandiose Ausblick nach Norden in das Hermannskar, in dem vor dem großen Schuttfächer im rechten Bildausschnitt die Hermann-von-Barth-Hütte sichtbar wird – der Zielpunkt einer weiteren Wanderung.

2.17 Im fast senkrechten Absturz zum Bernhardstal sind die steil nach Süden einfallenden Schichten des Nordflügels in voller Breite aufgeschlossen. Besonders eindrucksvoll tritt hierbei der Kontrast in der Erosionsanfälligkeit der weicheren Kössener Schichten und des harten Rhätkalks in Erscheinung. Dort, wo die Rhätkalkplatte zerbrochen ist, quellen aus den Taleinschnitten die Kössener Schichten hervor und werden in Form von Schutt- und Schwemmfächern ins Bernhardstal hinabgespült.

2.18 Jetzt ist es nicht mehr weit, bis unter uns die Bernhardseck-Hütte mit ihren Anbauten auftaucht. Die Hütte bietet eine willkommene Einkehrmöglichkeit. Hier haben wir den östlichsten Punkt unserer Wanderung erreicht. Hier gibt es mehrere Möglichkeiten, die Tour fortzusetzen. Man kann über einen tieferen Steig durch die Mutte zurück zum Lachenkopf laufen und von dort dann zur Bergstation der Jöchlbahn absteigen. Hierbei ist es wichtig, die Schlusszeiten des Bahnbetriebs zu beachten und mit dem Rückmarsch rechtzeitig zu beginnen. Wenn die Energiereserven noch nicht aufgebraucht sind und man keine Probleme mit steilen Abstiegen hat, bietet sich der Abstieg in Richtung Gasthaus Klapf an.

Der Steig von der Bernhardseck-Hütte nach Klapf ist perfekt ausgeschildert und markiert. Bei 1860 Metern passiert der Steig eine steile Rippe von Malm-Aptychenkalk im Hang (11). Daran anschließend gelangen wir in eine deutliche Senke. Hier stehen erstmals wieder die Neokom-Mergel im Kern der Holzgaumulde an (12). Nach der Senke folgt erneut eine flache Geländerippe (13). Aus dem
2.19 dichten Heidelbeerbewuchs blickt immer wieder roter Radiolarit hervor.

Etwas weiter bergab stehen in der Umgebung einer verfallenen Hütte die charakteristischen dunklen, fleckigen Kalke und Mergel der Jüngeren Allgäu-Schichten an, zusammengenommen eine Abfolge, die nun gar nicht im Kern der Mulde zu erwarten wäre. Ein Blick auf die geologische Karte löst das Rätsel auf – es handelt sich um einen Schuppungsrest, der aus dem Südflügel der Mulde abgerissen ist und in nördlicher Richtung in die Neokom-Mergel des Muldenkern verschleppt und gepresst wurde.

Abb. 2.18. Der östlichste Eckpunkt unserer Wanderung wird mit der Bernhardseck-Hütte direkt unter uns erreicht.

Abb. 2.19. Direkt unterhalb von Bernhardseck wird der Verlauf der Holzgaumulde durch eine mit Gras bewachsene Senke markiert, in der unter der Grasnarbe Neokom-Mergel anstehen. Die Senke wird von einer mit Heidelbeersträuchern bewachsenen Rippe flankiert, aus der an vielen Stellen roter Radiolarit hervorblickt.

Abb. 2.20. Der Blick von der verfallenen Holzhüttengruppe bei 1810 Meter Höhe nach Westen ermöglicht eine besonders anschauliche dreidimensionale Visualisierung der Holzgaumulde. Das vom Rothornjoch auf uns zu streichende Tal markiert die Kernfüllung der Mulde, während die flankierenden Bergketten in Verlängerung der Jöchlspitze und der Rothornspitze den Süd- beziehungsweise Nordflügel der Mulde repräsentieren.

Ab diesem Punkt folgen wir der Ausschilderung "Bach – Talstation Lechtaler Bergbahn Parkplatz". Tiefer im Steig tauchen bei 1810 Metern Höhe in einer kleinen Bergwiese mehrere verfallene Hütten
2.20 auf. Der Blick nach Westen ermöglicht einen dreidimensionalen Einblick in die Struktur der Holzgaumulde. Der Muldenkern verläuft entlang des von West nach Ost auf uns zu streichenden Tals. Der von der Rothornspitze herüberstreichende Bergrücken beherbergt den Nordflügel und der von der Jöchlspitze herüberstreichende Rücken den Südflügel der Mulde.

Hangabwärts folgt eine von Fichtenwald bestandene Malm-Aptychenkalk-Rippe (14) und kurze Zeit später steht bei 1760 Metern Höhe neben dem Steig grauer Radiolarit (15) an. Ab hier geht es steil bergab durch jungen Fichtenwald. Bei feuchter Witterung ist daher aufgrund der vielen Wurzeln im Steig entsprechend Vorsicht geboten. Kurz vor dem Gasthof Klapf bei 1300 Metern Höhe nehmen wir den Abzweig Richtung "Parkplatz Talstation Jöchlbahn". Bei 1270 Metern Höhe endet der Steig an einer Forststraße, der wir in westlicher Richtung durch das flache Gelände von Seesumpf weiter folgen. Am Kreuzungspunkt des Wegs mit dem Ausgang der Modertalbach-Schlucht ist zum Abschluss noch einmal ein sehr schönes Profil mit typischen dunkelgrauen bis schwarzen Kalken und Mergeln der Kössen-Formation im Randbereich der tief eingeschnittenen Schlucht aufgeschlossen (16). Das letzte Wegstück führt durch Wald und Wiesengelände zurück zum Parkplatz an der Talstation der Jöchlbahn.

Literatur

Bachnetzer, T., M. Brandl, W. Leitner, K. G. Bach & O. G. Bach. Archäologische Untersuchungen zum prähistorischen Silexabbau am Rothornjoch, Lechtal. Fundber. Österreich 50, 2011 (Wien 2012) 404–406; D1568–D1575.

3 Von den Bergwiesen und Schluchten im Bernhardstal zu den Dolomit-Felsmassiv- und Kar-Landschaften der Hornbachkette um die Hermann-von-Barth-Hütte

Ganztagswanderung mit mittlerem Schwierigkeitsgrad.

Heute steht eine herrliche Wanderung von Elbigenalp durch das vom Verkehr völlig abgeschirmte Bernhardstal hinauf zu den steil aufragenden Felsmassiven und der Karlandschaft um die Hermann-von-Barth-Hütte auf dem Programm. Diese Wanderung ist sehr gut mit Wanderung 4 als Zweitagestour kombinierbar. Wanderung 4 startet dann am Morgen des zweiten Tages an der Herman-von-Barth-Hütte. Ausgangspunkt ist der Ortskern von Elbigenalp, wo wir zunächst dem asphaltierten, aber für den öffentlichen Verkehr gesperrten Weg hinauf zur Gibleralm folgen. Von dort geht es auf dem geschotterten Forstweg geradeaus weiter in nordwestlicher Richtung ohne großen Höhenunterschied ins Bernhardstal. Dieser abschnittweise für Fahrzeuge recht schmale Weg ist in die Südflanke des Tals eingeschnitten. Schon bald blickt man vom Wegrand beeindruckend tief hinab in die imposante Schlucht des Bernhardsbachs. In den steilen Hänge der Nordflanke sind
bis 100 Meter mächtige glazio-fluviatile Schotter und Sande prächtig aufgeschlossen. Die mächtige 3.1
Talfüllung bezeugt eindrucksvoll den Abstrom immenser Wassermengen beim Rückzug der Eismassen aus dem Tal.

Nach rund einem Kilometer hangparallelem Verlauf überquert der Weg den Bach und hinter der Brücke öffnet sich das Tal, wo es schnell an Breite gewinnt. Nach 100 Metern geht es dann flach ansteigend in Serpentinen hinauf durch wunderschöne artenreiche Wiesen, wo der Weg an der Alm "Im Hag" endet. Von hier führt ein flach ansteigender Steig zunächst durch Wiesen und anschließend lockeren Latschenbestand, bis wir bei Zargen (1450 m) die Einmündung des Birger Seitentals erreichen. Jetzt geht es in engen Serpentinen über einen schmalen Steig hoch hinauf ins Birgerkar. Bei 2250 Metern Höhe mündet der Steig auf den nunmehr fast höhenlinienparallel verlaufenden Hauptsteig, der in östlicher Richtung zum Zielpunkt unserer Tour, der Hermann-von-Barth-Hütte (2129 m) führt.

Abb. 3.1. Mächtige glazio-fluviatile Schotter- und Sand-Talfüllung in der Nordflanke des Bernhardstals.

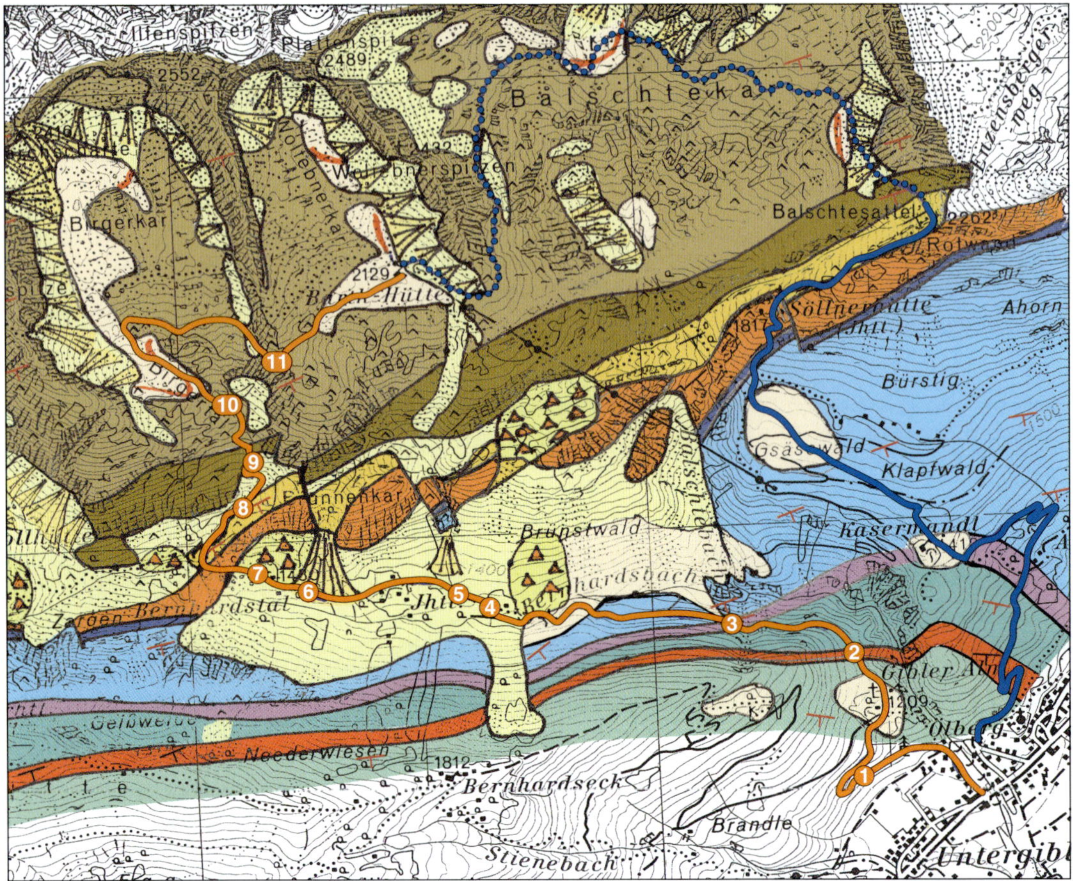

Abb. 3.2. Geologische Karte der Umgebung des Bernhardtals mit Haltepunkten der Wanderung 3. Die Route von Wanderung 4, die mit dieser Wanderung kombinierbar ist, ist ebenso angegeben. Legende auf Seite 196.

Geologisch gesehen queren wir bei dieser Wanderung ein wichtiges Strukturelement des Lechtals,
3.2 den Nordflügel der Holzgaumulde (vergleiche geologischen Kartenausschnitt). Der Aufbau ist recht einfach. Die Schichten fallen grundsätzlich nach Südosten ein, sodass wir bei unserer Wanderung von Süd nach Nord sukzessiv ältere Schichten des Nordflügels antreffen. Am Beginn stehen in der Wegböschung beim Anstieg von Elbigenalp gut gebankte, helle Malm-Apytchenkalke (1) an. Daran anschließend erreichen wir im Umfeld der Gibleralpe das Radiolarit-Niveau (2). Die Aufschlüsse sind hier aber aufgrund weitflächiger Überdeckung durch Moränenmaterial recht spärlich. Dagegen verbessert sich die Aufschluss-Situation längs des Bernhardstals erheblich. In den Wegböschungen kann man hier einen guten Einblick in die Abfolgen der Allgäu-Schichten gewinnen (3). Allgäu-Schichten stehen auch weiter bergauf im Untergrund der Wiesenlandschaft im Gebiet um Zargen an. Nach Norden werden die Wiesen von den markanten Felsklippen des Rhätkalks umrahmt. Im Anstieg des Steigs durch das Birger Seitental folgt dann – in Form einer markanten Senke hinter der Rhätkalk-Klippe eingekerbt – die Kalk-Mergel-Wechselfolge der Kössener Schichten. Höher im Birgerkar geht es schließlich in die Felsklippen des Plattenkalks und des Hauptdolomits, über dem mit bis 1000 Meter mächtigen ältesten Schichtpaket im Nordflügel der Holzgaumulde.

Bei 1360 Metern Höhe wechselt der Bewuchs auf der rechten Talflanke des Bernhardsbachs von dichtem Wald zu einer herrlichen Blumenwiese. Von hier führt der Weg in mehreren Kurven zu einem flachen Plateau hinauf, das im Süden von einem markanten Rücken begrenzt wird. Im östlichen Abschnitt

Abb. 3.3. Artenreiche bunte Bergblumenwiesen im unteren Bernhardstal. a, oberhalb der vorderen Jagdhütte; b, am Beginn des Steigs ins hintere Tal; c, typische Pflanzengemeinschaft der Wiese mit Klappertopf, Lupinen und Kümmelstauden; d, Bärwurz; e, Geflecktes Knabenkraut; f, Zweiblättrige Schattenblume; g, Klappertopf; h, Schwalbenwurz; i, Spitzwegerich.

Abb. 3.4. Typische Aufschlüsse der Kössener Schichten mit charakteristischen Kalkbruchstücken in lehmigem Boden.

des Plateaus wurde in der Nähe des Waldrands auf dem Rücken die Zarge-Almhütte errichtet (4). Im Norden wird das Wiesenplateau von abrupt steil aufragenden Felsklippen begrenzt, die von dichtem Wald bewachsen sind. Die herrlich bunten Wiesen sind durch einen extrem hohen Artenreichtum charakterisiert. Wir beobachten 3.3
reichlich gelben Hahnenfuß, gelbes und orangefarbenes Habichtskraut, Rote Lichtnelken, reichlich Wiesensalbei, Margeriten, Vergissmeinnicht, Weißer Germer, Klappertopf, Storchschnabel, blaue Teufelskralle, dunkellila gefärbte Akelei, lila Disteln, Trollblumen, Wolfsmilch, Spitzwegerich, Kreuzlabkraut, Salomonssiegel, Thymian, Baldrian, Steinquendel, Klee sowie die kleine zweiblättrige Schattenblume. Außerdem stechen aus dem Blumenteppich immer wieder Orchideen hervor, allen voran verschiedene Knabenkräuter und das Große Zweiblatt.

Wir setzen unsere Wanderung entlang des Steigs in westlicher Richtung über das Wiesenplateau fort und gelangen bald an den Waldrand, der den Anstieg zu den abrupt emporragenden Felsklippen markiert. Hier kann man in kleinen Ausbissen erkennen, wie der Untergrund der Wiese aufgebaut ist (5). Im weichen, lehmigen Boden finden sich zahlreiche abgerundete Stücke von dunkelgraubraunen dichten Kalken, die reichlich Schalenmaterial von Brachiopoden und Muscheln führen, ein klares Indiz für Kössener Schichten. 3.4

◁ *Abb. 3.5. Kössener Schill (a) und Lumachellen-Kalke (b,c) mit unterschiedlichen Mischungen von Schalenmaterial.*

Abb. 3.6. a, Breit aufgespannter überwachsener Schwemmfächer aus Kössener Material; b, Ausgangspunkt des Schwemmfächers ist eine Querbruchspalte in der vorgelagerten Rhätkalkplatte.

Das Schalenmaterial beinhaltet sowohl vollständig mit beiden Klappen erhaltene Muscheln (von den
Geologen als Lumachellen bezeichnet) als auch isolierte Einzelschalen (Schill) und zerbrochene Scha-
lenreste (Bruchschill). In den Handstücken beobachten wir wechselnde Anteile dieser Komponenten. 3.5
Welche Prozesse haben dazu geführt, dass diese unterschiedlichen Mischungen von Schalenmaterial
zusammen mit einem dunklen Kalkschlamm abgelagert wurden? Normale Meeresströmungen kommen nicht infrage, denn die würden je nach Strömungsstärke entweder feines oder grobes Material absetzen, aber keine Mischung von beiden. Man braucht also einen Prozess, bei dem sowohl Schlamm als auch unterschiedlich grobes Schalenmaterial am Meeresboden aufgenommen und anschließend in der Wassersäule in Schwebe gehalten wird. Kräftige Stürme haben die notwendige Energie, dies zu bewältigen. Die so entstandenen Suspensionen breiten sich dem Gefälle folgend in den flachen Schelfmeeren aus und werden anschließend in ruhigerem Wasser oder bei Abebben des Sturmes schnell abgesetzt. Die Geologen bezeichnen die so entstandenen Sturmablagerungen als Tempestite.

Da unter der Wiese nirgendwo anstehende Bänke der dunklen Kössener Kalke in Verbund mit Ton- und Mergellagen zu finden sind, sondern immer nur isolierte, abgerundete Stücke in lehmigem Boden auftreten, drängt sich sofort die Frage auf, wie das Material auf das Wiesenplateau gelangt ist. Eine Erklärung und Antwort finden wir in einer auffälligen morphologischen Struktur, die wir
bei 1410 Metern Höhe im Steig queren (6). Der Hang ist hier fächerartig aufgewölbt. Bei näherer 3.6a
Betrachtung erkennt man außerdem, dass die Oberfläche des Fächers nicht glatt ist, sondern durch ein unruhiges Relief mit zahlreichen kleinen, schnell hangabwärts auskeilenden Rinnen und Aufwölbungen charakterisiert ist. Das vorgefundene Strukturinventar weist eindeutig auf einen breit aufgespannten Schwemmfächer hin, der in früherer Zeit aktiv war und reichlich aufgearbeitetes Ma-

Abb. 3.7. Auf einem Rhätkalk-Felssturzblock ist eine Fichte gewachsen, ein Indiz dafür, dass das auslösende Sturzereignis mindestens mehrere Jahrzehnte zurückliegt.

terial hangabwärts verfrachtet hat. Heute ist dieser Fächer nicht mehr aktiv und daher von üppiger Vegetation bedeckt. Ein Blick auf die geologische Karte liefert eine schlüssige Erklärung, warum der mächtige Schwemmfächer sich genau an dieser Stelle aufgebaut hat. Nördlich des Wiesenplateaus ist die steil ansteigende Rhätkalk-Klippe vor uns längs einer Störung aufgebrochen und in ihrem weiteren Verlauf nach Osten deutlich hangabwärts versetzt. Die Rhätkalk-Mauer ist an der Störung aufgerissen, kräftig gedehnt und zudem seitlich versetzt worden. Die Störung ist folglich als eine schräge Abschiebung anzusprechen. Aus der so entstandenen Spalte quellen die hinter der Rhätkalk-Klippe anstehenden Kössener Schichten hervor und liefern das Material für den Aufbau
des mächtigen Schwemmfächers. 3.6b

Im Anschluss an den Fächer wird das Gelände wieder deutlich flacher. Der Steig verläuft nun über ein breites Wiesenplateau, auf dem verstreut einzelne, bis mehrere Kubikmeter große
3.7 Rhätkalk-Blöcke liegen (7). Auf den Blöcken wachsen Fichten, ein Hinweis darauf, dass die Blöcke hier schon einige Jahrzehnte liegen. Erneut drängt sich eine Frage auf: Wie sind die Blöcke hierher gekommen? Die Erklärung ist einfach. Es handelt sich Blockschutt aus einem Felssturz, der aus der steilen Rhätkalkwand nördlich über uns stammt.

Nach rund 100 Metern quert der Steig dann die Rhätkalk-Klippe (8), die hinab ins Bernhardsbachtal streicht, dort den Bach quert und dann in der anderen Talflanke in westlicher Richtung weiterzieht (vergleiche Klippenverlauf im geologischen Kartenausschnitt in Abb. 3.2). Die bis 2 Meter mächtigen
3.8a Kalkbänke zeigen ein besonderes Verwitterungsphänomen, die so genannten Schratten. Das sind quer zu den Bänken verlaufende, vielfach tief eingeschnittene Abflussrinnen, die vom Regenwasser angelegt und im Laufe der Zeit zunehmend vertieft wurden. Beim Abregnen durch die Luft nimmt

Abb. 3.8. a, Typische Schrattenbildung in der Rhätkalk-Klippe am Bernhardsbach; b, Durch differenzielle schwache Lösung des Regenwasssers an der Oberfläche der Rhätkalkbank herauspräparierte Korallen und Kalksschwämme.

Abb 3.9. Ausblick zum Sattel das Karjochs zwischen Strahlkopf und Ramstallspitze mit den in den Talflanken gut verfolgbaren Schichtungen. ÄA, Ältere Allgäu-Schichten Kö, Kössener Schichten; PK, Plattenkalkwand; RK, Rhätkalkmauer.

das Wasser CO_2 auf, welches wiederum in Kohlensäure umgewandelt wird und die kalklösende Eigenschaft des Regenwassers erklärt. Beim Lösungsvorgang werden vielfach die im Kalk enthaltenen Fossilien hervorragend herauspräpariert, zum Beispiel Korallen und Kalkschwämme. 3.8b

Die Präparation funktioniert hervorragend, weil die Kristalle entsprechend ihrer Korngröße unterschiedlich gelöst werden, die gröberen Kristalle der Kalkskelette weniger stark als der feinkörnige Kalkschlamm. So werden die Fossilien mit positivem Relief an der Gesteinsoberfläche in vielen Details herauspräpariert.

Direkt hinter der Rhätkalk-Rippe befindet sich die Abzweigung nach Norden ins Birgertal. Ab hier geht es in engen Serpentinen stetig steil bergauf, zunächst über einen von Vegetation überwachsenen Schutthang. Bereits nach kurzer Strecke hat man einen herrlichen Ausblick nach Westen entlang des Bernhardstals bis hinauf in den Sattel des Karjochs. In der letzten Eiszeit haben die nach Osten 3.9
abströmenden Eismassen die weichen Kössener Schichten tiefgründig ausgeräumt und so den tiefen Einschnitt des Tals verursacht. Auf der nördlichen Talflanke hinauf zur Ramstallspitze beeindruckt die steil aufragende Plattenkalkwand. Im unteren Abschnitt der südlichen Talflanke ragen die von der Erosion verschonten Reste der Rhätkalkmauer hervor. In der oberen Talflanke bis hinauf zum Gipfel des Strahlkopf-Massivs ist das gut gebankte Schichtpaket der Kalk-Mergel-Wechselfolge der Älteren Allgäu-Schichten durchgängig verfolgbar. Besonders markant treten in der südlichen Talflanke große Hangschuttfächer hervor.

Bei 1490 Metern treffen wir im Steig dann erstmals auf anstehendes Gestein. Es handelt sich um dunkelgraue Kalke und Mergel der Kössener Schichten. Die Einmessung mit dem Geologenkompass ergibt einen Wert von 138°/67°, was bedeutet, dass die Schichten mit 67° in südöstlicher Richtung geneigt sind. Wir setzen den Aufstieg über eine überwachsene Schwemmrinne fort. Bei einer Be-

Abb. 3.10. Aufschlüsse von Kössener Schichten und der Rhätkalkrippe im Hang östlich des Steigs bei 1610 Meter Höhe.

Abb. 3.11. a, Bergwiese am Ausgang des flachen Talkessels bei 1850 Meter Höhe mit dem Ruitelspitzkar im Hintergrund; b, Silberwurz; c, nacktstängelige Kugelblume; d, Clusius-Enzian.

gehung Mitte Juni 2017 sind uns hier besonders dichte Bestände von hochwüchsigem Läusekraut sowie noch nicht aufgeblühtem gelbem Enzian aufgefallen. Ab 1610 Metern Höhe verläuft der Steig erneut durch anstehende Kössener Schichten und bei 1700 Metern Höhe erfolgt der Übergang in felsigen Untergrund mit dichtem Latschenbewuchs. Im Hang östlich von uns sind in südöstliche 3.10
Richtung einfallende Kössener Schichten in einem rund 200 Meter breiten Ausstrich aufgeschlossen.

Der Steig führt weiter bergauf durch Latschenbestand. Bei 1850 Meter Höhe wird ein flacher Kessel erreicht, der von einer Bergwiese bedeckt ist. Die Wiese war zur Zeit unserer Begehung Mitte Juni 3.11
an vielen Stellen von attraktiven kleinen Polstern von Silberwurz, lila Kugelblumen und blauem stängellosen Enzian durchsetzt.

Auf der Ostseite wird der Kessel von mächtigen Schuttfächern umrahmt. Auf der Westseite begrenzt ein flacher Moränenrücken den Kessel. Der Steig quert den Kessel in der Mitte und verläuft anschließend entlang des Taleinschnitts stetig bergauf. Abschnittweise wechseln Moränenschutt und Bachschotterbedeckung. Zwischendurch treffen wir an verschiedenen Stellen auch immer wieder auf anstehende Plattenkalkfelsen (9), bis wir schließlich bei 1970 Metern Höhe den Einschnitt

Abb. 3.12. Schichtfolge im Nordflügel der Holzgau Mulde im unteren Birgerkar. Blick nach Südosten auf die geologischen Einheiten der Lechtal-Decke und der Inntal-Decke.

eines kleinen Kars erreichen. Hier befinden wir uns in dem am tiefsten hinabreichenden Ausläufer des großen Birgerkars. Auf der Westseite schwingt eindrucksvoll ein halbkreisförmig gebogener Endmoränenrücken bis zum Bacheinschnitt in der Mitte des Karkessels hinab. Weiter bergauf wird die Westseite des Kars durch die imposant steil aufragenden Hauptdolomit-Felsmassive (10) der Hermannskarspitze begrenzt. Der Innenbereich des Kars zeigt eine unruhig flachhügelige Moränenfüllung. Bei 2100 Metern Höhe geht es erneut über eine Kartreppe hinauf in das Hauptkar. Hier erreichen wir schon bald den Quersteig (11), der zur Herman-von-Barth-Hütte führt. Wir genießen eine Weile den grandiosen Ausblick nach Süden.

3.12 Der geologische Aufbau dieses Abschnitts der Lechtaler Alpen wird vor unseren Augen besonders plastisch sichtbar. Direkt vor uns im Süden ragen im Mittelgrund markant die Hauptdolomitspitzen des Ruitelspitz-Massivs auf. An dessen Gebirgsfuß verläuft die Deckengrenze zwischen der Inntal-Decke und der Lechtal-Decke. Nördlich vorgelagert hebt sich deutlich die von Jura- und Kreide-Formationen aufgebaute Wiesenlandschaft der Jungschichten-Zone der Lechtal-Decke von den von Wald bewachsenen Trias-Kalk/Dolomit-Massiven des Burkopfsattels ab. Auf der Nordseite des Lechtals ist der Nordflügel der breit aufgespannten Holzgaumulde, den wir auf unserer Wanderung durchquert haben, Schicht für Schicht aufgeschlossen. Die Abfolge beginnt in der Südflanke des Bernhardstals mit Allgäu-Schichten (Mittelgrund), gefolgt von Rhätkalk, Kössener Schichten, Plattenkalk und Hauptdolomit (Vordergrund). Eindrucksvoll ist auch der Endmoränenwall, der das obere Birgerkar in der Bildmitte direkt vor uns abtrennt.

4 Steil und hoch hinauf – Von Elbigenalp über Kasermandl und Balschtesattel zur Söllner Rotwand

Anspruchsvolle und anstrengende Ganztagswanderung.

Die heutige Wanderung stellt in der beschriebenen Variante eine sehr anspruchsvolle und anstrengende Ganztagestour dar. Von Elbigenalp (1040 m) geht es zunächst über eine breite Forststraße hinauf zum Kasermandl (1403 m). Nach ausgiebiger Rast folgen wir in nordwestlicher Richtung dem Waldweg, von dem nach kurzer Strecke der mit der Nummer 436 ausgewiesene Steig durch Bergwald und Wiesen zur malerisch gelegenen Söllner Jagdhütte hinaufführt (1817 m). Hier gilt es dann den besonders anstrengenden letzten Steilanstieg zum Balschtesattel (2230 m) zu bewältigen. Im letzten Stück ist der Steig durch Drahtseile gesichert. Bei feuchter Witterung ist in diesem Abschnitt, in dem lehmige Böden durch anstehende Ton- und Mergelsteine der Kössener Schichten gebildet werden, besondere Vorsicht geboten. Vom Balschtesattel ist es nur noch ein Katzensprung, bis man auf dem kleinen Felsplateau des Rotwandgipfels (2262 m) steht und durch atemberaubende Ausblicke für die Mühen des Aufstiegs belohnt wird. Hier endet die Tour. Der Abstieg erfolgt über den gleichen Weg.

Eine zweite, wesentlich leichtere Variante bietet sich an, wenn man die Tour mit Wanderung 3 "Vom Bernhardstal über das Birgerkar zur Hermann-von-Barth-Hütte" zu einer Zweitagestour kombiniert und eine Übernachtung in der Hermann-von-Barth-Hütte einplant. In diesem Fall ist die Gesamtstrecke wesentlich kürzer. Von der Hütte folgt man den markierten Steigen 432 und 435, die ohne großen Höhenunterschied das 2 Kilometer breit ausstreichende Balschtekar queren und am Balschtesattel den Endpunkt der in diesem Kapitel beschriebenen Tour erreichen. Von hier aus kann man die beschriebene Wanderung in umgekehrter Reihenfolge, stets bergab laufend ohne große Anstrengung und in wesentlich kürzerer Zeit, bewältigen. Allerdings muss darauf hingewiesen werden, dass auch für diese Variante Trittsicherheit und Erfahrung auf alpinen Steigen unabdingbar sind.

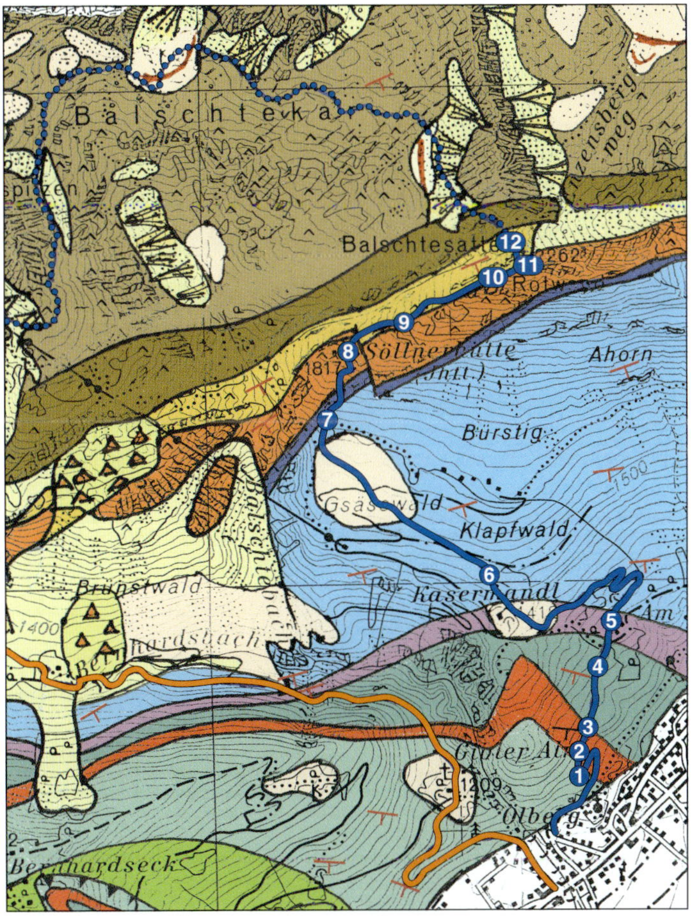

Geologisch bewegen wir uns bei dieser Wanderung auf bereits aus früheren Touren (Wanderungen 2 und 3) gut bekanntem Terrain. Wir queren erneut das wichtigste Strukturelement des Lechtals, den Nordflügel der Holzgaumulde, allerdings in einem weiter östlich gelegenen
4.1 Anschnitt (Geologischer Karten-

Abb. 4.1. Geologische Karte der Umgebung nördlich von Elpigenalp mit Haltepunkten der Wanderung 4. Legende auf Seite 196.

Abb. 4.2. Einschaltung eines mächtigen Rotschiefer/-mergel-Pakets in der Radiolarit-Formation an der Straße zum Kasermandl (1120 m).

Abb. 4.3. Dünnplattige, dichte hellgraue Malm-Aptychenkalke beim Forststraßenaufschluss auf 1165 Metern Höhe.

Abb. 4.4. Dünnbankige rote und graugrüne stark verkieselte Radiolarite des älteren Niveaus der Radiolarit-Formation.

ausschnitt). Der tektonische Aufbau ist der gleiche wie bei den vorherigen weiter westlich gelegenen Profilschnitten. Die Schichten fallen grundsätzlich in südliche Richtung ein, sodass wir bei unserer Wanderung bergauf von Süd nach Nord sukzessiv ältere Schichten des Nordflügels antreffen. Am Beginn stehen direkt oberhalb von Elbigenalp in der Wegböschung der Forststraße gut gebankte, helle Malm-Apytchenkalke an. Entlang des gesamten Verlaufs der Forststraße bis hinauf zum Kasermandl ist die gesamte weitere ältere Abfolge von Juraformationen – der Radiolarit-Formation sowie der Jüngeren, Mittleren und Älteren Allgäu-Schichten – in prächtigen Aufschlüssen in der Straßenböschung erschlossen.

Wanderungen entlang von breit ausgebauten Forststraßen werden oft als weniger attraktiv empfunden als entlang von schmalen Steigen, eine Empfindung, die wir Autoren durchaus teilen. In diesem Fall wird man jedoch durch die besonders abwechslungsreiche Geologie entschädigt. Besondere Höhepunkte bilden die Aufschlüsse im Radiolarit-Niveau und in den Mittleren Allgäu-Schichten. Weiterhin sind oberhalb der Söllner Jagdhütte in 1829 Metern Höhe im Steilanstieg zum Balschtesattel und zur Söllner Rotwand die lithologischen Abfolgen der Kössener Schichten und des überlagernden Rhätkalks lückenlos aufgeschlossen (Henrich & Alkseev 2022). Diese gehören zu den vollständigsten und spannendsten Profilen ihres Typs in den Lechtaler Alpen. Hier kann man besonders eindrucksvoll die Vielfalt an Sedimentationsprozessen und in der Lebewelt im flachen Schelfmeer und auf den Karbonatplattformen der Obertrias studieren. Allein deshalb lohnt sich die Mühe des Aufstiegs, ganz zu schweigen von den einmaligen Ausblicken in die grandiose Landschaft.

Schon bald nachdem wir die Absperrschranke der Forststraße oberhalb von Elbigenalb passiert haben, sind in der bergseitigen Wegböschung gut gebankte Malm-Aptychenkalke bis in 1110 Metern Höhe aufgeschlossen (1). Darüber folgt ein mächtiges Paket von geschieferten roten Ton- und Mergelsteinen der Radiolarit-Formation. 4.2

Das Auftreten einer Schieferung ist in den kalkalpinen Abfolgen ein außergewöhnliches Phänomen, das nur durch besonders starke Kompression bei der Faltung erklärt werden kann. Die Schichtung ist durch dünne graugrüne Bänder, die in die roten Tone und Mergel der Radiolarit-

Formation eingeschaltet sind, besonders gut erkennbar. Von 1140 bis 1165 Meter Höhe verläuft der Weg in Form einer markanten Doppelkehre. In der zweiten rechten Spitzkehre treffen wir dann plötzlich wieder auf hellgraue Malm-
.3 Aptychenkalke, die außergewöhnlich dünnplattig im Zentimeterbereich gebankt sind.

Direkt im Anschluss an die Spitzkehre stehen abermals rote Tonschiefer und Mergel an (❷). Zunächst ist man etwas verwirrt. Doch ein Blick auf die geologische Karte (Abb. 4.1) macht sofort klar, wie dieser schnelle Wechsel zustande kommt. Dadurch, dass der Weg das Einfallen des gesamten Schichtpakets nach Südwesten mehrfach im schrägen Anschnitt kreuzt, kann es in den Wegkehren zu einer "Verdoppelung" der Abfolgen kommen. Zwischen 1210 und 1220 Meter
.4 Höhe sind dann dünnbankige rote und graugrüne stark verkieselte Radiolarite des älteren Niveaus der Radiolarit-Formation aufgeschlossen (❸).

Als nächstes erschließt die Forststraße beim weiteren Aufstieg die Formation der Jüngeren Allgäu-Schichten (❹). Typisch für diese Formation ist eine rhythmische Abfolge von graugrünen
.5 fleckigen Mergel- und Kalkbänken in unterschiedlicher Mächtigkeit. Zwischendurch werden die anstehenden Gesteine immer wieder durch eine geringmächtige Schutt- und Moränenauflage überdeckt.

Wenn wir das Weidengebiet und die Hütten "Am Söllner" erreichen, wird eine ausgeprägte morphologische Senke im Hang sichtbar (❺). Diese setzt sich in westlicher Richtung bergan bis hinauf zum Kasermandl fort. Die Verebnung wird von den braunen weichen Mergeln der Mittleren Allgäu-Schichten aufgebaut. In den Böschungsanschnitten sind an verschiedenen Stellen die klassischen blauschwarzen metallisch glänzenden
.6 Manganschiefereinschaltungen zu sehen.

In den nächsten beiden Doppelkehren erreichen wir das Niveau der Älteren Allgäu-Schichten. Anschließend verläuft der Weg zurück in westlicher Richtung und kreuzt daher in der Umgebung von Kasermandl erneut das Niveau der Mittleren Allgäu-Schichten. Aufschlüsse der Schichtfolge sind in diesem Abschnitt aufgrund weitflächiger Überdeckung durch Moränenmaterial eher selten. Erst nachdem der Weg aus der Senke um das Kasermandl in nordwestlicher Richtung wieder ansteigt, kommen in den Wegböschungen
.7 wieder die gut gebankten Kalk-Mergel-Abfolgen

Abb. 4.5. Rhythmische Abfolge von graugrünen Mergeln und graubraunen Kalkbänken der Jüngeren Allgäu-Schichten am Forststraßenaufschluss (1230 m).

Abb. 4.6. Die blauschwarzen, metallisch glänzenden Manganschiefer der Mittleren Allgäu-Formation am Aufschluss im Gebiet »Am Söllner«.

Abb. 4.7. Gut gebankte Kalk-Mergel-Abfolgen der Älteren Allgäu-Formation am Aufschluss oberhalb »Am Söllner«.

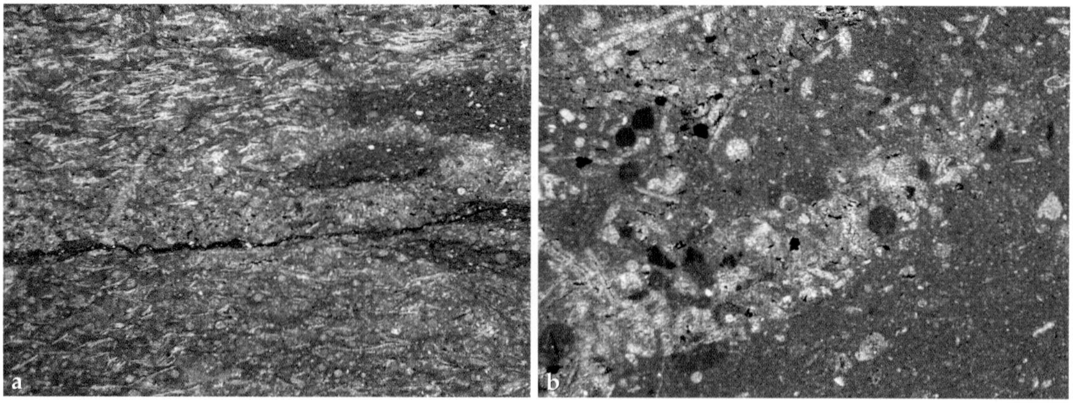

Abb. 4.8. Dünnschliffe der dickbankigen, fleckigen Kalke der Älteren Allgäu-Formation. a, Laminar geschichtete Filamentfazies mit Wühlbauten, gefüllt mit einem schwammnadelführenden Kalkschlamm; b, Durchwühlter schwammnadelreicher Kalkschlamm.

der Älteren Allgäu-Schichten zum Vorschein. Die Kalkbänke sind im Gegensatz zu den Mittleren und Jüngeren Allgäu-Schichten deutlich dickbankiger. Die Mergellagen treten dagegen zurück und sind dünner.

Am Kasermandl haben wir unsere erste Zwischenetappe erreicht und machen erstmal Rast. Dabei bietet es sich an, dass wir die wesentlichen Merkmale der durchquerten Jura-Formationen noch einmal zusammenfassen und in Zusammenhang mit den daraus abzuleitenden Veränderungen in den Ablagerungsbedingungen bringen. Es ist sinnvoll, dies in der stratigraphischen Reihenfolge zu tun und deshalb mit den zuletzt aufgeschlossenen Älteren Allgäu-Schichten (Lias: Oberstes Sinemurium-Oberes Pliensbachium, vor 195–184 Mio. Jahren) zu beginnen. Makroskopisch handelt es sich um eine Wechselfolge von vorwiegend dickbankigen, grauen, fleckigen dichten Kalkbänken, die gelegentlich Verkieselungen in Form von ovalen Hornsteinen aufweisen und mit Mergellagen varia-
4.8 bler Mächtigkeit wechsellagern. In Dünnschliffen werden in den dichten Kalkschlämmen zahlreiche Nadeln von Kieselschwämmen sowie hauchdünne Muschelschalen – vom Fachmann als Filamente bezeichnet – beobachtet. Mit etwas Glück kann man gelegentlich auch Ammoniten beziehungsweise deren Kieferdeckel, die sogenannten Aptychen, finden. Diese Merkmale lassen darauf schließen, dass diese Sedimente in einem offenen tiefen Meeresbecken abgelagert wurden. Die Kalkbänke haben sich über leicht verdichteten stabilisierten Meeresböden – den sogenannten "Firmgrounds" langsam aufgebaut. Der Meeresboden war dicht von Kieselschwämmen besiedelt. Andere Organismen ohne Hartteile haben das Sediment immer wieder durchwühlt und charakteristische Spuren im Sediment hinterlassen, wie zum Beispiel bis 20 Zentimeter breite abwärts drehende Spiralen (Zoophycos) und wurzelförmig verzweigte dünne Röhren im Millimeterbereich (Chondrites) oder zentimetergroße röhrenförmige Wohnbauten (Planolites). Die unterschiedliche Farbe der Füllungen der Bauten und des umgebenden Kalkschlamms erklärt die häufig beobachtete Fleckigkeit der Allgäu-Schichten. Sie wurden daher früher auch als Fleckenmergel und -kalke bezeichnet.

Immer wieder wurden Schlammsuspensionen in dieses Meeresbecken eingespült und haben Anlass zur Bildung von Weichböden gegeben, die in den Mergelzwischenlagen dokumentiert sind. Wie haben sich die Bedingungen in diesem Meeresbecken in den Mittleren Allgäu-Schichten (Lias: Unteres Toarcium, vor 184–180 Mio. Jahren) verändert? Es dominieren nunmehr braune und dunkelgrauschwarze Mergel- und Tonsteine. Die Wühltätigkeit der Organismen geht stark zurück und es kommt zur Ablagerung eines neuen Sediments, des so genannten Manganschiefers. Geochemische Analysen (Jacobshagen 1965) zeigen stark erhöhte organische Kohlenstoffgehalte von bis 4,4 % und hohe Mangan- (1–2 %) und Eisen-Gehalte (7,7 %). Die hohen Gehalte an organischem Material bezeugen Phasen von stark erhöhter Planktonproduktion im Oberflächenwasser, was wiederum zur Folge

Abb. 4.9. a, Crinoiden-Filament-Schwammnadel-Grainstone; b, Crinoiden-Filament-Grainstone; Profil Himmeleck im Hintersteiner Tal.

hatte, dass die absinkenden, organischen Reste nicht mehr vollständig am Meeresboden zersetzt werden konnten und sich daher in den tieferen Sedimentschichten schon bald anoxische Bedingungen einstellten. Durch Sulfatreduktion baute sich dann ein höheres alkalisches Milieu im Porenwasser auf, das wiederum die Fällung von Mangankarbonaten im Sediment ermöglichte. Gleichzeitig herrschten in der überlagernden bodennahen Wasserschicht nach wie vor oxische Verhältnisse vor und Bodenleben war weiterhin möglich. Neben der phasenhaft erhöhten Planktonproduktion nahm auch die Zulieferungsrate von Schlammsuspensionen in das Seegebiet zu.

Die Jüngeren Allgäu-Schichten (Dogger: Aalenium - Callovium, vor 180–156 Mio. Jahren) sind wiederum als Kalk-Mergel-Wechselfolgen mit variablen Anteilen von Kalk und Mergel aufgebaut. Die Matrix der Kalkbänke ist meist nicht mehr ein dichter Kalkschlamm, sondern durch Zumischung
von Seelilienbruch (Crinoidenschutt) oft körnig (reine Komponentenkalke werden auch als Grain- 4.9
stones bezeichnet). Häufig sind die Bänke im Millimeterbereich laminiert und lagenweise verkieselt. 4.10
Eigene noch nicht veröffentlichte Untersuchungen zeigen, dass es sich um Kalkturbidite handelt, deren Material von untermeerischen Schwellenregionen, die intensiv von Seelilienwäldern besiedelt waren, stammt und von dort durch Trübeströme in das sich zunehmend vertiefende Ozeanbecken geschüttet wurden.

Abb. 4.10. Turbidit-Fazies mit mikroschräggeschichteten (a) und laminierten (b) Crinoiden-Filament-Grainstone-Lagen; Profil Himmeleck im Hintersteiner Tal.

Abb. 4.11. Waldwiese bei 1570 Meter Höhe. a, Narzissenblütige Anemone; b, Baldrian.

Der Trend zur Vertiefung setzt sich im Niveau der Radiolarit-Formation (Malm: Oxfordium, vor 56–152 Mio. Jahren) fort. Der Meeresboden ist mittlerweile so weit abgesunken, dass die Kalkgehäuse absinkender Schalen und Planktonorganismen komplett oder teilweise aufgelöst werden und nur die im Oberflächenwasser des offenen Ozeans lebenden kieseligen Radiolarienskelette am Meeresboden angereichert werden. So lagern sich mit sehr geringen Sedimentationsraten die charakteristischen kieseligen Radiolaritbänke ab. Episodisch werden lokal in das tiefe Ozeanbecken mächtige rote Tonsuspensionswolken (=Schlammturbidite) schlagartig eingetragen, deren Material von den weit entfernten Beckenrändern stammt und über mehrere Zehner bis Hunderte von Kilometern mit der Geschwindigkeit eines Schnellzuges unterwegs waren. Die mächtigen roten Ton- und Mergellagen im durchquerten Profil sind auf diese Weise entstanden.

Drastisch und ganz plötzlich erfolgt dann der Übergang zu den rein schneeweißen beziehungsweise hellgrauen, dichten Malm-Aptychenkalken (Malm: Kimmeridgium–Tithonium, vor 152–142 Mio. Jahren). Ursache hierfür war eine explosionsartige Entwicklung des kalkigen Nannoplanktons im Oberflächenwasser zu dieser Zeit (Hüneke & Henrich 2011), dessen mikrometergroße Kalkplättchen nunmehr verstärkt zum Meeresboden absanken. Der kontinuierliche Planktonregen akkumulierte am Meeresboden ähnlich wie heute der so genannte "marine Schnee" und es setzten sich im gesamten Meeresbecken in Wassertiefen von einigen Hundert bis 5000 Metern rein pelagische Kalke ab (vergleiche Kapitel "Radiolarit und Malm-Aptychenkalk: klassische pelagische Tiefseesedimente", S. 17).

Ist es nicht faszinierend, sich zu vergegenwärtigen, welch unvorstellbarer Zeitraum (195–142 Millionen Jahre = 53 Millionen Jahre) in der betrachteten Schichtfolge überliefert ist und wie gewaltig die Veränderungen der Ablagerungsbedingungen in diesem Meeresbecken waren?

Vom Kasermandl erreichen wir nach kurzer Zeit die Talstation der Materialbahn zur Hermann-von-Barth-Hütte. Hier zweigt von der Forststraße der Steig ab, der zur Söllner Hütte und zum Balschtesattel hinaufführt. Von 1475 bis 1540 Meter Höhe verläuft der Steig entlang einer markanten Geländerippe. Dort, wo die Vegetation fehlt, kommt typisches Lokalmoränenmaterial zum Vorschein. Dieses besteht aus gerundetem und angerundetem, klein- bis grobstückigem Blockwerk von überwiegend Hauptdolomit und Allgäu-Schichten, das in eine feinkörnige, lehmig-sandige Matrix eingebettet ist. Der Lokalmoränenwall geht bei 1570 Metern Höhe in eine kleine Verebnungsfläche über. Zur
4.11a Zeit unserer Begehung Anfang Juni 2017 wuchsen in der Waldwiese reichlich Trollblumen, weiße
4.11b Anemonen, die Buchsblättige Kreuzblume, Baldrian und Günsel.

Bei 1580 Metern Höhe gabelt sich der Weg. Der linke Abzweig führt zur Hermann-von-Barth-Hütte. Wir folgen dem rechten Steig in Richtung Söllner Jagdhütte. Uns umgibt eine auffällig wellig-kuppige Waldwiese mit einem lichten Bestand von mächtigen Fichten. In kleinen Ausbissen tritt erneut

Abb. 4.12. Wiesenlandschaft um Bürstig mit dem klassischen Hangrelief zwischen Rhätkalk und Älterer Allgäu-Formation.

Moränenmaterial zum Vorschein, mit einer bunten Mischung aus Blockwerk von Lias-Rotkalken,
hellgrauen Rhätkalken, dunkelgraubraunen Kalken der Allgäu-Schichten sowie hellbeigem Hauptdolomit. Unsere Waldwiese ist somit eine typische Buckelwiese. Bei 1620 Meter Höhe erreichen
wir den Waldrand und blicken nach Osten in die steile Wiesenlandschaft um Bürstig. Klar ist das
klassische Hangprofil zu erkennen (7). Rund 100 Höhenmeter über uns stechen am Waldrand die
steil nach Südosten einfallenden Felsklippen des Rhätkalks markant hervor, davor das schmale Band
von Lias-Rotkalken und darunter die mittelsteilen Wiesenflächen, die von dem mächtigen Schicht- 4.12
paket der Älteren Allgäu-Schichten aufgebaut werden, wovon wir uns in einem kleinen Aufschluss
bei 1650 Meter Höhe in der offenen Wiese vor dem Waldrand persönlich überzeugen konnten.
Die Messung des Schichteinfallens ergab 140°/70° und bestätigt das generelle steile Einfallen des
gesamten Verbandes in südöstliche Richtung.

Von der Wiese aus hat man einen ersten herrlichen Ausblick auf die Gebirgsstöcke auf der Südsei- 4.13
te des Lechtal, direkt uns gegenüber in der Mitte die Ruitelspitze und links von uns im Osten die
Wannenspitze.

Bei 1660 Meter Höhe verläuft der Steig direkt östlich der anstehenden Rhätkalk-Klippe. Im Steig
kommen immer wieder Lias-Rotkalke zum Vorschein. Der Steig folgt bis 1720 Meter Höhe der
Rhätkalk-Rippe und den direkt anschließenden Lias-Rotkalken und quert dann nach Osten in die
Wiesenlandschaft mit Allgäu-Schichten. Anschließend schwenkt er zurück und quert bei 1740 Meter
Höhe entlang der Rhätkalk-Klippe in engen Serpentinen steil bergan, bis unser zweites Etappenziel
(8), die Söllner Hütte, bei 1817 Metern Höhe erreicht wird. In der Wiese entdecken wir herrliche 4.14
Büschel von Trollblumen und Küchenschellen.

Abb. 4.13. Blick auf das Ruitelmassiv (rechts im Bild) und das Massiv der Wannenspitze (links im Bild).

Hier gönnen wir uns eine ausführliche Verschnaufpause und genießen das phantastische Rundum-
4.15a Panorama. Wir blicken nach Osten auf die Rhätkalk-Klippe, die zur Söllner Rotwand mit ihrem weithin sichtbaren Gipfelkreuz hinaufzieht. Unterhalb der Klippe folgt das breit ausstreichende Band der Kössener Schichten, das von der Hütte bis hinauf in den Balschtesattel zieht. Der litholo-
4.15b gische Aufbau dieser Wechselfolge ist vor allem direkt unterhalb des Sattelkamms fast lückenlos aufgeschlossen. Im Anschluss daran zieht die breite, im unteren Abschnitt teilweise von Latschenbewuchs bedeckte markante Rippe des Plattenkalks und Hauptdolomits bergan und endet am Top in schroffen, steilen, felsigen Gipfelfluren.

Die letzten 200 Höhenmeter Aufstieg im Grenzbereich zwischen den Kössener Schichten und der markanten Rhätkalk-Rippe haben es in sich und erfordern nochmal vollen Einsatz. Besondere Vorsicht ist bei feuchter Witterung geboten. Bei 1980 Metern Höhe quert der Steig durch eine Kössener Mergel-
4.16a wiese (9), in der bei unserer Wanderung die typische Pionier-Flora aus Aurikel, Schlüsselblume,
4.16b Herzblättriger Kreuzblume, Stängellosem Enzian und herrlichen Polstern von Schusternagelenzian
4.16c imponierte.

Abb. 4.14. Die Söllner Jagdhütte und Alpenanemonen in der Wiese um die Söllner Hütte.

Abb. 4.15. a, Gipfelpanorama von der Söllner Rotwand bis zu den Felsmassiven der Hornbachkette; b, Der Balschtesattel mit dem vollständig aufgeschlossenen Schichtprofil vom Hauptdolomit über die Kössener Schichten bis zum Rhätkalk.

Abb. 4.16. a, Aurikel; b, Herzblättrige Kugelblume; c, Clusius-Enzian.

Abb. 4.17. Hervorragend von der Verwitterung bis ins Detail herauspräparierte Riffbildner am Steilanstieg zum Balschtesattel. a, Korallenstöcke; b, gekammerte Kalkschwämme.

Abb. 4.18. a, Der Steilanstieg entlang der zur Söllner Rotwand hinaufziehenden Rhätkalkklippe; b,c, Scharfkantig zerbrochene, voll verfestigte umgelagerte Korallenkalkblöcke, eingebettet in einen zur Zeit der Umlagerung noch weichen gelblichen Mergel; d, umgelagerter Block aus einem Fleckenriff mit eng nebeneinander siedelnden Kolonien von Sphinctozoen (gekammerte Kalkschwämme).

Abb. 4.19. Dünnschliff eines Riffkalks mit zerbrochenen Riffbildnern, die in einen an Bruchschill reichen Kalkschlamm eingebettet sind. Besonders eindrucksvoll ist das von röhrenförmigen Bohrgängen durchzogene Korallenpolster. Maßstabsbalken 1 Zentimeter.

Das besonders steile Teilstück direkt unterhalb des Abzweigs des Enzensberger Wegs am Balschtesattel (2230 m) ist mit einer Drahtsicherung versehen. Trotz der Mühe des Aufstiegs sollte man auf jeden Fall einen Blick auf die im Steig direkt anstehenden Kalkbänke der Kössener Schichten werfen (10). Hier kann man als große Besonderheit umgelagerte Riffschuttkalke und eine Vielfalt von Riffbildnern, zum Beispiel Korallenstöcke und -Polster sowie Kalkschwämme bewundern (HENRICH & ALEKSEEV). 4.17

Die Rifforganismen sind meist zerbrochen. Klasten und Blockwerk von bereits verfestigten Riffschuttkalken wurden aufgearbeitet und anschließend in dunkle, gelbbeigebraune Mergel und dunkle 4.18
Kössener Kalkschlämme eingebettet. Das gesamte Strukturinventar weist auf untermeerische Rutschungen und/oder Schlammgeröllströme von kleinen Fleckenriffen (patch reefs) in dem flachen Schelfmeer hin.

Im Gesteinsdünnschliff sind weitere Details zu erkennen. Zwischen den Riffbildnern ist reichlich 4.19
feiner Bruchschill eingelagert und die Rifforganismen sind intensiv angebohrt worden. Ein besonders schönes Beispiel ist das von röhrenförmigen Bohrgängen durchzogene Korallenpolster.

Am Balschtesattel angekommen werfen wir einen Blick auf das im Sattelkamm komplett aufgeschlossene Profil der Kössener Schichten (11). In der Wechselfolge der Kalk- und Mergelbänke treten spezielle Faziestypen auf. Es sind dies 1. die charakteristischen Bruchschillkalke, die sich 4.20a

Abb. 4.20. Faziestypen des Normalprofils der Kössener Schichten am Balschtesattel, a, Bruchschillkalke; b, laminierte Kalkturbiditbänke; c, hellbeigegraue laminierte Algenmattendolomite.

Abb. 4.21. Riffbildner aus dem Rhätkalk. a, seitlich umgekippte Korallenstöcke; b, Muschelbänke mit zahlreichen Megalodonten.

4.20b nach Stürmen abgelagert haben und als Tempestite bezeichnet werden, 2. hellgraubraune laminierte
4.20c Kalkturbidite und 3. hellgraue laminierte Algenmattendolomite, die Hinweise auf Gezeiteneinfluss
und extrem flaches Wasser liefern.

Nun ist es wirklich nur noch ein Katzensprung, nämlich 40 Höhenmeter durch die Rhätkalk-Klippe, bis wir auf dem Gipfelplateau der Söllner Rotwand stehen und das phantastische Rundum-Panorama
4.21 in vollen Zügen genießen (12). Doch vorher bestaunen wir die Korallenstöcke und Muschelbänke
mit großen Megalodonten, an denen wir beim Aufstieg durch die Felsen vorbeilaufen.

4.22 Ein echter Blickfang sind auch die kleinen Felsblumenpolster und Stauden, die sich in den Ritzen der Kalkbänke eingenistet haben. Besonders beeindruckt haben uns die frischen Blütenstände des Rundblättrigen Täschelkrauts und die Leimkraut- und Steinbrechpolster.

Abb. 4.22. Felsblumenpolster in der Rhätkalkwand. a, Zottiger Mannsschild; b, Alpen-Gämskresse; c, Schweizer Labkraut; d, Berg-Täschelkraut.

Abb. 4.23. Rundumblick von Hauptdolomit-Gipfelflurrahmen Richtung Westen über den Bernhardsrücken und den Taleinschnitt des Lechs auf das Ruitelspitzmassiv und den Sonnenkogel ganz im Süden.

Abb. 4.24. a, Blick auf den Luxnacher Sattel; b, Blick hinab ins Lechtal auf Elbigenalp.

Zum Schluss die Krönung: der herrliche Rundumblick. Im Westen blicken wir direkt vor uns auf den Hauptdolomit-Gipfelflurrahmen des Wolfebnerkars, in dem auch die Hermann-von-Barth-Hütte liegt. Südlich davon folgt, durch den tiefen Einschnitt des Bernhardstals getrennt, der langgezogene Rücken, der von Bernhardseck hinauf zum Strahlkopf zieht. Weiter nach Süden blicken wir tief hinab ins Lechtal, an dessen Südrand der Sonnenkogel und das Ruitelspitzmassiv emporragen. *4.23*

Der Blick nach Osten zeigt, dass die gesamte Schichtfolge ungestört zum Luxnacher Sattel hinüber- *4.24a*
streicht. Direkt vor uns geht es vom Rotwandgipfel eindrucksvoll tief hinab ins Lechtal, wo wir den *4.24b*
Start und Rückkehrpunkt unserer eindrucksreichen Wanderung tief unter uns ausmachen können.

Literatur

HENRICH, R. & V. ALEKSEEV (2022). Vom sturmgepeitschten Schelfbecken der Kössen-Formation zur Flachwasserplattform der Rhätkalk-Formation. Fossilien 6/22, akzeptiert.

HÜNEKE, H. and R. HENRICH (2011). Pelagic Sedimentation in Modern and Ancient Oceans. In: HÜNEKE, H. & T. MULDER (eds.) Deep-Sea Sediments. Developments in Sedimentology, 63: 213–347.

JAKOBSHAGEN, V. (1965) Die Allgäuschichten (Jura Fleckenmergel) zwischen Wettersteingebirge und Rhein. Jb Geol B-A 108, 1–114.

(5) Auf dem Höhenbach-Schlucht- und Talweg zur Roßgumpenalpe – Geologie zum Anfassen

Leichte Halbtagswanderung.

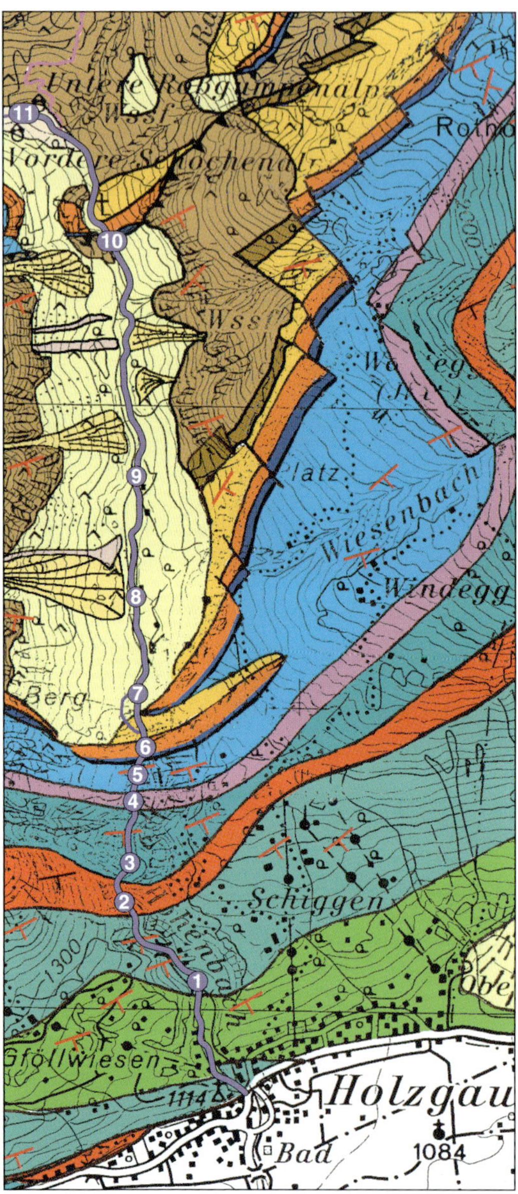

Abb. 5.1. Geologische Karte der Umgebung des Höhenbachtals nördlich von Holzgau mit Haltepunkten der Wanderung (5) (zusammengestellt unter Einbeziehung der Befunde der unveröffentlichten Diplom-Kartierung von BENEDIKT SCHULER *1995). Legende auf Seite 196.*

Die Region um die Höhenbachtalschlucht direkt nördlich von Holzgau ist schon immer ein beliebter touristischer Zielpunkt im Lechtal gewesen. Eine Wanderung entlang des gut ausgebauten Talwegs durch die Schlucht erfordert keine besondere Kondition und ist daher leicht zu bewältigen. Mehrere bewirtschaftete Almhütten sowie das Café Uta bieten eine willkommene Möglichkeit zur Rast. Zusätzlich sind in jüngerer Zeit mit der 200 Meter langen, 1,20 Meter breiten und 110 Meter hohen Seilhängebrücke über die Schlucht und einem vielbesuchten Kletterpfad an den Felsklippen des Simms-Wasserfalls zwei besondere Attraktionen hinzugekommen.

Das Landschaftsbild der Höhenbachtalschlucht wird entscheidend durch den geologischen Aufbau bestimmt. Direkt nördlich der Ortschaft Holzgau tritt der Höhenbach aus seinem engen Tal, um in den Vorfluter Lech zu fließen. Die schroffen Wände des vorderen Höhenbachtals bilden bis zum Café Uta eine enge Schlucht. In ihr strömt der Höhenbach vom Simms-Wasserfall in so starkem Gefälle, dass er nördlich von Holzgau noch zur Stromerzeugung genutzt wird. In diesem Abschnitt hat der Bach sich in Form eines eng verschlungenen Kerbschnitts in die steilstehenden, südfallenden Felsformationen, die den Nordflügel *5.1*
der Holzgaumulde bilden, tief eingeschnitten. Von Süd nach Nord sind in den steil aufragenden Flanken der Schlucht zunehmend ältere Schichten in einem kontinuierlichen Profil aufgeschlossen. Am engsten ist die Schlucht gleich zu Beginn ganz im Süden. Hier werden die besonders verwitterungsresistenten Malm-Apytchenkalke und das dünne Band des Radiolarites vom Bach durchsägt. Nach Norden schließt sich die mächtige Abfolge der Allgäu-Schichten an. Aufgrund ihres höheren Anteils an Mergeln flacht der Erosionseinschnitt etwas ab und die Schlucht weitet sich erstmals merklich. Daran anschließend ragt abrupt die markante Felsklippe von Rhätkalken auf, die in der Mitte vom Simms-Wasserfall durchtrennt wird. Über die markante Schwelle des Rhätkalks stürzt das Wasser tosend in die Tiefe. Die Entstehung des Wasserfalls ist jedoch im Gegensatz zu den anderen Wasserfällen der Region nicht auf natürliche Ursachen zurückzuführen. Die

schon bestehende Steilstufe in einem verengten Bachlauf bekam ihren Klippencharakter durch mehrere Sprengungen in den Jahren 1905 und 1908 unter Leitung von Sir FREDERIC RICHARD SIMMS, einem englischen Industriellen, der in enger Verbindung mit deutschen Firmen stand. Er leitete unter anderem die englische Auslandsvertretung der Robert-Bosch-Gesellschaft. 1893 weilte er das erste Mal anlässlich einer Bergtour im Lechtal. In den folgenden Jahren kam er immer wieder dorthin, nicht ohne sich des Öfteren den moralischen und ökonomischen Traditionen der Bevölkerung zu widersetzen, als er zum Beispiel 1925 ein Schwimmbad anlegen ließ.

Oberhalb des Cafés Uta verbreitert sich das Tal merklich. Auf den oberen Talflanken stechen bizarre Felsklippen hervor, die von graubraun verwitternden, rhythmisch gebankten Dolomiten der mehrere Hundert Meter mächtigen Hauptdolomit-Formation gebildet werden. Auf den tieferen Flanken imponieren mächtige Schutt- und Schwemmfächer. In der in diesem Abschnitt deutlich breiteren Talsohle zeigt der Höhenbach einen ruhigeren Verlauf, lokal mit der Tendenz zu einem verwilderten Flusssystem. An einigen Stellen stürzt das Wasser kleiner Seitenbäche in Form von eindrucksvollen Wasserfällen ins Tal hinab. Im Talschluss an der Vorderen Roßgumpenalpe, dem Ziel unserer Wanderung, verändert sich das Landschaftsbild abermals. Hier hat der Höhenbach ein enges Tal in rhätische und obernorische Gesteine eingeschnitten. Die Ursache liegt wiederum im geologischen Aufbau. An dieser Stelle reißt der ungestörte Verband ab. Der Nordflügel der Holzgau-Mulde überschiebt hier auf das darunter folgende Gesteinspaket der Ramstall-Schuppe.

Das kontinuierlich gut aufgeschlossene Gesteinsprofil der Höhenbachtalschlucht bietet eine perfekte Gelegenheit, sich mit dem lithologi-
5.2 schen Aufbau der Trias-Jura-Formationen zu beschäftigen.

Wir werden uns die verschiedenen Gesteinstypen vor Ort an geeigneten Haltepunkten genau anschauen und unsere Beobachtungen zu Sedimentstrukturen und Fossilinhalt sammeln, um

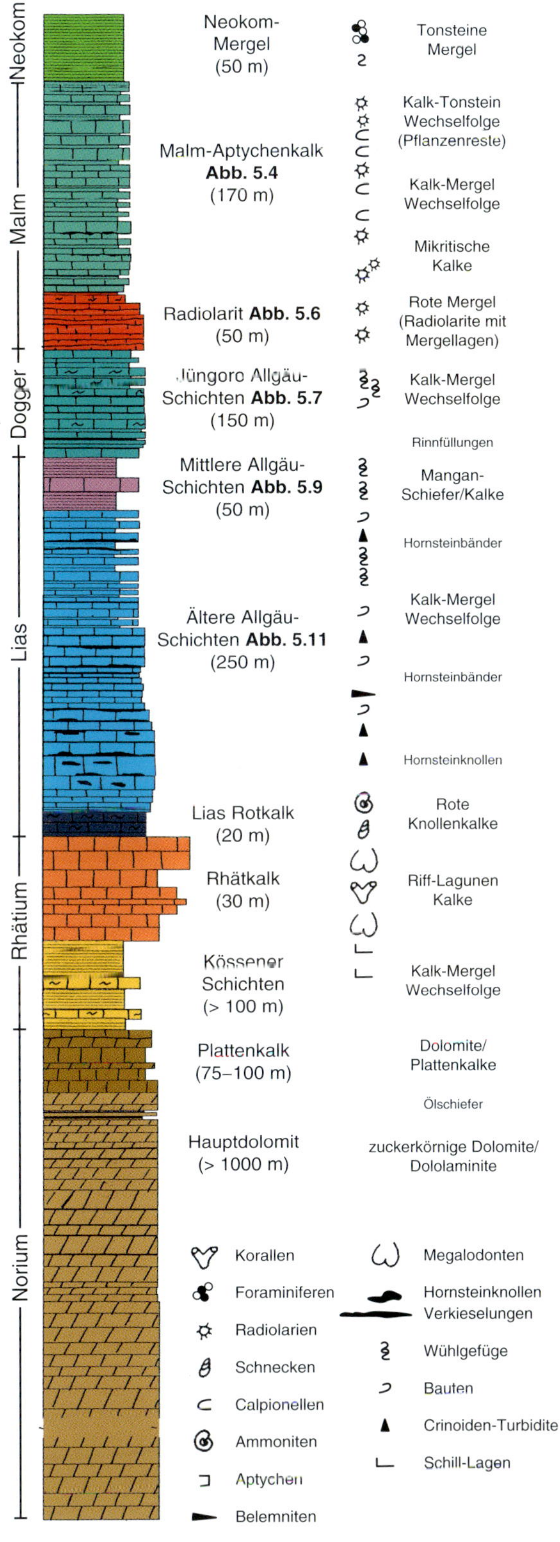

Abb. 5.2. Kontinuierliches lithologisches Profil der in der Höhenbachtalschlucht aufgeschlossenen Trias-Jura-Formationen (Profilaufnahme BENEDIKT SCHULER *1995).* ▷

Abb. 5.3. a, Steil aufragende Felsklippen des Malm-Aptychenkalks am Eingang der Höhenbachtalschlucht; b, Detail aus dem Schichtverband mit dünnbankigen grauen Kalken und dünnen schwarzen Mergel-Zwischenlagen. Einige Kalkbänke sind von schwarzen Hornsteinbändern durchzogen.

daraus anschließend Schlüsse über die Ablagerungsbedingungen zu ziehen. Darüber hinaus wollen wir uns mit den vielfältigen Landschaftsformen und jüngeren Ablagerungen in der Schlucht und dem sich nach Norden hin breit öffnenden Höhenbachtal beschäftigen. Beginnen wir nun unsere Wanderung durch die Schlucht. In der Ortsmitte von Holzgau in der Nähe der Kirche (1114 m) folgen wir der Ausschilderung des Fernwanderwegs E5. Es geht zunächst über eine asphaltierte Ortsstraße und anschließend einen breiten geschotterten Wanderweg leicht bergauf durch ein offenes Wiesengelände. Im Untergrund der flach welligen Hügellandschaft stehen Neokom-Mergel im Kern der Holzgau-Mulde an, die sich in breitem Ausstrich von den Gföllwiesen westlich des Ortes nach Osten bis Oberwinkel verfolgen lassen (Abb. 5.1). Südlich davon sind im steilen Böschungsprofil oberhalb der Lech-Bundesstraße noch die ersten Schichtglieder des Südflügels der Holzgau-Mulde aufgeschlossen. Es sind die breit ausstreichenden Malm-Aptychenkalke, die talwärts längs der Fahrstraße von einem dünnen roten Radiolaritband flankiert werden. Nach kurzer Zeit erreichen wir bei 1125 Metern Höhe den Rand der Schlucht und unseren ersten Stopp (1) an der Brücke über
5.3 den Höhenbach. Die steil aufragenden Felsklippen werden von regelmäßig gebankten, hellgrauen dichten Kalken mit geringmächtigen, dunkelgrauen bis schwarzen Mergel-Zwischenlagen des Malm-Aptychenkalks aufgebaut.

Der Aptychenkalk wird von italienischen Geowissenschaftlern wegen seiner im frischen Bruch auffällig cremig-elfenbeinartigen Farbe auch als "Malm-Biancone" bezeichnet. Die abschnittweise
5.4 wechselnd gebankte Kalk-Mergelabfolge der Höhenbachtalschlucht ist 160 Meter mächtig. Sie besteht aus mehreren Sequenzen bankdominierter Pakete. Die Mergellagen zwischen den Kalkbänken sind in den unteren 100 Metern als dunkelgraue Kalkmergel und in den jüngeren Abschnitten als

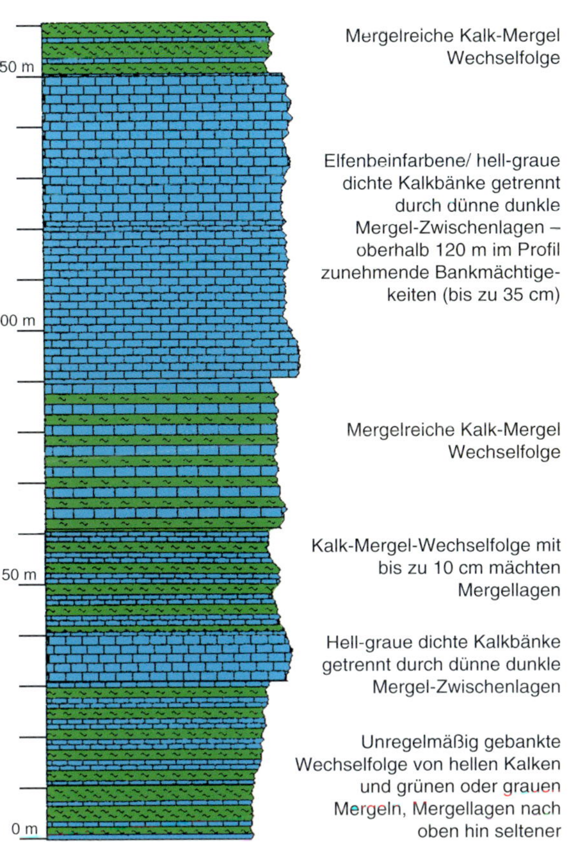

Abb. 5.4. Gesteinsprofil des Malm-Aptychenkalks am Haltepunkt ① im Höhenbachtal (Profilaufnahme BENEDIKT SCHULER *1995).*

schwarze plattige Tonschiefer, zum Teil mit Pflanzenresten, ausgebildet. Auf den ersten Blick erscheinen die Kalkbänke völlig dicht und homogen. Beim genaueren Hinsehen stechen jedoch in einigen Bänken splittrig brechende, dunkelgraue bis schwarze Hornsteinbänder hervor. Sedimentstrukturen sind in diesen dichten Kalken sehr spärlich. Gelegentlich erkennt man beim näheren Hinsehen oder mit der Lupe eine engständige Lamination. Etwas häufiger werden Spurenfossilien in Form von dünnen, röhrenförmigen Bauten, die vom Kenner als *Chondrites* angesprochen werden, gefunden. Auch die Fossilführung erscheint auf den ersten Blick sehr gering zu sein. Mit viel Glück kann man Belemniten auf den Kalkbankoberflächen, die für die Formation namengebenden Aptychen, die Unterkieferdeckel von Ammoniten, finden. Die auf den ersten Blick äußerst spärliche Fossilführung ermöglicht trotzdem eine erste Ansprache des Ablagerungsraums. Sowohl Belemniten als auch Ammoniten sind Bewohner des offenen Ozeans. Da von den Ammoniten nur die kalzitischen Kieferdeckel erhalten geblieben sind, nicht aber die leichter löslichen aragonitischen Gehäuse, ergibt sich als Ablagerungsraum ein küstenferner tiefmariner Bereich. Sofort drängt sich nun die Frage auf: Wie konnten sich in diesen Regionen feinkörnige, dichte Kalkschlämme absetzen? Das Studium von Dünnschliffen ergibt eine reiche Mikrofauna aus Radiolarien, Calpionellen und in einigen Lagen angereicherte planktonische Seelilien der Gattung *Saccocoma*. Als Calpionellen werden einige Zehn Mikrometer große, vasenförmige Hartteile einer in der Unterkreide ausgestorbenen kalkigen Planktongruppe bezeichnet. Genaue Informationen über die Zusammensetzung der auch im Dünnschliff noch homogen dicht ausgebildeten Matrix können nur Untersuchungen im Rasterelektronenmikroskop erbringen. Die Ergebnisse belegen, dass es sich um fast reine Nannoplanktonschlämme mit einem signifikanten Anteil von Coccolithophoriden (Goldgelb-Algen) handelt. Diese machen auch heute noch die Hauptmasse des so genannten Meeresschnees (marine snow) aus, der in den Weltmeeren aus den Oberflächenwässern überall abregnet und sich am Meeresboden absetzt. BENEDIKT SCHULER (1995) hat in seiner von mir betreuten Kurzkartierung im Rahmen einer Diplomarbeit intensiv die Trias-Jura-Schichtfolge der Höhenbachtalschlucht studiert und an verschiedenen Stellen Detailprofile aufgenommen. Abbildung 5.3 vermittelt einen guten Eindruck von der hohen lithologischen Variabilität des längs der Straße aufgenommenen Profils des Malm-Aptychenkalks. Von besonderem Interesse sind unter anderem die gelegentlichen Funde von Aptychen auf den Bankoberseiten sowie von Pflanzenresten in mergeligen Abfolgen im höchsten Abschnitt des Profils. Das Auftreten von Pflanzenresten ist insofern bemerkenswert, als sie von einer in der Nähe liegenden Landmasse in den Ozean eingespült worden sein müssen.

Im Anschluss an die breite Felsklippe mit Malm-Aptychenkalken erreichen wir bei 1140 Metern Höhe das markante, rund 50 Meter mächtige, auffällig rot gefärbte Paket des Radiolarites (②). 5.5
Es wird von gleichmäßig dünn bis plattig gebankten Hornsteinbänken aufgebaut. Im Übergang zum Malm-Apytychenkalk finden sich Einschaltungen von roten Tonstein- und Mergelpaketen.

Abb. 5.5. Radiolarit Aufschluss in der Höhenbachtalschlucht bei 1140 Meter Höhe.

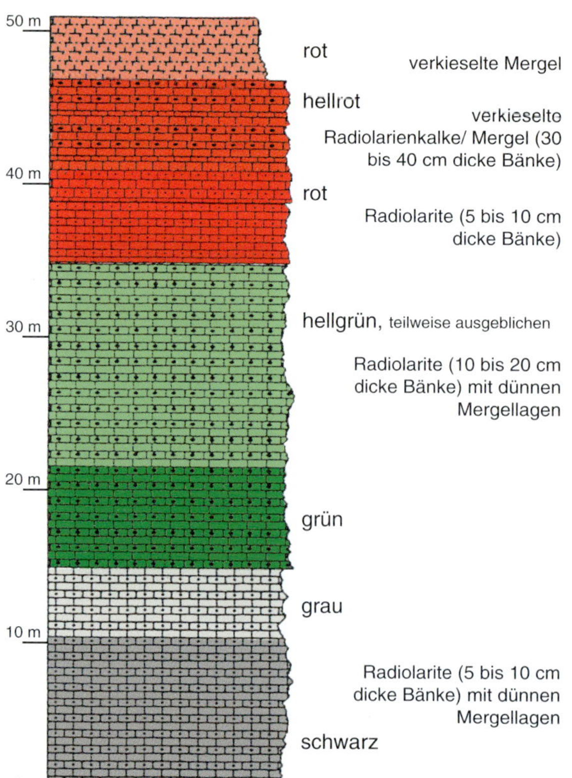

BENEDIKT SCHULER (1995) hat im Rahmen seiner Kurzkartierung an dieser Stelle ein Detailprofil 5.6 der Radiolarit-Formation aufgenommen. Ein 16 Meter mächtiges Paket von dünnbankigem (5–10 cm), dunklem, fast schwarzem Radiolarit an der Basis wird von insgesamt 19 Metern mächtigen, hellgrünen, in einzelnen Lagen auch weißen Radiolaritbänken überlagert. Darüber folgen mit scharfer Grenze dünnbankige rote Radiolarite (6 m) sowie dickbankiger (30–40 cm-Bänke) mergeliger Radiolarit (7 m) und zum Abschluss rote kieselige Mergel (5 m). Die Färbung der Radiolarite wird durch die unterschiedliche Oxidationsstufe geringer Mengen von Eisen im Sediment verursacht. Ein Überschuss an Fe^{2+} ruft eine Grau- und Grünfärbung hervor, weil das Eisen an Chlorit und Pyrit gebunden ist. Die Rotfärbung dagegen wird durch die Verbindung des Fe^{3+}, vorwiegend Hämatit, hervorgerufen. Die Radiolarite gehen auf in der Tiefsee abgelagerte Radiolarien-Schlämme als ursprüngliches Ausgangssediment zurück. Anschließend wurde der Skelettopal der Radiolarien-Gehäuse während

◁ *Abb. 5.6. Gesteinsprofil der Radiolarit-Formation am Haltepunkt ② im Höhenbachtal (Profilaufnahme BENEDIKT SCHULER 1995).*

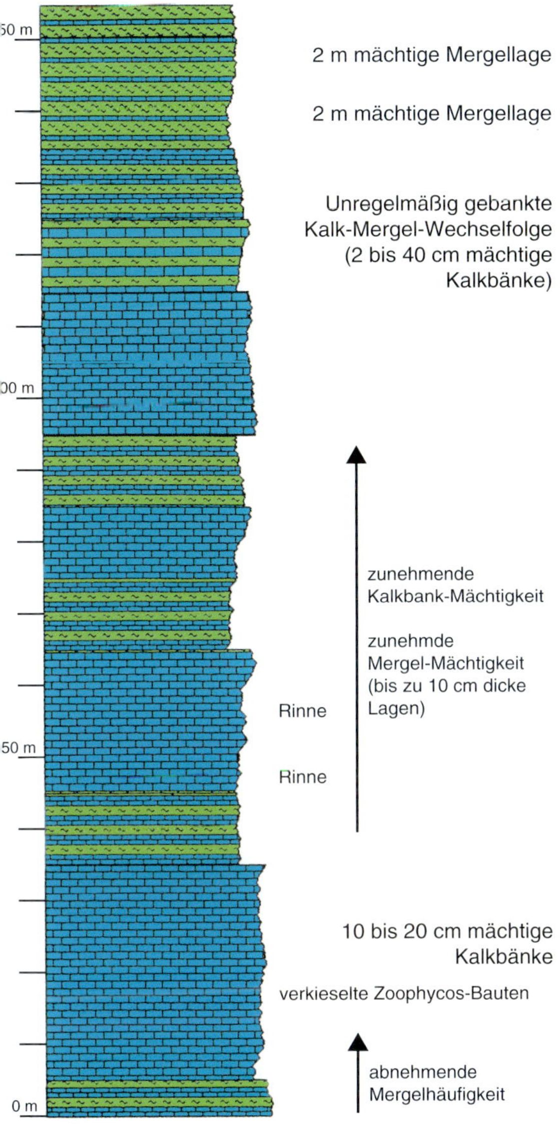

Abb. 5.7. Gesteinsprofil der Jüngeren Allgäu-Formation am Haltepunkt ③ bei 1140 Meter Höhe entlang des Talwegs in der Höhenbachtalschlucht (Profilaufnahme BENEDIKT SCHULER *1995).*

der Verfestigung in mehreren Zwischenstufen letztendlich in Chalcedon (= mikrokristalliner Quarz) umgewandelt. Wie aber kam es nun zu einer solchen Anreicherung von Radiolarien-Gehäusen? Eine wichtige Vorrausetzung bildete die äquatoriale Lage des Tethys-Ozeans und seine spezielle paläozeanographische Konstellation.

In der nach Osten offenen Tethys bildete sich ein großräumiges, im Uhrzeigersinn drehendes Wirbelsystem aus (DEWEVER 1989, DEWEVER & BAUDIN 1996). An dessen westlichen Rändern kam es zu Divergenz- und Auftriebserscheinungen, was infolge der erhöhten Nährsalzgehalte des an die Oberfläche auftreibenden Zwischenwassers die Phytoplankton-Produktion anfachte und durch reichlich Futter eine massenhafte Vermehrung der Radiolarien zur Folge hatte. Die häufigste Sedimentstruktur innerhalb der Radiolaritbänke ist ein feines Laminationsgefüge. Außerdem kann man mit der Lupe öfters Mikro-Schrägschichtungsgefüge erkennen. Beides deutet auf eine strömungsdynamische Anreicherung der Radiolarien-Gehäuse hin. Aufgrund der geringen Dichte des Skelettopals können die Gehäuse schon bei sehr geringen Strömungen bewegt und verfrachtet werden. In der Tiefsee entstehen solche Strömungen infolge der Wirkung der Corioliskraft durch Fokussierung und Beschleunigung entlang der Westränder der Ozeanbecken, was zu einer verstärkten Ablenkung der Wassermassen in Richtung der Kontinentalränder führt, sowie über topographischen Erhebungen am Meeresboden. Derartige Strömungen werden als Konturströme und die daraus abgesetzten Sedimente als Konturite bezeichnet.

Hinter dem roten Radiolaritband setzt sich das Schlucht-Profil mit einer charakteristischen Wechselfolge von dezimeterstark gebankten, braun verwitternden Kalken und zentimetermächtigen, plattigen, graugrünen Mergeln der Jüngeren Allgäu-Formation fort, die ab einer Linkskurve im Schlucht-Weg bei 1150 Meter kontinuierlich aufgeschlossen sind (③). Bei genauerer Betrachtung fallen schwarze Hornsteinknollen und -bänder in den Kalken auf. Die hohe lithologische Variabilität der Jüngeren Allgäu-Formation ist aus dem von BENEDIKT SCHULER aufgenommenen Profil ersichtlich. Wenn wir die im Profil skizzierten Befunde *5.7* in Geländebeobachtungen längs unseres Weges übertragen wollen, müssen wir stets die Tatsache beachten, dass wir das Profil bei unserer Wanderung in umgekehrter Reihenfolge – also von jung nach alt – durchlaufen. Die Kalk-Mergel-Wechselfolge der Jüngeren Allgäu-Formation ist im Gegensatz zu der bereits vorher betrachteten Formation der Aptychenkalke wesentlich variabler. Der Anteil und die Mächtigkeit der Mergellagen in der Jüngeren Allgäu-Formation sind generell höher, was auf eine wechselnde, aber insgesamt wesentlich intensivere Zulieferung von Tonsuspensionen

Abb. 5.8. Detailausschnitt der markanten Hangverflachung und Hohlform der Mittleren Allgäu-Schichten bei 1160 Meter Höhe in der Höhenbachtalschlucht. Kalkige und mergelige Partien im Manganschieferhorizont werden durch die Verwitterung deutlich morphologisch herauspräpariert.

in das Ozeanbecken hinweist. Aufgrund des stets vorhandenen Tonanteils in der mikritischen Matrix sind die Ober- und Bruchflächen der Kalkbänke deutlich rauer. Dadurch erscheinen sie stumpf und nicht so glatt wie die Aptychenkalke. Die Fossilführung ist spärlich. In Dünnschliffen werden dispers verteilte kleine Muscheln, Schwammnadeln, Seelilienstielglieder (=Trochiten) und kleine benthische Foraminiferen beobachtet. Strömungsbedingte Anreicherungen von Schwammnadeln sowie in situ Ansiedelung von Kieselschwämmen verursachen die zu beobachtende Vielfalt an Verkieselungen (diffuse Verkieselungen, Hornstein-Knollen und -Bänder). Erwähnenswert sind auch die in der Abbildung ausgewiesenen zwei Rinnenfüllungen, die Dezimeter-Größe erreichen und im Schichtverband als sofort auffallende linsenförmige Körper eingeschaltet sind, deren Bankfolgen in mikritischer Matrix aufgearbeitete Schlammgerölle, reichlich Crinoidenbruch und diverse Bioklasten enthalten. Innerhalb der Bänke wird eine normale Gradierung der Korngrößen, das heißt von grob an der Basis nach fein am Top, festgestellt.

Die mittelsteilen Felsrippen der Jüngeren Allgäu-Schichten werden bei 1160 Meter Höhe von einer markanten Senke flankiert (4), die durch das bis zu 50 Meter mächtige, überwiegend mergelige Gesteinspaket der Mittleren Allgäu-Formation aufgebaut wird. Die Mittleren Allgäu-Schichten beginnen mit einem rund 15 Meter mächtigen Manganschieferhorizont, in den vereinzelt bis mehrere Zentimeter dicke Kalkbänke eingeschaltet sind. Darauf folgen eine 9 Meter mächtige unregelmäßig
5.8 gebankte Kalk-Mergel-Wechselfolge sowie am Top ein zweiter, 10 Meter mächtiger Manganschieferhorizont. Die Manganschiefer sind im Gelände aufgrund ihrer im frischen Zustand schwarzen, metallisch-glänzenden Farbe und ihrer schokoladenbraunen Verwitterung sehr leicht anzusprechen und kaum mit anderen Mergelhorizonten verwechselbar. Die Mangangehalte liegen im Durchschnitt bei 2 bis 3 Gewichtsprozent, lokal können bis 20 Gewichtsprozent erreicht werden (JACOBSHAGEN 1965). Die primären Mn-Minerale in der "Manganschiefer"-Fazies sind Mischkarbonate der Reihe $CaCO_3 - MnCO_3 - FeCO_3$ und geringe Mengen von Braunit und Pyrolusit. Nach ihrer mineralogischen und chemischen Zusammensetzung sind die "Manganschiefer" zu den vulkanogen-sedimentären Lagerstätten zu stellen (GERMAN 1972). Hinweise auf vulkanische Aktivität im oberen Lias sind in

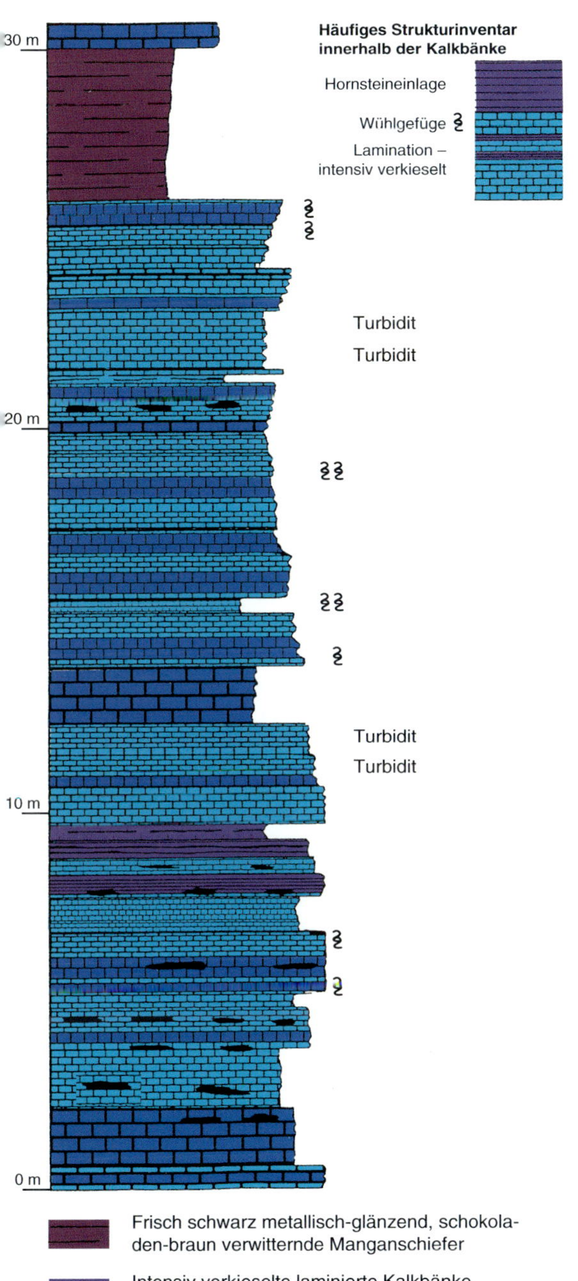

Abb. 5.10. Überblick über das Gesteinspaket der Älteren Allgäu-Formation in der Höhenbachtalschlucht am Schluchtweg bei 1165 Meter Höhe.

Form von Seladonit führenden Tuffen, die mit Mn-Karbonaten wechsellagern, erstmals in den Nördlichen Kalkalpen aufgefunden worden. Seladonit ist ein Tonmineral, nämlich ein Verwitterungsprodukt von vulkanischen Aschen.

Direkt im Anschluss an die durch die Mittlere Allgäu-Formation gebildete Hohlform folgt talaufwärts in nördlicher Richtung ab 1165 Meter Höhe erneut eine mittelsteile Felsklippe, die von der Kalk-Mergel-Wechselfolge der Älteren Allgäu-Formation gebildet wird (5). Der Talweg steigt nunmehr merklich an. Bei 1170 Meter Höhe kann man erstmals das insgesamt 150 Meter mächtige Paket der Älteren Allgäu-Schichten in seiner Gänze überblicken.

5.9 5.10 5.11

◁ *Abb. 5.9. Detailprofil im Übergang der Älteren Allgäu-Formation zur Mittleren Allgäu-Formation am Strahlkopf (Profilaufnahme BENEDIKT SCHULER 1995).*

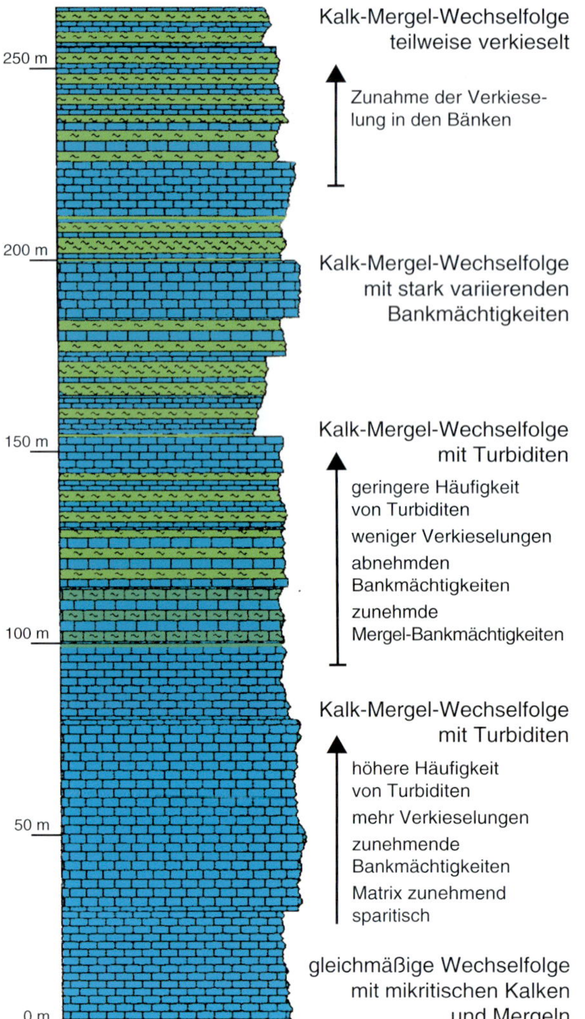

Abb. 5.11. Gesteinsprofil der Älteren Allgäu-Formation im Abschnitt von 1165 bis 1200 Meter Höhe entlang des Talwegs in der Höhenbachtalschlucht (Profilaufnahme BENEDIKT SCHULER *1995).*

Darüber erhebt sich der markante steile Felsriegel der Rhätkalk-Mauer, die in der Mitte vom Simms-Wasserfall durchstochen wird.

Die Älteren Allgäu-Schichten sind im Höhenbachtal mit 250 Metern in ihrer vollen Mächtigkeit aufgeschlossen.

Auch hier durchlaufen wir längs des aufsteigenden Schluchtwegs das Profil in umgekehrter Reihenfolge von jung nach alt. Der Aufbau der einzelnen Pakete der Kalk-Mergel-Wechselfolgen ist in Abbildung 5.11 im Detail dargestellt. Die untersten 30 Meter werden vorwiegend aus Bankfolgen von homogenen, mikritischen 10–20 Zentimeter mächtigen Kalken im Wechsel mit Mergellagen aufgebaut. Danach folgt ein rund 50 Meter mächtiger Abschnitt, in dem die Kalkbänke an Mächtigkeit zunehmen. In diese Folge sind zum Hangenden häufiger crinoidenreiche Turbidite eingeschaltet. Die Mergellagen sind im oberen Abschnitt kalkiger und härter ausgebildet. Verkieselungen nehmen zu und treten meist entlang schichtparalleler Lamination und in Form von braunen Hornsteinknollen auf. Darüber folgt ein 70 Meter mächtiges Paket, in dem die Bankmächtigkeiten abnehmen und die Mergelgehalte ansteigen. Schichtparallele Verkieselung tritt sehr häufig auf. In dem folgenden, 80 Meter mächtigen Paket variiert die Bankmächtigkeit sehr stark. Die oberen Partien sind intensiv verkieselt. Allerdings nimmt die Verkieselung in den obersten Bänken im Übergang zu den Mittleren Allgäu-Schichten dann abrupt ab.

Die Details der lithologischen Wechsel im Übergang der Älteren Allgäu-Schichten zu den Mittleren Allgäu-Schichten werden aus dem von BENEDIKT SCHULER aufgenommenen Profil am Strahlkopf deutlich (siehe Abb. 5.9).

Die Lokalität ist in der nordöstlichen Verlängerung des Höhenbachtals gelegen. Wichtigste Trends in diesem Profil sind:

- die abschnittweise zunehmende und abnehmende Kalkbank-Mächtigkeit;
- die Häufigkeit der diffusen Verkieselung und von Hornsteinlagen nimmt nach oben stark ab;
- als Zwischenlagen treten nunmehr anstelle von Mergeln dunkelgraue Tonschiefer auf.

Welches Bild ergibt sich aus unseren Beobachtungen zusammenfassend über den Ablagerungsraum der Älteren Allgäu-Schichten? Die Fossilführung mit reichlich Seelilien (Crinoiden) und Kieselschwämmen (bzw. deren Zerfallsprodukt in Form von Schwammnadeln), gelegentlich kleinen Muscheln, Schnecken und Foraminiferen sowie selten Belemniten und Ammoniten weist auf ein offen ozeanisches Milieu hin. Die große Häufigkeit von Mergeln und Tonsteinen in den hangenden Partien belegt eine stark pulsierende Zufuhr von tonigen Suspensionen in das Becken. Die große Häufigkeit von an Crinoiden reichen Turbiditen und die laminierten kieseligen Bänke (die auch als Turbidite zu deuten sind) zeigen, dass neben der Tontrübe auch viel biogenes Material in Form

Abb. 5.12. Aussicht auf die Rhätkalk-Klippe und den Simms-Wasserfall (Hintergrund) sowie die Älteren Allgäu-Schichten (Mittelgrund).

Abb. 5.13. Der Klettersteig entlang der Rhätkalk-Mauer am Simms-Wasserfall.

von Trübeströmen in das Ozeanbecken eingeschüttet und häufig mehrfach umgelagert wurde. Die Hänge und Randbereiche des Beckens müssen aufgrund des hohen Biogenanteils in den Turbiditen von großflächigen Seelilien-Wäldern und dichten Ansiedlungen von Kieselschwämmen bedeckt gewesen sein. Hier lag die eigentliche Quelle für das biogene Material. Von hier wurde es immer wieder durch Trübeströme hangabwärts in die Beckenbereiche verfrachtet.

Wir setzen unsere Wanderung fort. Bei 1200 Metern Höhe erreichen wir unseren nächsten Zielpunkt (6). Hier kreuzt der Weg den Top der Rhätkalk-Mauer. Vor uns schießt das Wasser des Simms-Wasserfalls tosend in die Tiefe. Beim genauen Hinsehen fällt zwischen den steilstehenden, dickbankigen bis massigen hellgrauen Rhätkalken und der dünnbankigen dunkelgrauen Kalk-Mergel-Wechselfolge der Älteren Allgäu-Schichten ein schmales Band auffallend roter knolliger Kalke und Mergel auf. Die 20 bis 40 Meter mächtige Abfolge wird in der Stratigraphie als Formation der Lias-Rotkalke ausgewiesen. Für den kartierenden Geologen ist sie aufgrund ihrer auffallenden Rotfärbung ein wichtiger Leithorizont. Aufgrund ihrer Interngefüge können einige der Rotkalkbänke als Schlammgeröllströme angesprochen werden. Kleine zentimetergroße rote und graue Kalkknollen schwimmen in einer roten kalkig-mergeligen Matrix. In der Fachliteratur werden derartige Ablagerungen auch als "Pebbly Mudstones" bezeichnet. Oft besteht ein Zusammenhang der untermeerischen Umlagerungsereignisse mit synsedimentärer Dehnungstektonik und einer intensiven Zerblockung des Kontinentalhanges der Tethys im Jura (Henrich et al. 2014, Henrich 2016; siehe auch Wanderung (10), S. 176).

5.13 Die steile Felswand des Rhätkalks bietet ideale Bedingungen für Kletterer. Der in jüngerer Zeit neu angelegte Klettersteig ist sehr beliebt. Für den Wanderer stellen die Aktivitäten im Klettersteig eine willkommene und interessante Abwechslung dar.

Auf der anderen Seite der Rhätkalk-Mauer bei 1210 Metern ist der Übergang zur dunkelgraubraunen Kalk-Mergel-Wechselfolge der Kössen-Formation aufgeschlossen. In dem aufgeschlossenen Abschnitt
5.14 imponieren besonders dunkle Korallenkalke und Bänke mit Megalodonten. Große Blöcke dieser
5.15 Fazies finden sich auch im Geröllschutt des Höhenbachs.

Abb. 5.14. Korallendickicht der Gattung Thecosmilia clathrata aus der Kössen-Formation im Höhenbachtal bei 1210 Meter Höhe.

Abb. 5.15. Kalkblock mit zahlreichen Megalodonten aus der Kössen-Formation im Blockschutt des Höhenbachtals (1220 m Höhe).

Abb. 5.16. Blick nach Süden auf die Rhätkalk-Klippe im Vordergrund sowie auf die Gebirgsstöcke der Peischelspitze im Mittelgrund und der Griestaler Spitze im Hintergrund.

Abb. 5.17. Blick auf einen alten, rund 200 Meter breiten Schuttfächer. Dieser wird am Nordrand von einer jungen Rinne eingeschnitten, deren Material sich in der tieferen Talflanke in Form eines jungen Schwemmfächers absetzt (Talweg bei 1250 m).

Der Weg verläuft im Anschluss an die Rhätkalk-Klippe in flachem Gelände. Das Tal öffnet sich
zunehmend und gewinnt an Breite. Nach rund 5 Minuten Wegstrecke lädt eine Sitzbank auf 1220
Metern zum Verweilen ein (7). In südlicher Richtung hat man eine herrliche Aussicht zurück auf
die Rhätkalk-Klippe im Vordergrund sowie auf die Gebirgsstöcke der Peischelspitze im Mittel- 5.16
grund und der Griestaler Spitze im Hintergrund. Hinter der nächsten Wegbiegung sieht man, wie
die Rhätkalk-Klippe und das südlich angrenzende Lias-Rotkalkband auf der westlichen Talflanke
schräg den Hang hinauf zu den Gipfelfluren zieht. Daran anschließend beobachtet man in nördlicher Richtung eine ausgeprägte Verflachung im Hang. Unter einer dünnen Schuttdecke stehen hier Kössener Schichten an. Weiter nach Norden folgt abermals eine markante Felsrippe, die von den Kalk-Dolomit-Abfolgen des Plattenkalkes aufgebaut wird.

Von unserem Aussichtpunkt sind es nur noch 50 Meter bis zur Jausen-Station Café Uta, dem äußerst beliebten und geschätzten Rastplatz bei 1230 Metern Höhe im Höhenbachtal. Nach ausgiebiger Stärkung setzen wir unseren Weg fort. Auf der westlichen Talflanke werden die Gipfelfluren von der zyklisch gebankten, steil nach Süden einfallenden Hauptdolomit-Formation aufgebaut. Wir haben das älteste Schichtglied unseres Profilschnittes durch die Nordflanke der Holzgau-Formation erreicht. Unter den Hauptdolomit-Gipfelfluren auf der Westflanke des Tals erstreckt sich auf 1250 Metern
ein rund 200 Meter breiter alter Schuttfächer (8). An dessen nördlichem Rand hat sich eine junge,
jahreszeitlich auch heute noch aktive Schwemmrinne eingeschnitten. In der tieferen Talflanke wird 5.17
der Schutt aus der Rinne in Form eines jungen Schwemmfächers abgelagert.

In den Schutthängen der westlichen Talflanke sind mehrere Schutt- und Schwemmfächer entlang
des weiteren Weges in Richtung Roßgumpenalpe erkennbar. Allerdings sind sie meist dicht von
Latschen-Gestrüpp und Strauchwerk überwachsen. Bei 1260 Meter Höhe durchquert der Weg ein altes
Blockschuttfeld (9). Auf den großen Rhätkalk- und Hauptdolomit-Blöcken sind bis 10 Meter hohe 5.18
Fichten gewachsen. Auf beiden Talflanken steht ausschließlich Hauptdolomit an. Woher stammen
dann die Rhätkalk-Blöcke und wie sind sie an ihren jetzigen Standort gelangt? Rhätkalke stehen erst
wieder in der Umgebung unseres Zielpunktes, der Roßgumpenalpe an. Moränenablagerungen im 5.19
Umfeld der Alpe belegen, dass das Höhenbachtal in der Eiszeit von mächtigen Eismassen ausgefüllt
war. Es ist daher ziemlich wahrscheinlich, dass das Blockwerk aus Rhätkalken mit dem Eisstrom
talwärts an seine heutige Position verfrachtet wurde.

Abb. 5.18. Vom Eisstrom transportierte Rhätkalk-Blöcke am Talweg in 1260 Meter Höhe.

Abb. 5.19. Typische Moränenablagerung mit gerundeten Blöcken in einer schlammigen Grundmasse im hinteren Höhenbachtal in 1330 Meter Höhe.

Im hinteren Höhenbachtal nehmen üppige, artenreiche Wiesen – ideal zur Beweidung – zunehmend
5.20 Raum ein. Anfang Juni blühen diese Wiesen besonders eindrucksvoll und bunt. Bei unserer Wanderung haben wir uns die folgende Flora notiert: Storchschnabel, gelbes und orangerotes Habichtskraut, gelber Hahnenfuß, Trollblumen, blaue Teufelskralle, Bittere Kreuzblumen, Witwenblume, Simsenlilie, Brillenschötchen, Klappertopf, Akelei, Frauenmantel, Pestwurz, Spitzwegerich, kriechender Günsel,
5.21 Thymian und Steinquendel. Örtlich finden sich reiche Bestände von Orchideen. Uns sind besonders Geflecktes- und Männliches Knabenkraut, Mücken-Händlwurz, Grünliche Waldhyazinthe und Frauenschuh aufgefallen.

Abb. 5.20. Artenreiche Blumenwiesen im hinteren Höhenbachtal. a, Orangerotes Habichtskraut, Klee, Frauenmantel, Knöterich und Wiesensalbei; b, Brillenschötchen, Frauenmantel und Mücken-Händlwurz.

Abb. 5.21. Orchideen in den Wiesen im hinteren Höhenbachtal. a, Männliches Knabenkraut; b, Geflecktes Knabenkraut; c, Frauenschuh; d, Mücken-Händlwurz.

Kurz bevor wir unseren Zielpunkt, die Untere Roßgumpenalpe, erreichen, verändert sich die Landschaft entscheidend. Westlich des Wegs taucht erneut eine Rhätkalk-Klippe auf, die vom Höhenbach 5.22a
durchschnitten wird (10). Davor erstreckt sich ein von Gras bewachsener Einschnitt, der sich hinauf

Abb. 5.22. Landschaftsformen und geologischer Aufbau in der Umgebung der Unteren Roßgumpenalpe. a, Blick nach Nordwesten mit Klippen aus Hauptdolomit und Rhätkalk; b, Geologische Karte mit den Blickrichtungen für a und c; c, Blick nach Norden in Richtung Unterer Roßgumpenalpe. Auf der linken Bildseite sind die Ausläufer des mächtigen Schuttfächers zu sehen, die bis an den Bach reichen.

bis zu den Gipfelfluren verfolgen lässt. Der Einschnitt wird im Süden auf der höheren Talflanke
5.22c durch Hauptdolomit-Felsen begrenzt. Unter dem Felsriegel hat sich ein mächtiger Schuttfächer aufgebaut, der bis zum Bach hinabreicht. Wie kann man nun das erneute Auftreten von Rhätkalken erklären? Offensichtlich bricht hier der kontinuierliche Verband des Nordflügels der Holzgau-Mulde

ab. Ein Blick auf die Geologische Karte zeigt, 2b dass es sich um eine Überschiebung handelt. Beim Nordschub der Lechtal-Decke ist der Nordflügel der Holzgaumulde an dieser Stelle zerrissen und überschiebt auf ein Schichtpaket, das die Abfolgen vom Hauptdolomit bis zu den Lias-Rotkalken umfasst und als Ramstallschuppe zusammengefasst wird.

Am Endpunkt unserer Wanderung, der Unteren Roßgumpenalpe (11), gönnen wir uns eine ausgiebige Rast und genießen die herrliche Aussicht. Auch das Weidevieh scheint .23 sich auf den üppigen Wiesen der Moränenterrassen, die beiderseits den Bacheinschnitt flankieren, pudelwohl zu fühlen.

Der Rückweg erfolgt über die gleiche Strecke wie der Hinweg. Wenn allerdings beim Erreichen des Café Uta noch ausreichend Zeit vorhanden ist, sollte man unbedingt noch den Abstecher zur Hängebrücke machen, um die grandiose Landschaft des Höhenbachtals nochmals aus der Vogelperspektive zu bestaunen.

Abb. 5.23. Weidegründe in der Moränenlandschaft um die Untere Roßgumpenalpe.

Literatur

DEWEVER, P. (1989). Radiolarians, radiolarites, and Mesozoic paleogeography of the Circum-Mediterranean Alpine Belts. – S. 31–49 in: HEIN,J. R. & OBRADOVIC (eds.), Siliceous deposits of the Tethys and Pacific Regions, Springer Verlag.

DEWEVER, P. & F. BAUDIN (1996). Paleogeography of radiolarite and organic-rich deposits in Mesozoic Tethys. – Geologische Rundschau 85: 310–326.

GERMANN, K. (1972). Verbreitung und Entstehung Mangan-reicher Gesteine im Jura der Nördlichen Kalkalpen. – Tschermaks Mineralogische Petrographische Mitteilungen 17: 123–150; Wien.

HENRICH, R. (2016). Synsedimentary tectonics and mass wasting along the Alpine margin in Liassic time. – S. 449–459 in: G. LARMARCHE et al. (eds.), Submarine Mass Movements and Their Consequences, Advances in Natural and Technological Hazards Research 38, Springer International Publishing Switzerland.

HENRICH, R., K.-H. BAUMANN & T. BICKERT, (2014). New concepts on mass wasting phenomena at passive and active margins of the Alpine Tethys: famous classical outcrops in the Berchtesgaden – Salzburg Alps revisited. Part A: Jurassic slide/debrite complexes triggered by syn-sedimentary block faulting. – S. 661–674 in: S. KRASTEL et al. (eds.), Submarine Mass Movements and Their Consequences, Advances in Natural and Technological Hazards Research 37, Springer International Publishing Switzerland.

SCHULER, B. (1995). Die Geologie von der Ramstallspitze bis zum Lechtal (südliche Allgäuer Alpen). – 59 S., Unveröffentlichte Diplom-Kurzkartierung, Universität Bremen, Anhang.

6 Von Bach hinauf auf die Wildebene am Fuß des Ruitelspitzmassivs

Ganztageswanderung mit mittlerem Schwierigkeitsgrad.

Heute geht es mal wieder ganz hoch hinauf. Ziel ist der Gipfel der Wildebene beziehungsweise für die besonders Fitten unter uns der Gipfel der Wildebener Spitze (2345 m) und der Ruitelspitze (2580 m). Ausgangspunkt ist Bach im Lechtal (1062 m). 1300 beziehungsweise 1520 Höhenmeter gilt es zu bewältigen, wahrlich eine beachtliche Leistung. Wem das zu viel ist, der muss trotzdem nicht auf diese herrliche Tour verzichten, denn einmalige Panorama-Ausblicke kann man auch schon vom Wiesen-Hochplateau bei Gümple/"Wildebene" (1900–1950 m) genießen. Von dort aus erfolgt der Einstieg in das mächtige Hauptdolomit-Felsmassiv der Inntal-Decke. In Bach folgen wir der Ausschilderung der Jausenstation Wasen (1320 m), ein beliebter Ausflugspunkt mit sehr guter

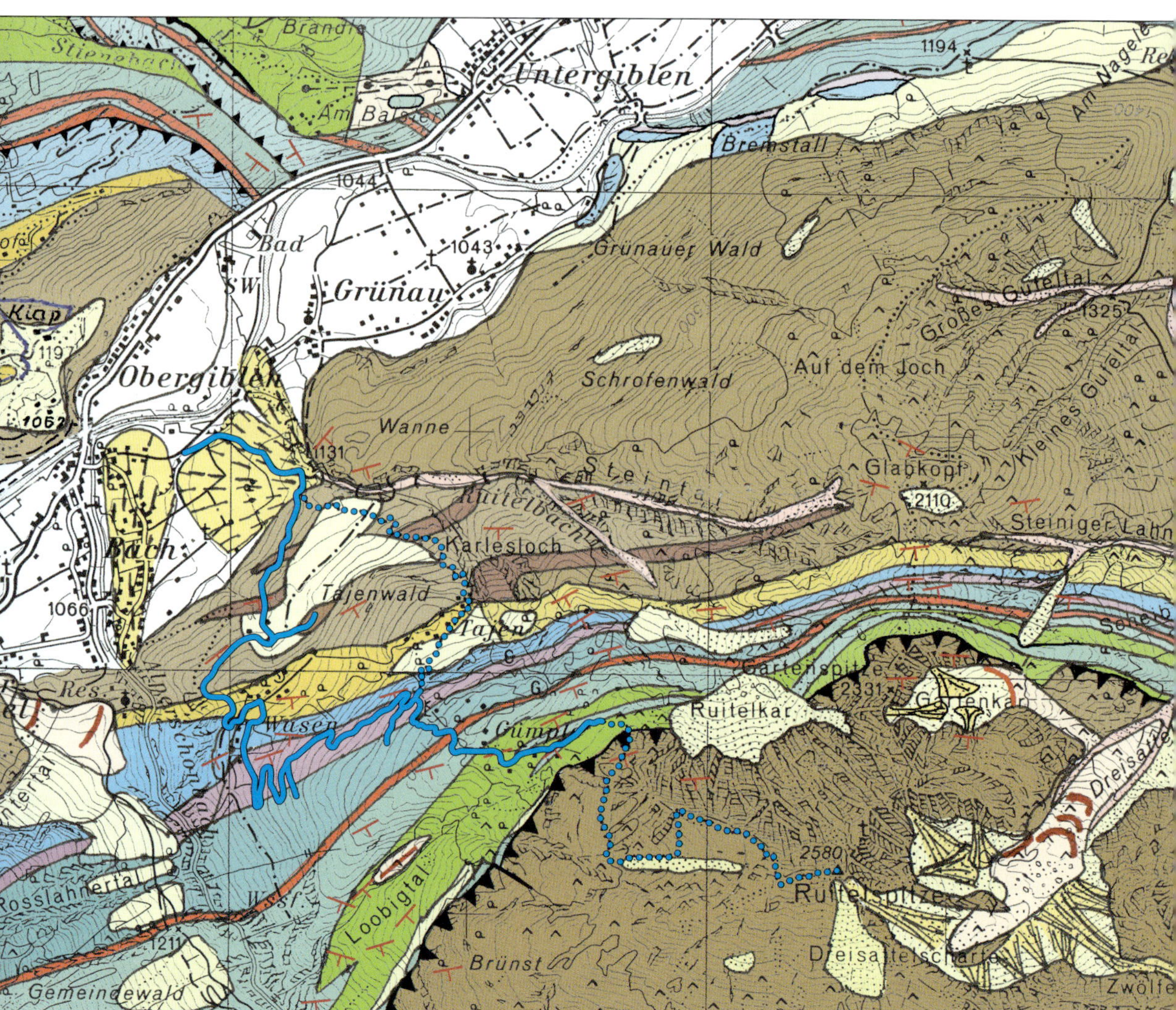

Abb. 6.1. Geologische Karte des Gebiets um das Ruitelspitz-Massiv und Bernhardseck (verändert nach GEHRING *1989) mit der Wanderroute 6.*

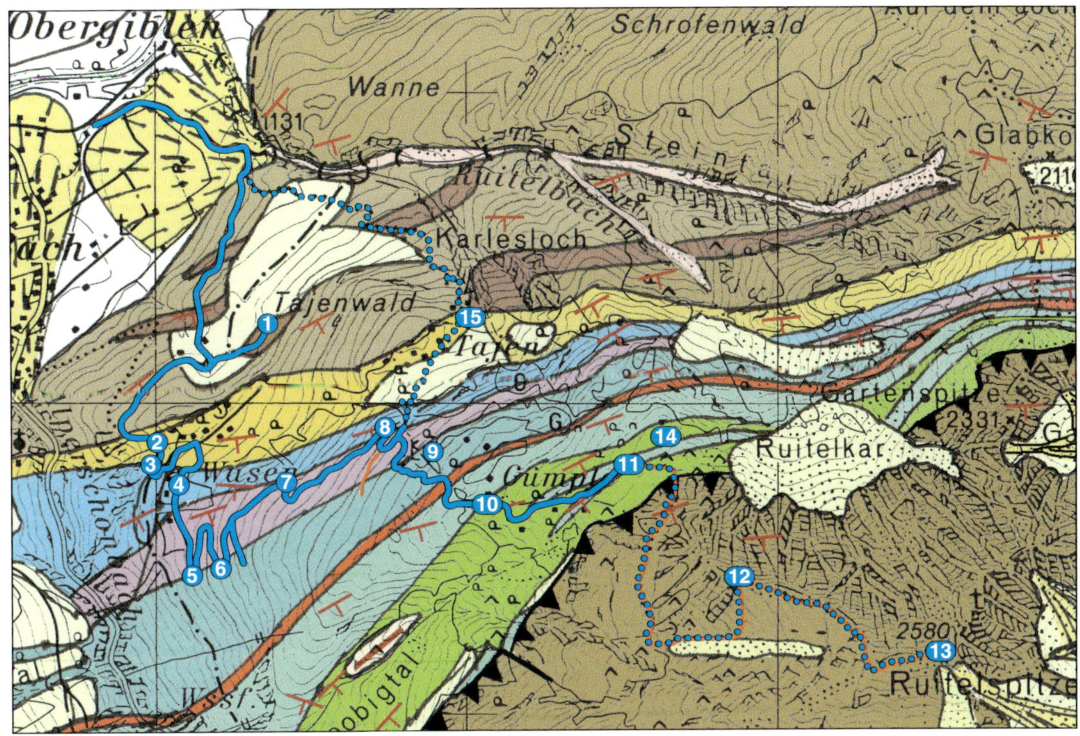

Abb. 6.2. Der geologische Rahmen unserer heutigen Wanderung ❻ *mit Haltepunkten. Legende auf Seite 196.*

Bewirtung. Nachdem wir die Wiesen östlich von Bach durchquert haben, setzen wir unseren Weg über die für Privatfahrzeuge gesperrte asphaltierte Forststraße fort. In moderater Steigung geht es durch schattigen Fichtenwald hinauf zu den Almflächen um Wasen. Nach dem Queren des von zahlreichen Wirtschaftshütten durchsetzten Almplateaus und seinen herrlichen Blumenwiesen windet sich der gut ausgebaute Forstweg in mehreren ausladenden Kehren den steilen, von Wald bestandenen Berghang bis zum Endpunkt und Wendeplatz in 1590 Metern Höhe hinauf. Hier befindet sich auch die Basisstation des Materiallifts zur Gümplealpe. Weiter geht es über einen schmalen Steig durch einen lichten Lärchen-Fichten-Wald. Bei 1690 Metern Höhe erreichen wir den Waldrand und steigen über steil ansteigendes, offenes Wiesengelände und mehrere von Latschen bewachsene Felsrippen zur Gümplealpe und zum Hochplateau der "Wildebene" auf, wo bei 1950 Metern Höhe der Einstieg in die Hauptdolomit-Felswände der Wildebnerspitze beginnt. Die von uns beschriebene Wanderung endet auf der Wildebene. Wer jetzt noch ausreichend Energiereserven und Zeit hat, kann die Tour über den Steig von der Wildebnerspitze entlang der Flanke des Kars zwischen Wildebnerspitze und Ruitelspitze bis zum Gipfel der Ruitelspitze fortsetzen. Für den Rückweg bieten sich zwei Varianten an: Man folgt der gleichen Strecke wie beim Aufstieg, oder man biegt vom Waldweg an der Basisstation nach rechts ab und folgt dem Steig in Richtung Tajen. Von dort verläuft der Steig durch dichten Wald steil bergab mit eindrucksvollen Ausblicken in die auf der rechten Seite tief eingeschnittene Schlucht, in deren östlicher Flanke im Gebiet um Karlesloch zahlreiche imposante senkrecht aufragende Rauwacken-Felstürme aufragen. Diese Variante hat abschnittweise extremes Gefälle und sollte daher nur von erfahrenen und trittsicheren Wanderern begangen werden. Soweit die Kurzcharakteristik der Wegstrecke des heutigen Tages.

Bevor es losgeht, lohnt es sich, noch kurz einen Blick auf den geologischen Kartenausschnitt der 6.1
Region zu werfen. Bei unserer heutigen Wanderung durchqueren wir in einem Nordwest-Südost-Profil die drei wichtigsten Baueinheiten des Gebiets. Es sind dies im Norden der Burkopfsattel sowie

Abb. 6.3. Auffallend unruhige Topographie mit trichterförmigen Senken und Kuppen kennzeichnet die Gips-Karst-Region um Tajen.

die südlich anschließende breite Mulde der Jungschichten-Zone der Lechtal-Decke sowie ganz im Süden im Wildebner-Ruitelspitz-Massiv breit und mächtig ausstreichender Hauptdolomit der Inntal-Decke. Diese drei Baueinheiten sind morphologisch sehr markant im Gebirgsstock aufgeschlossen.

Am Gebirgsfuß wird die Deckengrenze zwischen der Inntal-Decke und der Lechtal-Decke durch den Kontrast zwischen dem flach ansteigenden Bergwiesen-Hochplateau der "Wildebene" und dem darüber abrupt steil aufragenden Wildebner-Ruitelspitz-Massiv weithin deutlich sichtbar (vgl. Wanderung ③, Abb. 3.12). Verantwortlich für diesen extremen morphologischen Kontrast ist die stark unterschiedliche Verwitterungsanfälligkeit der anstehenden Schichten. Im "Wildebene"-Hochplateau stehen direkt unter der Grasnarbe weiche Neokom-Mergel der Jungschichten-Zone der Lechtal-Decke an. Darüber folgt im abrupt anschließenden Steilanstieg der wesentlich verwitterungsresistentere Hauptdolomit der Inntal-Decke. Genauso deutlich heben sich nördlich davor in der Lechtal-Decke die von Jura- und Kreide-Formationen aufgebaute Wiesenlandschaft der breit ausstreichenden Mulde der Jungschichten-Zone von dem von Wald bewachsenen Trias-Kalk-Dolomit-Rauwacken-Bergrücken des Burkopfsattels ab.

Wir lernen während unserer heutigen Wanderung wichtige tektonische Elemente des geologischen Baustils der Lechtaler Alpen kennen. Darüber hinaus finden sich in den Böschungsanschnitten der Forststraßen zahlreiche ausgezeichnete Aufschlüsse. Beim Aufstieg erschließt sich uns so ein nahezu lückenloses Profil der Trias-Jura-Kreide-Formationen der Lechtal-Decke und wir erfahren viele Details und Wissenswertes zu den einzelnen Schichtgliedern. Zur besseren Orientierung über die Wegstrecke und zur Lokalisierung der zahlreichen Stopps unserer Wanderung kann die Ausschnittvergrößerung
6.2 des geologischen Kartenausschnittes in Abbildung 6.2 genutzt werden.

Nun geht es aber los. Um unseren ersten Stopp zu erreichen, biegen wir von der Forststraße nach Wasen bei 1260 Metern Höhe in den links abzweigenden Forstweg ein (①). Sofort fällt die unru-
6.3 hige Topographie um uns herum auf, die durch einen schnellen Wechsel von kleinen Kuppen und trichterförmigen Senken unterschiedlichen Ausmaßes gekennzeichnet ist. Grau-weiße millimeterstark
6.4a laminierte Gipskrusten spießen immer wieder in kleinen Ausbissen aus der Wegböschung hervor.

Bisweilen sind die Gipse stark intern gefaltet und wittern in exponierter Lage in typischen Platten ab. In den Gipsfolgen kommen dunkelgrau-schwarze idiomorphe Gipskristalle, graue Kalzitkristalle und
6.4b schwarze idiomorphe Quarze, sogenannte Morione vor. Die Quarze sind als neugesprosste (authigene) Bildungen in salinar beeinflusstem Milieu entstanden. Die Färbung ist primär auf die Einlagerung von Fremd-Ionen (Al, Li) in das Kristallgitter zurückzuführen. Die Gipse sind stratigraphisch in die

Abb. 6.4. a. Millimeterstark laminierte Gipskrusten im Böschungsanschnitt des Forstweges bei 1260 Meter Höhe. b, Detailaufnahme der verschieden-farbigen Gipsfolgen.

Raibl-Formation der Trias einzustufen. Sie wurden in einem extrem flachen, semiariden bis ariden, küstennahen Bereich des Schelfmeeres abgelagert, in dem es durch Eindampfungsprozesse zur Bildung von Dolomit und Gips kam (BECHSTÄDT 1987). Der Ablagerungsraum ist dem von rezenten Sabkhas vergleichbar, die weit verbreitet rund um das Mittelmeer und den Persischen Golf im Übergangsbereich zwischen flachstem Schelfmeer und den angrenzenden Landflächen auftreten.

Die starke Auslaugung der Gipse führt zu den beobachteten charakteristischen Verkarstungsphänomenen mit dolinenförmigen Löchern und vielgestaltigen Senkungstrichtern. Nachdem wir diese ganz eigene Waldlandschaft der Raibler Gipsvorkommen ausgiebig erkundet haben, geht es zurück zur Forststraße nach Wasen. Längs des Wegs stehen nunmehr gut gebankte graubraune Dolomite der Hauptdolomit-Formation an, die stratigraphisch über der Raibl-Formation folgt.

Bei 1280 Metern Höhe kreuzt die Straße einen Taleinschnitt mit kleinem Bachlauf. Hier ist unser nächster Stopp (2). Die Senke, die den Weg kreuzt, wird von dunkelgrauen Kalken und Mergeln der Kössener Schichten aufgebaut. Aufschlüsse sind spärlich. Die Kössener Schichten sind hier tiefgründig verwittert und stark verlehmt. 10 Meter höher stehen im Weg vor einer Linkskurve nach Süden einfallend (Messwert 140/60) gut gebankte (0,1–0,3 m-
5.5 Bänke), dunkle mikritische Kössener Kalke an. Sie bilden eine markante Ost-West streichende Geländerippe, deren Verlauf im Hang leicht verfolgt werden kann.

Abb. 6.5. Dunkelgraue, braun verwitternde, gut gebankte Kalke der Kössen-Formation an der Forststraße nach Wasen, an der Linkskurve bei 1290 Meter Höhe.

Abb. 6.6. Ausblick auf Jöchlspitze, Bernhardsrücken und die Hornbachkette.

Abb. 6.7. Artenreiche Bergwiesen um Wasen. a, Die markantesten Farbtupfer im Blumenmeer bilden der blaue Wiesensalbei und der gelbe Klappertopf; b, Arnika und Wiesensalbei; c, gelbe Wolfsmilch; d, Augentrost und bittere Kreuzblume.

Abb. 6.8. Breiter Ausstrich von Mittleren Allgäu-Schichten zu Beginn der Serpentinenstrecke der Forststraße. a, Geschieferter Kalkmergel und mergelige Kalke; b, Charakteristisch schokoladenbraun verwitternde Manganschiefer. Sie sind im frischen Bruch auffallend schwarz und ölig schillernd.

Von der Kurve (3) aus hat man einen ersten herrlichen Ausblick über das Lechtal auf die Jöchlspitze, 6.6
die Rothornspitze und den Bernhardsrücken im Mittelgrund sowie die Hornbachkette, die von den weithin sichtbaren Karen eingeschnitten wird.

Bald darauf erreichen wir die Jausenstation bei Wasen, ein ausgezeichneter Platz zu rasten und sich zu stärken. Von der Jausenstation folgen wir der rechts abbiegenden Forststraße. Der Weg führt
durch Almwiesen, die zum Zeitpunkt unserer Geländebegehung herrlich blühten (4). Besonders 6.7
herausstechend in der Farbgebung waren der blaue Wiesensalbei, der gelbe Klappertopf, gelber Hahnenfuß und die großblühenden gelben Schwarzwurzeln. Hinzu gesellten sich reichlich schopfförmiger Rundwegerich, Wolfsmilch, Hornklee, Augentrost sowie die Bittere Kreuzblume.

In der Wegböschung stehen Kalke und Mergel der Älteren Allgäu-Schichten an. Rufen wir uns kurz ins Gedächtnis, welche Schichtabfolge wir bisher durchlaufen haben. Begonnen haben wir mit den Gips führenden Raibler Schichten. Diese bilden den Kern des Burkopfsattels. Darüber folgen im Südflügel des Burkopfsattels – der gleichzeitig auch als Nordflügel der großen Mulde der Jungschichtenzone anzusprechen ist – nach Süden einfallend Hauptdolomit, Kössener Schichten und jetzt die Allgäu-Formation.

Nachdem wir die flachen Almwiesen durchquert haben, geht es in langgezogenen Kehren steil den Berghang hinauf. Die Forststraße folgt dem breiten Ausstrich von Mittleren Allgäu-Schichten, die Südwest-Nordost streichend schräg den Hang hinaufziehen. Diese setzen sich überwiegend aus
rotbraun verwitternden, oftmals leicht geschieferten Kalkmergeln und unreinen Kalken zusammen. 6.8a
Sie bilden im Gelände stets auffällige Hangverflachungen. Im Vergleich zu anderen Gebieten sind im Profil mächtige Kalkpakete eingeschaltet. Die Manganschiefereinlagerungen sind dagegen meist
nur geringmächtig. Manganschiefer erkennt man sofort an ihrer schokoladenbraunen Verwitterung 6.8b
und ihrer im frischen Anbruch sehr dunklen, fast schwarzen, ölig schillernden Farbe. Die Kalke, Mergel- und Siltsteine sind stets intensiv fein laminiert und weisen einen hohen Gehalt an Pyrit auf.

Aufgrund dieser Merkmale nimmt man an, dass die Manganschiefer in schlecht belüfteten Einsenkungen des tiefen Meeresbeckens abgesetzt wurden. Hingegen finden sich in den mächtigen dunkelgrauen Kalken immer wieder Spurenfossilien der Ichnofazies Planolites/Chondrites und somit Hinweise für sauerstoffreiche Bodenwasserverhältnisse. Wie kann man sich nun die Ablagerungsverhältnisse in diesem Becken vorstellen? Mein Diplomand JOACHIM KUHLEMANN ist bei der Suche nach vergleichbaren heutigen Ablagerungsräumen in der Sulu-See fündig geworden

Abb. 6.9. Grenzschichten zwischen Mittleren und Jüngeren Allgäu-Schichten am Aufschluss in der ersten Linkskehre der Forststraße bei 1370 Meter Höhe. a,b, Dunkelgraue bis schwarze bis 1 Meter mächtige Kalke mit typischem Laminationsgefüge im Millimeterbereich. c, Deutlich entwickelte Schieferung in den dunklen laminierten Kalkbänken; d, Verkieselte Kalkbänke in der Abfolge sind durch die deutlich herauswitternden kieseligen Bereiche erkennbar.

(KUHLEMANN 1990). Mit Sedimentationsraten bis zu 17 Zentimeter pro Tausend Jahre werden hier intensiv durchwühlte olivgraue Mergel abgesetzt, in denen häufig oft nur wenige Millimeter mächtige Turbiditlagen eingeschaltet sind (VOLLBRECHT & KUDRASS 1989). Die Hydrographie des rund 4000 Meter tiefen Beckens der Sulu-See ist durch sauerstoffarmes, sehr warmes Tiefenwasser und einen eingeschränkten Austausch der Wassermassen mit dem Südchinesischen Meer gekennzeichnet (VOLLBRECHT & KUDRASS 1989).

Die Forststraße verläuft hauptsächlich im Band der Mittleren Allgäu-Schichten. In einigen Kehren wird aber gerade noch die Grenze zu den darunterliegenden Älteren Allgäu-Schichten beziehungsweise den überlagernden Jüngeren Allgäu-Schichten überschritten (vgl. Abb. 6.2).

Bei 1370 Metern Höhe ist in der ersten Linkskehre der Grenzbereich Mittlere/Jüngere Allgäu-Schichten sehr gut aufgeschlossen (5). In den bräunlich verwitternden, im frischen Anschnitt dunkelgrauen
6.9a bis schwarzen, bis 1 Meter dicken Kalkbänken erkennt man sehr deutlich ein Laminationsgefüge im
6.9b Millimeterbereich. Mit der Lupe sind kleine millimetergroße, weißliche Komponenten erkennbar.

Abb. 6.10. Ältere Allgäu-Schichten in den Rechtskehren der Forststraße bei 1550 Meter Höhe. a, Graue mikritische, ausgesprochen eben gebankte Kalke; b, Kalkbank mit diffusem Laminationsgefüge.

Vermutlich handelt es sich um feinen Crinoidenbruch, der in den Jüngeren Allgäu-Schichten häufig auftritt. Im Aufschluss unterhalb der Kehre sind die laminierten Kalke deutlich geschiefert und ab- *6.9c*
schnittweise verkieselt. Danach schwenkt der Weg nach Westen zurück in das Niveau der Mittleren *6.9d*
Allgäu-Schichten. Eine Linkskehre höher, bei 1430 Metern Höhe, wird erneut die Grenze zu den Jüngeren Allgäu-Schichten überschritten (6). Bei 1450 Metern Höhe zweigt rechts ein Seitenweg ab. In der Böschung sind zunächst die Mittleren Allgäu-Schichten mit stark geschieferten, abschnittweise diffus verkieselten dünnbankigen Kalken und plattigen Mergeln gut aufgeschlossen, in die mehrfach geringmächtige Manganschieferlinsen eingeschaltet sind. Nach rund 100 Metern folgen gut gebankte, partiell verkieselte Kalke, die den Übergang zu den Jüngeren Allgäu-Schichten markieren. Diese bilden eine flache Geländerippe, deren Verlauf deutlich im Berghang verfolgt werden kann.

Mittlerweile haben wir eine vage Vorstellung davon, wie der kartierende Geologe Mittlere und Jüngere Allgäu-Schichten im Gelände unterscheidet. Das ist zwar nicht einfach, die Kombination von lithologischen Merkmalen und Geländerelief macht es jedoch möglich. Wie sich davon die Älteren Allgäu-Schichten abheben, kann man sehr gut in der Rechtskehre bei 1550 Metern Höhe (7) sowie der nächst höheren Rechtskehre (8) studieren. Dichte, hell beigebraun verwitternde, im frischen Anbruch graue mikritische, ausgesprochen eben gebankte Kalke und dünne Mergelzwischenlagen *6.10a*
sind charakteristisch. Die Kalke sind bisweilen schwach laminiert oder durchwühlt. Meist sind sie *6.10b*
jedoch sehr homogen und strukturlos.

Die Forststraße endet an einem Wendeplatz bei 1590 Metern Höhe. Am Wendeplatz befindet sich die Basisstation des Materiallifts zur Gümple-Alpe. Zwei Steige setzen oberhalb des Wendeplatzes ein. Der eine führt nach links bergab in Richtung Tajen, der andere, dem wir folgen, nach rechts und steil bergauf durch lichten Lärchen-Fichtenwald in Richtung Wildebnerspitze. Im Wald ist der Boden tiefgründig verwittert. Es gibt daher kaum Aufschlüsse. Wir erreichen den Waldrand bei 1690 Metern Höhe. Vor uns liegt offenes Wiesengelände, aus dem ein alter Heuschober hervorsticht.

Morphologisch fallen im Hang sofort zwei ausgeprägte Geländestufen auf. Beginnend mit einem relativ flachen Hangprofil versteilt sich der Hang mit einem deutlichen Geländeknick bei 1735 Metern Höhe und bildet eine erste, von Wiesen bewachsene Rippe aus. Eine zweite, noch markantere, *6.11a*
von Buschwerk und einzelnen Bäumen bewachsene Felsrippe setzt bei 1750 Metern Höhe höher *6.11b*
im Hang an. Der Grund für dieses intensiv strukturierte Hangprofil liegt im geologischen Aufbau. Im Untergrund des relativ flachen Wiesenhangs zu Beginn des Profils stehen in Verlängerung des Forststraßenprofils hangaufwärts streichend Mittlere Allgäu-Schichten an. Die erste Rippe wird von den verwitterungsresistenteren Jüngeren Allgäu-Schichten gebildet, belegt durch kleine Ausbisse

Abb. 6.11. Zwei ausgeprägte Geländestufen treten im Hangprofil oberhalb des Wendeplatzes markant hervor. a, Die untere Geländestufe am Übergang der weichen Mittleren Allgäu-Schichten zu den resistenteren Jüngeren Allgäu-Schichten. b, Die obere Geländestufe folgt der Grenze Radiolarit zu Malm-Aptychenkalk.

Abb. 6.12. a, Verkieselte rötliche Kalke der Radiolarit-Formation am Fuß der zweiten Geländerippe; b,c, Hellgrau und weißlich verwitternde Malm-Aptychenkalke an der zweiten Geländerippe.

Abb. 6.13. a, Küchenschelle; b, Schwefelanemone; c, Kugelblume; d, Mehlprimel; e, Clusius-Enzian.

von diffus verkieselten, graubraunen Kalken in Wechsellagerung mit geringmächtigen Mergeln in der Rippe (9). In der zweiten markanten Felsrippe stehen an der Basis der Rippe an verschiedenen Stellen geringmächtige rötliche, intensiv verkieselte Kalke der Radiolarit-Formation an. Die *6.12a* Felsrippe selbst wird von den regelmäßig gebankten, hellen, dicht-mikritischen Kalken des Malm-Aptychenkalks aufgebaut.

Zum Zeitpunkt unserer Begehung im Juni 2019 blühten die Bergwiesen in herrlicher Frühjahrstracht. *6.13* Weiß blühende Küchenschellen, gelbliche Schwefelanemonen, Trollblumen, Kugelblumen, lila Primeln, Schlüsselblumen sowie Polster von Schusternagelenzian und dem stiellosen Clusius-Enzian galt es zu bewundern.

Bei 1770 Metern Höhe ist der Top der Malmrippe erreicht. Zur Zeit unserer Begehung war der Neubau der Gümple-Hütte voll im Gang. In der Baugrube waren die südfallenden, dünnbankigen *6.12b* bis plattigen hell elfenbeinfarbenen Malm-Aptychenkalke sehr gut zu inspizieren (10). Hinter der *6.12c* Hütte ist ein bogenförmiger Lawinenschutzwall aufgeschüttet worden, an dessen Top ein Gipfelkreuz weithin sichtbar auf den Neubau hinweist. Nach Süden folgt eine rund 100 bis 200 Meter breite fla- *6.14* che Senke. Im Untergrund stehen Neokom-Mergel an. Weiter nach Süden steigt das Gelände erneut zum von Wiese und lockerem Weiden-Buschwerk bewachsenen Hang an, der den Sockel des steil aufragenden Hauptdolomit-Felsmassivs der Wildebnerspitze aufbaut. Der untere Abschnitt dieses Hanges wird erneut von Malm-Aptychenkalken aufgebaut.

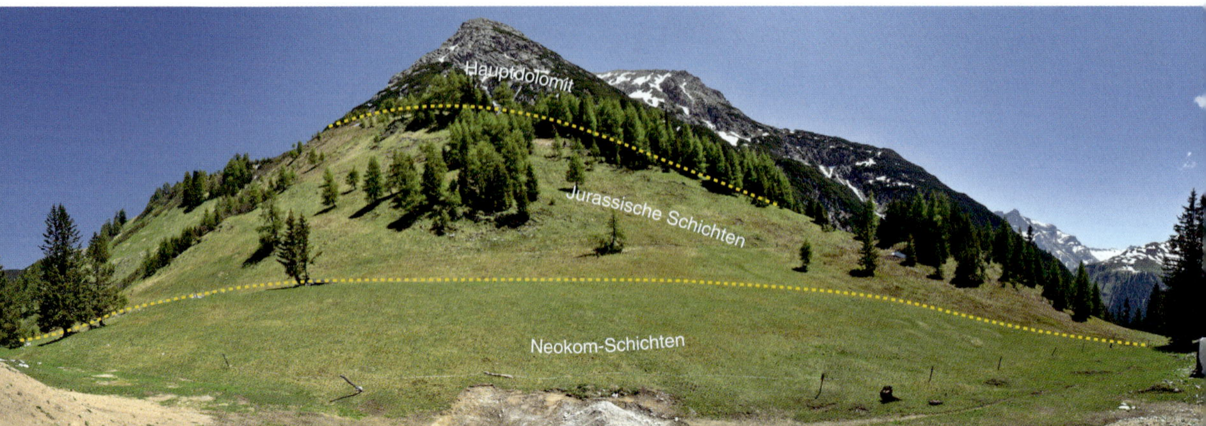

Abb. 6.14. Südlich der Gümple-Hütte erstreckt sich eine flache Senke mit Neokomschichten. Darüber folgen im mittelsteilen Hang jurassische Schichtglieder, die abrupt an die steil aufragenden Hauptdolomit-Felsmassive der Wildebnerspitze grenzen.

Vergegenwärtigen wir uns kurz, welche Abfolge von Schichtgliedern wir seit unserem Haltepunkt bei Wasen durchlaufen haben. Beginnend mit den Kössener Schichten und der dicken Kalkrippe am Top haben wir das gesamte Paket der Allgäu-Formation (Ältere, Mittlere und Jüngere) längs der Forststraße durchquert und im Streichen östlich versetzt im Hangprofil oberhalb der Baumgrenze erneut die Allgäu-Formation, die Radiolarit-Formation, die Malm-Apytchen-Schichten und

Abb. 6.15. a, Konzentrische Vegetationskreise um eine Restschneefläche. b, Innerer Kreis mit weißen und lila Krokussen; c, äußerer Kreis mit dem Alpenglöckchen.

Abb. 6.16. Blick entlang des Grießltals auf die Fallenbacherspitze und die Holzgauer Wetterspitze im Hintergrund. Im Mittelgrund der hintere Sonnenkogel und die Greitjochspitze.

die Neokom-Mergel in der Senke sowie im Gegenhang erneut Malm-Aptychenkalke durchlaufen. Alle Schichtpakete fallen nach Süden ein. Der geologische Aufbau dokumentiert somit eine breit gespannte Muldenstruktur mit einem vollständigen, normal gelagerten Nordflügel und einem in der Abfolge reduzierten und überkippten Südflügel.

Am Westrand der Senke mit Neokom-Mergeln führt ein schmaler Steig bergauf über einen steilen Wiesenhang, in dem immer wieder graue, plattige Neokom-Mergel zum Vorschein kommen. Bei unserer Wanderung haben wir an verschiedenen Stellen eine interessante Beobachtung gemacht. Restschneeflecken waren konzentrisch von einem Wechsel im Bewuchs umkreist. Im inneren Kreis 6.15
drängten sich dicht an dicht weiße und lila Krokusse, die Pioniervegetation, die direkt nach dem Abschmelzen des Eises aufblüht. Im äußeren Kreis erscheint nach dem Verblühen der Krokusse als nächstes das lila Alpenglöckchen (*Soldanella alpina*) in dichten Beständen.

Bei 1910 Metern Höhe erreichen wir den Grat des Hochplateaus (11). Der Grat wird von einer Rippe aus Malm-Aptychenkalk gebildet. In kleinen Aufschlüssen wittern in der Mitte der hellen Kalkbänke dünne, braun verwitternde schwarze Hornsteinschnüre hervor, ein Phänomen, das charakteristisch für die Malmkalke ist. Die äußerst dichte helle Grundmasse dieser pelagischen Kalke besteht aus kalkigem Nannoplankton, mikrometergroßen Goldgelbalgen, die aus dem Oberflächenwasser als so genannter mariner Schnee zum Meeresboden herunterrieselten. Der mikrokristalline Quarz der Hornsteinschnüre geht dagegen auf den Opal von Radiolarien-Skeletten, dem kieseligen Zooplankton im Oberflächenwasser des Ozeans zurück.

Das in südöstlicher Richtung anschließende, flache Hochplateau der "Wildebene" wird von Neokom-Mergeln aufgebaut. Direkt über dem Plateau thront das Hauptdolomit-Felsmassiv der Wildebnerspitze mit markantem Kontrast. An der Basis der Hauptdolomit-Felsen verläuft die Deckengrenze zwischen der Lechtal-Decke, durch die wir bisher gewandert sind, und der von Süden überschiebenden Inntal-

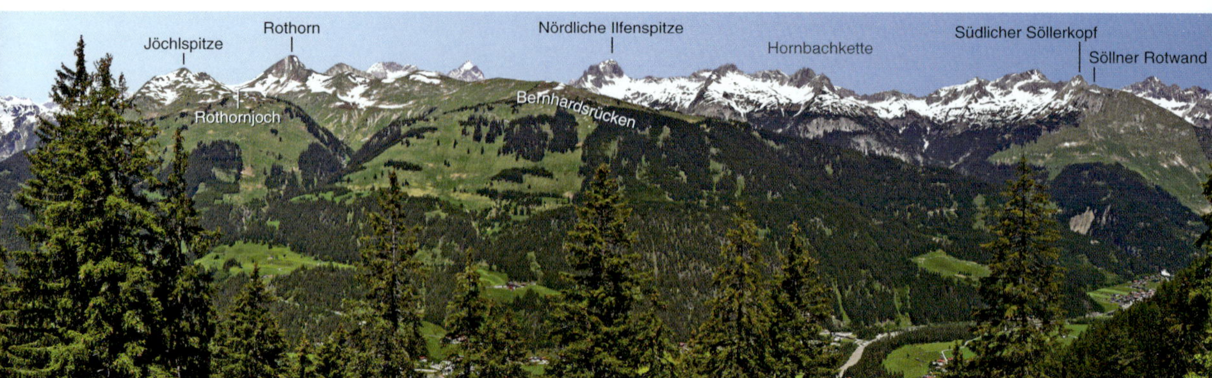

Abb. 6.17. Der imposante Panoramablick über das Lechtal auf die Jöchlspitze und den Bernhardsrücken sowie die Söllner Rotwand im Mittelgrund und die schneebedeckte Hornbachkette mit ihren zahlreichen Karen im Hintergrund.

Decke, die mit dem Hauptdolomit-Massiv markant vor uns aufragt. Wir haben unser wichtigstes Etappenziel erreicht. Für die energiegeladenen Wanderer schließt sich jetzt noch eine ausgedehnte Felswanderung zu den Gipfeln der Wildebnerspitze (12) und der Ruitelspitze (13) an. Als Belohnung winken grandiose Ausblicke in alle Himmelsrichtungen. Wer es nicht mehr bis zum Gipfel schafft, genießt einfach das einmalige Panorama vom Hochplateau. Nach Südwesten blicken wir auf
6.16 den Sonnenkogel und ins Grießltal. Im Hintergrund taucht die Fallenbachspitze und ganz hinten die Holzgauer Wetterspitze auf. Links im Mittelgrund sticht markant der Gipfel der Greitjochspitze hervor.

6.17 Nach Norden imponiert der steile Abfall ins Lechtal, auf dessen Nordflanke sich die imposanten Bergketten von West nach Ost – von Holzgau bis Häselgehr – aneinanderreihen. Im Mittelgrund erkennen wir viele markante Gipfel unserer früheren Wanderungen wieder: die Jöchlspitze und den Bernhardsrücken, die Rothornspitze und die Söllner Rotwand in deren Nordhang der Balschtesattel liegt – um nur einige zu erwähnen. Im Hintergrund erstrecken sich die imposanten Hauptdolomit-Massive der Hornbachkette mit ihren markant eingeschnittenen Großkaren.

Abb. 6.18. Überschiebung des Hauptdolomits der Inntal-Decke (rechts) auf Neokom-Mergel der Lechtal-Decke auf der Ostflanke des Ruitelspitzkars.

Abb. 6.19. Frühjahrsblumen auf dem Hochplateau der »Wildebene«. a, Krokusmeere in der Umrahmung eines Restschneefeldes; b, Schlüsselblumen; c,d, Echte Küchenschelle; e, Sonnenröschen.

Beim Blick vom Ostrand ins Ruitelspitzkar wird die Situation an der Deckenbahn besonders plastisch 6.18
veranschaulicht (14). Der starke morphologische und lithologische Kontrast zwischen dem Hauptdolomit der Inntal-Decke und den Neokom-Mergeln tritt hier besonders deutlich in Erscheinung.

Bei unserer Begehung gab es neben den grandiosen Ausblicken noch ein zweites Highlight auf dem
Hochplateau zu bestaunen, nämlich den herrlichen Frühjahrsblumenschmuck der Wiesen. Neben 6.19
Krokussen, Alpenglöckchen, Enzian, Primeln, Schlüsselblumen und Sonnenröschen haben uns besonders die dichten Bestände der echten Küchenschellen beeindruckt.

Nun ist es aber Zeit, dass wir unsere perfekte Aussichtsplattform auf dem "Wildebene"-Plateau verlassen und den Rückmarsch anzutreten. Die Zeit drängte, da wir für den Abstieg die Variante über Tajen und Karlesloch gewählt haben. Man biegt vom Waldweg an der Basisstation des Gümple-Materiallifts nach rechts ab und folgt dem Steig Richtung Tajen. Von dort verläuft der Steig durch dichten Wald steil bergab mit eindrucksvollen Ausblicken in die auf der rechten Seite tief eingeschnittene Schlucht, in deren östlicher Flanke im Gebiet um Karlesloch zahlreiche imposante
Rauwacken-Felstürme aufragen (15). 6.20

Abb. 6.20. Die imposant aufragenden Rauwacken-Felstürme im Gebiet Karlesjoch.

Literatur

BECHSTÄDT, T., A. HAGEMEISTER, T. SCHWEIZER & S. ZECH (1987). Symmetrische und asymmetrische Zyklen in triassischen Abfolgen der Ostalpen. Heidelberger Geowiss. Abhandl., 8.

GEHRING, H. (1989). Zur Geologie der Lechtaldecke nordwestlich der Ruitelspitzen. 67 S. Unveröffentlichte Diplom-Kurzkartierung, Universität Kiel.

VOLLBRECHT, R. & H. KUDRASS. (1989). Geological results of a Pre-Site survey for ODP Drill sites in the SE Sulu Basin. – In: SILVER, E. & C. RANGIN et al 1989: Proc. ODP, Initial Reports 124: College Station, TX (Ocean Drilling Program).

7 Von Gramais über den Gufelsee ins Steinbockrevier am Gufelseejöchl

Lange, anstrengende Ganztagswanderung.

Heute steht eine wunderschöne, aber lange und anstrengende Wanderung auf dem Programm. Die Wanderung von Gramais hinauf zum Gufelsee und zum Gufelseejöchl, wo Steinböcke ihr Revier aufgeschlagen haben. In der Variante als Rundtour beginnt und endet sie am Parkplatz oberhalb von Gramais (1328 m). Von hier aus folgen wir dem Alpenvereinsweg Nr. 626 durch das herrliche Otterbachtal. Der befahrbare aber gesperrte Forstweg beginnt direkt am Ortausgang von Gramais 7.1

Abb. 7.1. Geologische Karte des Gebiets um Grameis, Kogelsee und Gufelsee mit der Wanderroute 7, erstellt nach eigenen Befunden unter Verwendung von Informationen aus den Geofast Karten ÖK 115 und ÖK 145.

Abb. 7.2. Mächtiger Schwemmfächer bei der Einmündung des Seebachs in den Otterbach.

und führt durch Wiesen und Wald, vorbei an der Bergwachthütte. Er endet schließlich nach einem weiteren knappen Kilometer Strecke direkt oberhalb der Einmündung des Seebachs. Nun geht es längs des Otterbachs weiter über einen wunderschönen, von lichtem Latschenbewuchs eingerahmten Steig, vorbei an mehreren breitflächigen alten überwachsenen und jungen heute noch aktiven Schwemm- und Schuttfächern. Wir queren den Branntweinwald und die Branntweinböden (1450 m) bis zur ersten Weggabelung, an der wir links abbiegen und der Ausschilderung "Gufelsee – Gehzeit 2¼" Stunden folgen. Nach 350 Metern Strecke erreichen wir den Talschluss und der anstrengende Teil unserer Tour beginnt. In engen Serpentinen geht es durch felsiges Gelände steil hinauf, bis wir die Hochfläche und offenes Wiesengelände bei 1970 Metern Höhe erreichen. Hier biegen wir links auf den Alpenvereinssteig Nr. 621 ab und erreichen schon bald das Vordere Gufeljöchl (2073 m). Von hier geht es über einen Kilometer Strecke in östlicher Richtung durch das breite Hochtal und Kar der Hinter-Gufel. Der Weg verläuft am Fuße der rechts von uns imposant steil aufragenden Nordflanke des Vorderen Gufelkopfs (2464 m). Im Karschluss angekommen gilt es dann noch eine rund 100 Meter hohe Kartreppe zu bewältigen und schon bald kommt vor uns der Gufelsee (2231 m) sowie darüber unser Zielpunkt, das Gufelseejöchl (2373 m) in Sicht. Gut eintausend Höhenmeter haben wir bereits geschafft. Nur wenn man sich jetzt noch fit genug fühlt und es noch nicht zu spät ist, sollte man die Tour als Rundkurs fortsetzen. Ansonsten erfolgt der Rückweg nach ausgiebiger Pause über die gleiche Strecke oder der Abstieg über die Parzinn-Seen und die Hanauer Hütte nach Boden.

Bei der Rundkurs-Variante steigen wir vom Gufeljöchl zunächst bis auf 2200 Meter zu den Parzinn-Seen ab und treffen dort auf den Alpenvereinssteig Nr. 624. Hier biegen wir nach links ab und queren über rund 1 Kilometer Strecke durch das Parzinnkar. Im Karschluss erfolgt dann der Aufstieg zur Kogelseescharte (2497 m) mit einem grandiosen Ausblick in das Kogelseekar. Von hier liegen noch rund 4 Kilometer Rückmarsch und 1200 Meter Abstieg durch das Kogelkartal vor uns, bis wir den Zielpunkt am Parkplatz in Gramais erreichen – wahrlich eine Gewalttour, die nur von hartgesottenen und erfahrenen Berggehern in Betracht gezogen werden sollte.

Abb. 7.3. a, Liegende Stirnfalte im Hauptdolomit an der Basis der Inntal-Decke bei 1720 Meter Höhe; b, Detailansicht.

Machen wir uns nun auf den Weg und stoppen an den wichtigsten und schönsten Punkten. Haltepunkt ① ist am Steig, wo das Seitental des Seebachs einmündet. Die Wassereinspeisung aus dem
Seebach-Seitental in den Ottterbach war in früherer Zeit drastisch stärker und so wurden hier im
Laufe der Zeit mächtige Schwemmfächer aufgespült. Schutt und Geröll sind längst von Buschwerk 7.2
und Wald überwachsen, doch die Form der Fächer ist auch heute noch gut sichtbar.

Nach dem steilen Aufstieg zur Hochplateaufläche in engen Serpentinen erreichen wir in 1720 Metern
Höhe unseren nächsten Stopp (②). Im Felskliff auf der dem Steig gegenüber liegenden Bachseite
kann man im rhythmisch gebankten Hauptdolomit eine charakteristische, liegende Stirntauchfalte 7.3
bewundern, die an der Basis der Inntal-Decke beim Vorschieben in nordwestlicher Richtung angelegt wurde.

Die Mühen des steilen Aufstiegs durch die von Latschen bewachsenen Hauptdolomitklippen wurde
bei unserer Begehung Anfang Juni 2017 reichlich belohnt. Bei 1970 Meter Höhe ist es geschafft. Wir
erreichen die Hochplateaufläche, deren Wiesen im Juni üppig von bunten Blumen durchsetzt sind
(③). Alles, was die alpine Flora im späten Frühjahr und beginnenden Sommer nach dem Abschmelzen
des Schnees zu bieten hat, ist hier zu finden. *Soldanella alpina*, Silberwurz, Schusternagelenzian, stiel- 7.4
loser Enzian, lila Primeln, Schlüsselblumen, Aurikel, gelber Hahnenfuß, Küchenschellen und üppige
Polster des Alpentäschelkrauts erfreuen das Auge in wechselnden Beständen und Gruppierungen.
Auch die ersten Trollblumen, meist jedoch noch in Knospe, sind zu finden. Der Steig verläuft jetzt
nahezu höhenlinienparallel über diese bunte Hochplateaufläche.

Abb. 7.4. Frühsommervegetation in den Wiesen des Hochplateaus. a, Blütenteppiche mit Schlüsselblumen, Aurikeln und Mehlprimeln; b, Alpen-Täschelkraut; c, Silberwurz; d, Mehlprimel; e, Aurikel.

Es geht sich leicht und beschwingt, sodass der nächste Zielpunkt das Vordere Gufeljöchl (2073 m) schnell erreicht ist (4). Im letzten Anstieg zum Joch hat man einen herrlichen Blick hinab in das
7.5a Otterbachtal, durch das wir gekommen sind. Beeindruckend sind die mächtigen Schutt- und Schwemmfächer auf beiden Talflanken. Im Mittelgrund sehen wir Gramais am Ausgang des Otterbachtals sowie rechts dahinter die Flanke der Lichtspitze und dahinter in der Bildmitte die Schwellenspitze
7.5b und die Klimmspitze. Am Joch angekommen verbreitert sich das Blickfeld nochmals. Jetzt taucht links im Mittelgrund die Wannenspitze auf und im Hintergrund ragen nördlich des Einschnittes des Lechtals die östlichen Bergmassive der Hornbachkette markant empor.

Vom Vorderen Gufeljöchl führt der Steig in mehreren breit geschwungenen Schleifen durch das breite Hochtal der Hinter-Gufel, durch das während der letzten Eiszeit die Eismassen einer mächtigen, talfüllenden Gletscherzunge abflossen und schließlich als kleiner seitlicher Zubringer in den Haupteisstrom längs des Otterbachtals mündeten. Der U-förmige Einschnitt sowie die Kartreppe am
7.6 Schluss des Hochtals der Hinter-Gufel (5) liefern eindeutige morphologische Hinweise für diesen Befund. Noch heute findet sich über dem von den Eismassen abgeschliffenen Festgesteinssockel an vielen Stellen Moränenmaterial, das flächig aus der Eiszunge ausgeschmolzen oder in Form von Wallstrukturen am Rande angehäuft wurde. Die glazialen Ablagerungen werden an den Talflanken von holozänem Hangschutt und Bergsturzblockfeldern überdeckt.

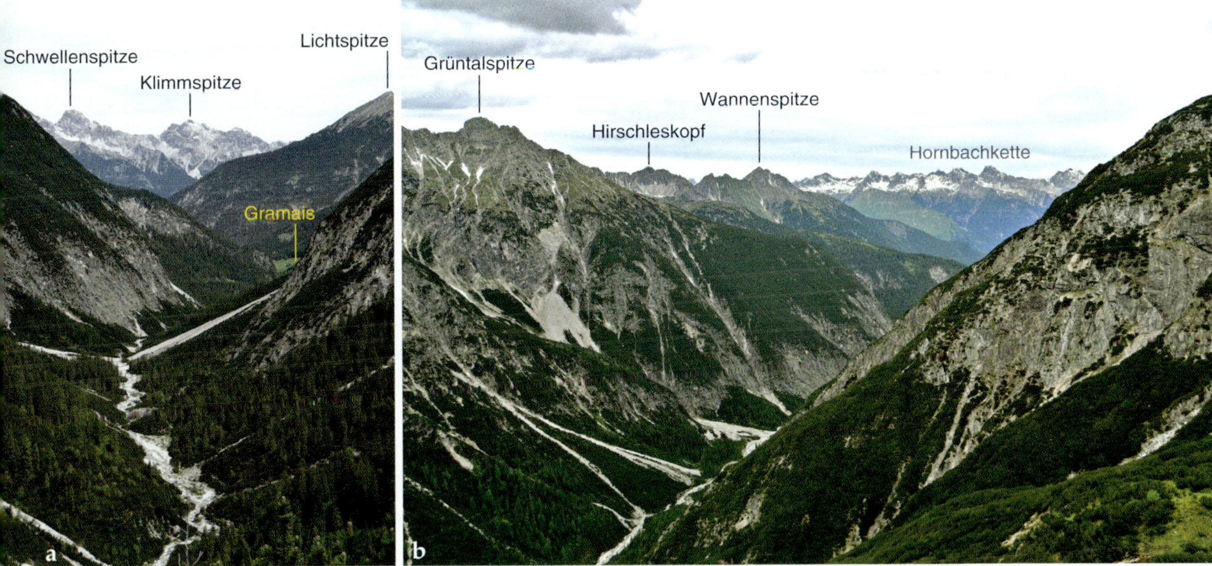

Abb. 7.5. a, Blick über das Otterbachtal nach Norden auf Gramais und die Lichtspitze. Im Hintergrund die Schwellenspitze und die Klimmspitze. b, Aussicht vom Vorderen Gufeljöchl, im Mittelgrund die Wannenspitze und im Hintergrund die Hornbachkette.

Abb. 7.6. Kartreppe und Karschluss im Gebiet Hinter-Gufel. Über dem glazial abgeschliffenen Felssockel ist abschnittweise eine geringmächtige Moränenauflage entwickelt. In der Bildmitte ist ein durch jüngere Erosion überprägter Endmoränenwall zu sehen. An beiden Talflanken treten holozäne Schuttfächer und Bergsturz-Blockfelder auf.

Abb. 7.7. Winterlandschaft am Gufelsee, Blick nach Westen. Der See ist noch teilweise von einer Eisschicht überzogen. Aus den Schneefeldern auf der nördlichen Flanke der Parzinnspitze stehen nur die großen Felssturzblöcke hervor. In der Bildmitte fasziniert der Blick auf eine weitgespannte Großfalte im Hauptdolomitmassiv des Vorderen Gufelkopfs. Es handelt sich um die Muttekopf-Mulde, die nach Osten eintaucht.

Am Gufelsee tauchen wir in eine eindrucksvolle Winterlandschaft ein (6). Der See ist noch weit-
7.7 gehend von Eis bedeckt. Aus den noch komplett von Schnee bedeckten Schuttfächern unter der
Parzinn-Nordflanke spicken nur die großen Felsblöcke eines jungen Bergsturzes hervor. Von den Wiesenhängen oberhalb des Sees hat man ein grandiosen Blick zurück auf großdimensionierte Faltenstrukturen, die eindrucksvoll in den rhythmisch gebankten Hauptdolomit-Abfolgen des Vorderen Gufelkopfes ausgebildet sind und das gesamte Bergmassiv durchziehen. In diesem Bereich haben wir den westlichsten Abschnitt der Muttekopf-Mulde ereicht, die nach Osten eintaucht und dort in ihrem Kern eine mächtige Gosau Füllung aufweist.

Beim Aufstieg vom Gufelsee zum Gufelseejöchl kündigte sich bei unserer Begehung Anfang Juni
2017 schon ganz tief unten im Steig eine besondere Überraschung an. Schon von Weitem zeichnete
7.8 sich die charakteristische Silhouette von zwei Steinböcken über dem Grat ab. Hierdurch äußerst
motiviert meisterten wir das letzte Stück im Eiltempo, aber mit der gebotenen Vorsicht, um die Tiere nicht zu verscheuchen. Kurze Zeit später tauchten zwei junge Böcke auf den Felsklippen über uns auf und erprobten sich im Kampf. Der Knall beim Zusammenprall ihrer Hörner war weithin ins Tal zu hören. Fasziniert beobachteten wir das Schauspiel und näherten uns vorsichtig weiter. Doch die Tiere schienen uns gar nicht zu bemerken. Am Joch angekommen (7) war ein stattliches Rudel von 15–20 Tieren versammelt. Zum Schluss konnten wir uns ihnen bis auf wenige Meter nähern. Das Rudel fühlte sich offensichtlich absolut sicher, da kaum ein Mensch in dieser frühen Jahreszeit hier vorbei kommt.

Nach so viel Abenteuer zurück zur Landschaft. Um den Gufel-See und das Joch hat die Geologie eine Menge an Details zu bieten. Es ist dies zum einen der See selbst, ein typischer Karsee, der auf beiden Seiten von Moränenablagerungen sowie mächtigen Schuttfächern flankiert wird. Besonders eindrucksvoll ist im Talschluss ein großer Bergsturz mit seinem grobstückigen Felsblockmeer unterhalb der Parzinn-Nordflanke. Zum anderen streicht im Gebiet um den Gufelsee eine sich in östlicher Richtung und bis nach Imst reichende breitflächig ausstreichende Mulde aus. Diese Großfalte wurde

Abb. 7.8. Lebensbilder aus dem Steinbockrevier am Gufelseejöchl.

untermeerisch in der Oberkreide in einem Teilbecken des Gosaumeeres, der so genannten Muttekopfgosau, während des Nordschubs des Deckenstapels angelegt. Während sich im Becken kontinuierlich weiterhin Sedimente, hauptsächlich graue pelagische Tonsteine, Mergel und Mergelkalke absetzten, erfolgten immer wieder tektonische Impulse, die zu mehrfacher Auffaltung und Verstellung vorher abgelagerter Schichtfolgen führten. Die verstellten Schichten wurden anschließend durch jüngere Schichten horizontal überlagert, wodurch klassische und weithin erkennbare Winkeldiskordanzen entstanden. Die sich während der tektonischen Impulse lösenden Spannungen im Untergrund haben sicherlich zahlreiche untermeerische Erdbeben ausgelöst. Infolge dessen wurden die bereits abgelagerten Sedimente instabil und rutschten je nach Verfestigungszustand in Form von Gleitpaketen ab oder bildeten großdimensionierte Rutschfaltenkomplexe. Bei Aufnahme noch wasserhaltiger Sedimente entwickelten sich mächtige Schlammgeröllströme und untermeerische Lawinen. Infolge von Mikrobeben oder zunehmender Sedimentauflast wurden die oberflächennahen, noch nicht verfestigten Sedimente am Hang instabil und in Bewegung gesetzt. Die aufgewirbelten Schlamm-Sand-Suspensionen schossen mit der Geschwindigkeit eines D-Zuges hangabwärts. Die aus solchen hochenergetischen Trübeströmen abgesetzten Sedimente werden von den Geologen als Turbidite bezeichnet und können anhand ihres charakteristischen Struktur- und Korngrößeninventars, der so genannten Bouma-Sequenz (siehe Abbildung 7.21a, S. 139), relativ genau in Bezug auf Quellgebiet und Laufstrecke zugeordnet werden. All dies und noch viel mehr kann man in der Muttekopf-Gosau im Gebiet zwischen dem Gufelsee und dem Imster Muttekopf oberhalb von Imst eindrucksvoll und ausgezeichnet aufgeschlossen studieren (siehe HENRICH & ORTNER 2022). Das Gebiet ist wahrlich ein Eldorado für Forschergruppen, die sich mit untermeerischen Massentransporten beschäftigen. Exkursionen in dieses Gebiet sind für die Mitarbeiter und Studenten unserer Bremer meeresgeologischen Forschungsgruppe ein absolutes Muss und das beste Geländelehrbuch, das ich kenne. Dass

Abb. 7.9. Der starke lithologische Kontrast zwischen den grasbewachsenen Hängen der Gosau-Schichten und den kahlen schroffen Felswänden des Parzinn-Massivs ist im Karschluss über dem Gufelsee deutlich sichtbar (gelbe gestrichelte Linie = obere Gosau-Sedimentsequenz). Die Struktur der flach in östliche Richtung abtauchenden Gosaumulde (rote gestrichelte Linie = Winkeldiskordanz zwischen Hauptdolomit und Unteren Gosauablagerungen) ist am Gufelseejöchl perfekt aufgeschlossen.

Abb. 7.10. Beim Aufstieg zur Kogelseespitze wird die Schichtfolge in der Nordflanke der Gosaumulde durchquert.

wir dieses Lehrbuch in seiner Vielfalt nutzen können, verdanken wir hauptsächlich dem Kollegen HUGO ORTNER von der Universität in Innsbruck, dem besten Kenner der Muttekopf-Gosau. Er hat sich seit seiner Diplomarbeit über Jahrzehnte mit diesem Gebiet beschäftigt und viele neue und spannende Erkenntnisse in international vielbeachteten Arbeiten veröffentlicht (ORTNER 1994, 2003, 2006, 2007; ORTNER & GAUPP 2007; ORTNER et al. 2015).

Abb. 7.11. Sedimentäres Strukturinventar aus der Muttekopf-Gosau am Gufelseejöchl. a, Sandige Turbiditbank mit Laminationsgefüge; b, Grabgänge; c, Abfolge von grauen, dickbankigen Geröllstrombrekzien, dünnbankigen, hellbraungrau verwitternden, sandigen Turbiditbänken und grauen, mergeligen Hintergrundsedimenten; d, Turbiditbank mit Wickelschichtung; e, mächtige Brekzienbank mit aufgearbeiteten anverfestigten gelbbraunen Sandsteinklasten.

Schauen wir uns nun um, was unser Gebiet diesbezüglich zu bieten hat. Schon beim Aufstieg zum Joch wird die Kontur der ausstreichenden Gosaumulde im Umbiegen des Schichteinfallens am Joch deutlich sichtbar. 7.9

Der Nordflügel der Mulde erstreckt sich hinauf bis in die Gipfelfluren der Kogelseespitze (2647 m). 7.10 Für Gipfelstürmer, die jetzt noch genügend Energie und Zeit haben, ist dies eine lohnende Option mit einem grandiosen Rundumpanorama vom Gipfel (8).

Die Aufschlüsse direkt am Jöchl zeigen so manch interessantes Detail aus der Schichtfolge der Muttekopf-Gosau. Die charakteristische Abfolge von grauen, dickbankigen Geröllstrombrekzienbänken, hellbraun verwitternden, dünnbankigen, sandigen Turbiditbänken und grauen, mergelig-kalkigen, 7.11a

Abb. 7.12. Landschaftsaufnahme und geologische Ausdeutung des Galtseitjochprofils zwischen Schlenkerspitze und Reichspitze von der Kogelspitze aus gesehen – Leicht verändert nach ORTNER *et al. 2015, Fig. 10).*

pelagischen Zwischenlagen als Hintergrundsedimentation wird in dem von der Erosion verschonten
7.11c Felsklotz am Joch besonders deutlich sichtbar. Details aus den Bänken zeigen deutliche laminare
7.11d Schichtung und Wickelschichtung in den Turbiditbänken sowie Aufarbeitung von mitgerissenen
7.11e Sandsteinklasten in den Brekzienbänken.

Abb. 7.13. Bergblumen in den Parzinnwiesen im August. a, Scheuchzers Glockenblume und Samenstände der Silberwurz; b, Bärtige Glockenblume; c, Sonnenröschen; d, Klappertopf.

Und dann ist da noch der grandiose Ausblick nach Osten, wo entlang des Galtsaitjochs zwischen der Reichspitze im Norden und der Großen Schlenkerspitze im Süden ein komplettes Profil durch die breit gespannte Muttekopf-Mulde aufgeschlossen ist. Das Profil gliedert sich in drei Einheiten (Ortner 1994, 2006). Die Untere Gosau beinhaltet eine noch weitgehend kontinental ausgeprägte Sedimentfolge mit fluviatilen Sedimenten und Bodenbildungen. Darüber folgt die Obere, durchwegs marin abgelagerte Gosau mit zwei Großsequenzen. Beide Sequenzen werden von bereits aus der Ferne weithin sichtbaren zyklischen Bankungsabfolgen aufgebaut. Die dickbankigen Abfolgen werden von grobkörnigen Schlammgeröllbrekzien aufgebaut. Die dünnbankigen Abfolgen sind durch den rhythmischen Wechsel von Mergellagen und turbiditischen Sandsteinen charakterisiert. Die Großfalte zeigt eindeutig eine Nordvergenz, wobei die steilgestellten Gosausedimente im Südflügel der Mulde zusätzlich von den älteren Triassedimenten, dem Hauptdolomit der Großen Schlenkerspitze, beim Nordschub überfahren und zerschert wurden. Von diesen Kräften wurde die 1. Sequenz stärker betroffen. Sie bildet eindeutig eine stark vergente überkippte Falte, während die 2. Sequenz wesentlich geringer eingeengt wurde. Zusammen mit den bereits vorher beschriebenen Winkeldiskordanzen liefern die Beobachtungen einen klaren Beleg für eine mehrphasige synsedimentäre Tektonik. Die Falte in der Sequenz 1 wurde bereits früher angelegt und anschließend bei Auffaltung der Sequenz 2 abermals eingeengt und überprägt. 7.12

Abb. 7.14. Bergblumen in den Parzinnwiesen im August. a, orangerotes Habichtskraut; b, Arnika; c, Sonnenröschen; d, Teufelskralle; e, Feldenzian; f, aufgeblasenes Leimkraut; g, lebend gebärendes Alpen-Rispengras.

Abb. 7.15. a-d, Orchideen der Parzinnwiesen im August. a, Wohlriechende Händelwurz; b, Knabenkraut; c, Kohlröschen; d, Grüne Hohlzunge. e–h, Felspolster im Bereich der Parzinnwiesen im August. e, Mannsschild; f, Moossteinbrech; g, Stängelloses Leimkraut; h, Alpen-Leinblatt (Sandelholzgewächs).

Abb. 7.16. Stauden und kleinwüchsige Sträucher in den Parzinnwiesen im August. a, Alpendost; b, Almrausch (Alpenrose); c, Zwergweide.

Für die Fortsetzung der Wanderung vom Gufelseejöchl gibt es verschiedene Möglichkeiten. Entweder man läuft die gleiche Route zurück oder man steigt zur Hanauer Hütte ab. Hier sollte man sich unbedingt eine Pause gönnen, bevor man dann, wenn die Zeit noch reicht, am gleichen Tag durch das Angerlebachtal zum alternativen Endpunkt der Wanderung nach Boden absteigt. Sollte die Zeit knapp werden, empfiehlt es sich, auf der Hanauer Hütte zu übernachten und den Abstieg dann am folgenden Tag zu unternehmen. Eine dritte Variante ist eine sehr anstrengende Mammut-Rundtour, die vom Gufelseejöchl hinab zu den Parzinnseen führt. Anschließend steigt man zur Kogelsee-Scharte auf und über den Kogelsee talwärts zurück nach Gramais (siehe die Route in Abb. 7.1). Diese Variante sollte nur von Wanderern mit überdurchschnittlicher Kondition und Energie ins Auge gefasst werden.

Beim Abstieg vom Gufelseejöchl zu den Parzinnseen und zur Hanauer Hütte (9) durchquert man im Sommer eine sehr eindrucksvolle und abwechslungsreiche Karlandschaft. Dann sind hier die
7.13 Almwiesen besonders bunt und von prächtigen und vielfältigen Blütenteppichen durchsetzt. Wäh-
7.14 7.15 rend unserer zweiten Begehung im August 2019 haben uns diese bunten, artenreichen Almwiesen
7.16 und Berghänge besonders in den Bann gezogen.

Der Abstieg über die Parzinn-Seen und die Hanauer Hütte nach Boden

Für diejenigen, die sich für die Variante Abstieg über die Parzinn-Seen und Hanauer Hütte nach Boden entschieden haben, eventuell auch kombiniert mit einer Übernachtung auf der Hanauer Hütte, möchten wir gerne noch auf geologische Highlights hinweisen, die man auf keinen Fall versäumen sollte. Im letzten Stück des Abstiegs beziehungsweise vor der Hanauer Hütte von der Terrasse aus sollte man sich unbedingt die Aufschlusssituation in der Südflanke der Plattigspitze und seine Fortsetzung im Hang anschauen. Hier ist ein besonders interessantes Teilprofil aus dem Nordflügel
7.17 der Muttekopf-Mulde aufgeschlossen.

Abb. 7.17. Detailprofil aus dem Nordflügel der Muttekopf-Mulde in der Südflanke der Plattigspitze.

Insbesondere verdient die klassische Onlap-
18 Struktur der Gosau-Schichten am Hauptdolomit der Plattigspitze unser besonderes Augenmerk. Hier grenzen die steil nach Süden einfallenden Schichtpakete der Gosau mit einer deutlichen Winkeldiskordanz an den merkbar flacher einfallenden Hauptdolomit der Plattigspitze.

Aus der Onlap-Abfolge sticht eine dunkel gefärbte Megabrekzie besonders markant hervor. In dieser fallen besonders bis mehrere Kubikmeter große dunkle, aufgearbeitete Blöcke in der gewaltigen untermeerischen Geröllstromlawine auf. In Ab-
19 bildung 7.19 wird außerdem der stetige Wechsel von geringmächtigen grauen Mergeln – der Hintergrundsedimentation im Becken – und den hierin zahlreich eingeschalteten braunen, sandigen Turbiditbänken sehr gut sichtbar.

20a Vom Plateau um die Hanauer Hütte aus hat man einen wundervollen Ausblick nach Norden zum Endpunkt der Tour in dem malerischen Bergdorf Boden und nach Süden auf das eindrucksvol-
20b le Felsmassiv der Parzinnspitze. Den Abstieg über die Hauptdolomit-Felsklippe, auf der die Hanauer Hütte errichtet wurde, bewältigt man in kurzer Zeit.

Abb. 7.18. Onlap-Struktur der Gosau-Schichten am Hauptdolomit der Plattigspitzen.

Abb. 7.19. Ein eindrucksvolles Detail aus der Onlap-Abfolge ist eine auffallend dunkle Megabrekzie.

Egger Muttekopf
Ortskopf
Dürrenkopfspitze
Namloser Wetterspitze

Abb. 7.20. Die Plateaulandschaft um die Hanauer Hütte. a, Noch teilweise schneebedeckt im Frühsommer; b, Blick im August von der Hütte nach Süden in die üppig grünen Almwiesen unterhalb der Parzinnspitze.

Abb. 7.21. Gosau-Sandsteinblöcke im Einmündungsbereich des Seitenbachs aus dem Schlenkerkar in den Angerlebach. a, Typische gradierte Korngrößenabfolge innerhalb einer Turbiditbank (Bouma-Einheit); b, Mehrfachgradierungen in einer Sandsteinbank; c, Aus einer basalen Kieslage dringen schmale Dykes in den darüber folgenden Sand auf; d, plastische Verformung von anverfestigten Sandsteinklasten innerhalb einer kiesigen Sandbank.

Beim Marsch durch das Tal sollte man unbedingt an der Stelle, wo der Seitenbach aus dem Schlenkerkar in den Angerlebach einmündet, anhalten (**10**) und sich die angespülten großen Gosau-Sandsteinblöcke im Seitenraum des Baches genauer anschauen. Hier kann man so manches sedimentologische Detail beobachten: *7.21a*

- Gradierungen, auch Mehrfachgradierungen in den Turbiditbänken, *7.21b* *7.21c*
- so genannte “sand dykes”, gangartiges Durchstoßen von verflüssigtem Grobsand und anschließende schichtparallele Einlagerung in höheren Lagen von Turbiditbänken, sowie *7.21d*
- plastische Verformung von aufgearbeiteten Sandsteinklasten.

Anderthalb Stunden seit Beginn des Abstiegs von der Hanauer Hütte erreichen wir unseren Zielpunkt in Boden.

Für welche Variante des Abstiegs beziehungsweise Rückmarschs wir uns auch entschieden haben, unser Resümee der anstrengenden Tagestour lässt sich mit den folgenden Stichworten kurz und prägnant zusammenfassen: herrliche Landschaft, unvergessliche Erlebnisse im Steinbockrevier um das Gufelseejöchl sowie die einmalige und grandiose Geologie der Muttekopf-Mulde in all ihren Facetten. Was will man mehr? Wir sind rundum zufrieden und beeindruckt von dieser herrlichen Wanderung.

Literatur

HENRICH,R. & H. ORTNER (2022). Die Muttekopfgosau – ein Eldorado für das Studium von Massentransporten in tektonisch aktiven Meeresbecken. Fossilien, 5/22 akzeptiert.

ORTNER, H. (1994). Die Muttekopfgosau (Lechtaler Alpen, Tirol/Österreich): Sedimentologie und Beckenentwicklung. – Geol. Rundsch., 83: 197–211.

ORTNER, H. (2003). Cretaceous thrusting in the western part of the Northern Calcareous Alps (Austria). – evidence from synorogenic sedimentation and structural data. – Mitteilungen der Österreichischen Geologischen Gesellschaft, 94: 63–77.

ORTNER, H. (2006). Styles of soft-sediment deformation on top of a growing fold system in the Gosau Group at Muttekopf, Northern Calcareous Alps, Austria: Slumping versus tectonic deformation. – Sedimentary Geology, 196: 99–118.

ORTNER, H. & R. GAUPP (2007). Synorogenic sediments of the western Northern Calcareous Alps. Geol. Alp., 4: 133–148.

ORTNER, H., A. KOSITZ, E. WILLINGSHOFER & D. SOKOUTIS (2015). Geometry of growth strata in a transpressive fold belt in field and analogue model: Gosau Group at Muttekopf, Northern Calcareous Alps, Austria. – Basin Research, 1-21.

(8) Das Panorama der Saxeralm – Der Schlüssel zum Verständnis des geologischen Aufbaus der Lechtaler Alpen

Leichte halbtägige Wanderung.

Die Wanderung zur Saxeralm führt uns zu einem der schönsten und leicht erreichbaren Aussichtspunkten der Lechtaler Alpen. Das einmalige Panorama vom weitflächigen Hochplateau der Saxeralm erschließt dem interessierten Wanderer den geologischen Aufbau der Lechtaler Alpen in besonders anschaulicher Weise. Ausgangspunkt der Wanderung ist die verfallene Seele-Alpe (1404 m) im Parseiertal. Hierhin gelangt man entweder direkt von Bach im Lechtal mit dem Taxibus durch das Madautal oder vom Berggasthaus Hermine in Madau ausgehend über einen rund 30-minütigen Anmarsch entlang der gut ausgebauten Forststraße durch schattigen Fichtenwald. Vom Ausgangs-
8.1 punkt an der Seele-Alpe führt ein Steig in angenehm zu gehenden Serpentinen stetig bergauf zum Hochplateau der Saxeralm (1800–1900 m). Der Steig wurde vor einigen Jahren gut ausgebaut und im Jahre feierlich zum Gedenken an ANNA STEINER-KNITTEL geweiht, die auch unter dem Namen "Geier-Wally" aus dem Roman von WILHELMINE VON HILLERN weit bekannt und berühmt ist. Längs des Weges erinnern mehrere Informationstafeln an das Wirken und die Bedeutung von ANNA STEINER-KNITTEL. Eine Übersicht der gesamtem Wegstrecke und der Geologie der Region um das Saxerspitzmassiv, des Alperschontals und Madau kann Abbildung 8.1 entnommen werden.

Wir folgen dem Steig durch Weiden-Erlen-Hasel-Buschwerk und lichten Fichtenwald, bis wir bei 1565 Metern Höhe einen breiten Schuttfächer queren, der von einem schmalen Bachlauf durchschnitten wird ((1)). Von hier blickt man auf eine nur spärlich mit Strauchwerk bewachsene, fast senkrecht auf-

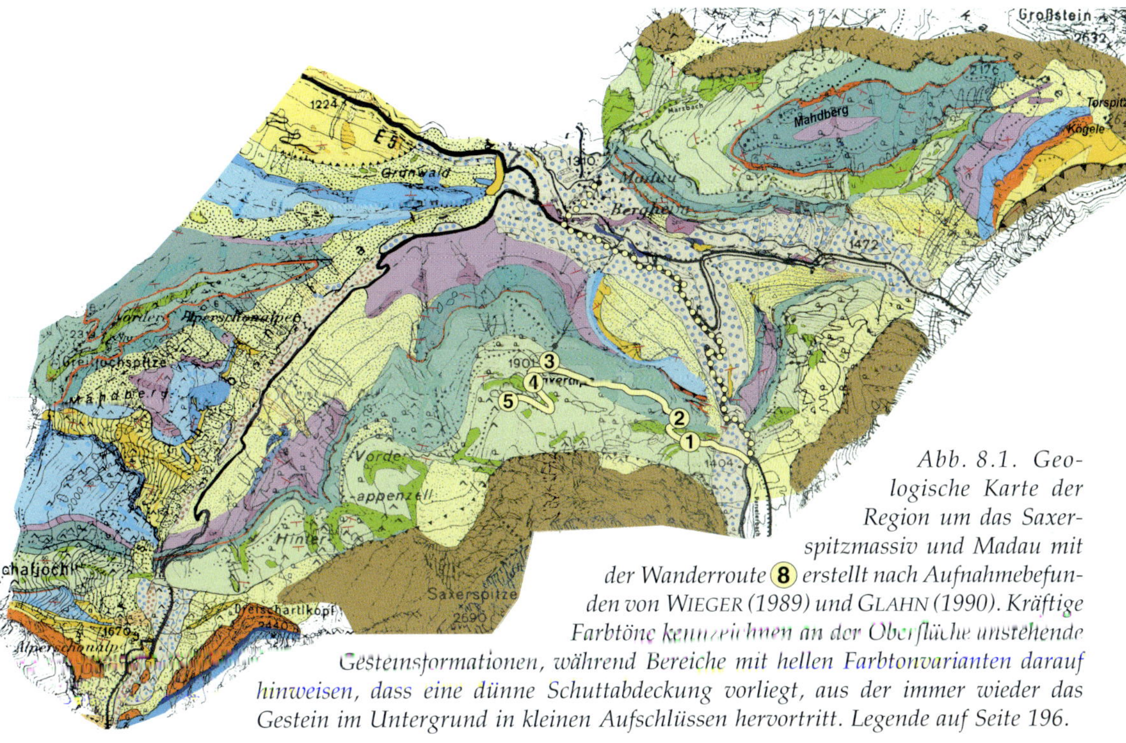

Abb. 8.1. Geologische Karte der Region um das Saxerspitzmassiv und Madau mit der Wanderroute (8) erstellt nach Aufnahmebefunden von WIEGER *(1989) und* GLAHN *(1990). Kräftige Farbtöne kennzeichnen an der Oberfläche anstehende Gesteinsformationen, während Bereiche mit hellen Farbtonvarianten darauf hinweisen, dass eine dünne Schuttabdeckung vorliegt, aus der immer wieder das Gestein im Untergrund in kleinen Aufschlüssen hervortritt. Legende auf Seite 196.*

ragende Felswand, vor der sich ein wesentlich flacherer Wiesenhang erstreckt. Der extreme Kontrast im Hangneigungswinkel und Bewuchs bildet die unterschiedlichen Verwitterungseigenschaften der geologischen Formationen im Untergrund ab. Im Wiesenhang stehen direkt unter der Grasnarbe die leicht verwitterbaren, relativ weichen, dunkelgraugrünen Neokom-Mergel aus der Unterkreide an, während die steile Felswand von wesentlich härteren, grauen, dünnbankigen, dichten Aptychenkalken der Ammergau-Formation aus dem Oberjura aufgebaut wird. Beide Schichtpakete fallen nach Süden ein und sind tektonisch dem Nordflügel und Kern einer Muldenstruktur zuzuordnen. Der Blick nach Nordosten zeigt, dass sich diese Abfolge auf der gegenüberliegenden Talflanke des Parseierbaches fortsetzt und höher am Hang vom schroffen Felsmassiv des Falscheggs überlagert wird. Schon aus der Ferne setzen sich die zyklisch gebankten graubraunen Abfolgen des Hauptdolomits aus der Obertrias im Erscheinungsbild deutlich von denen der Aptychenkalke ab. Insgesamt wird aus dem Geländebefund sofort klar, dass bei der Gebirgsbildung die älteren Schichten des Hauptdolomits 8.2
am Falschegg über die wesentlich jüngeren Schichten des Neokoms geschoben wurden. An dieser Stelle liegt folglich eindeutig eine Überschiebung vor. Bei 1620 Metern Höhe quert der Steig durch die Felswand. Im Grenzbereich zwischen Wiesenhang und Felswand sind dunkelgraugrüne, plattige, etwas stärker verfestigte Neokom-Mergel und Mergelkalke sowie die hellgrauen dünnbankigen, 8.2d
dichten Aptychenkalke der Ammergau-Formation sehr gut aufgeschlossen.

Zwischen 1630 und 1730 Metern Höhe wird das Buschwerk und der Baumbestand merklich lichter und ermöglicht so eindrucksvolle Ausblicke (2). Im Süden erstreckt sich vom Mittelgrund ausgehend eine Staffel von drei mächtigen, kegelförmigen Massiven, die sich an den von Südwest bis Nordost verlaufenden Bergrücken vom Falschegg zur Oberlahmspitze in südlicher Richtung anschließen. 8.3
Es sind dies von Nord nach Süd: der Seekogel sowie der Vordere, Mittlere und Hintere Seekopf. Der Rücken vom Falschegg zur Oberlahmspitze beinhaltet mit der Abfolge von Hauptdolomit (Falschegg), Kössener Schichten und Älteren Allgäu-Schichten (Oberlahmspitze) den Nordflügel einer breiten Muldenstruktur (das so genannte Freispitz-Synklinorium). Im südlich anschließenden Felsmassiv des Seekogels setzt sich die mächtige jurassische Kalk-Mergel-Wechselfolge der Allgäu-

Abb. 8.2. Überschiebung des Hauptdolomits am Falschegg auf eine Neokom-Mulde. a, Schematische geologische Übersichtsskizze; b, Geländefoto; c, Großer Schuttfächer mit jüngerem Bacheinschnitt; d, Felsrippe der Ammergau-Formation, gebildet von Malm-Aptychenkalken.

Formation fort. Die Abfolgen des Seekogels bilden die zentrale Füllung der Mulde. Soweit ist der Verband intakt. Das ändert sich aber drastisch im Massiv des Vorderen Seekopfes, der von mächtigem Hauptdolomit aufgebaut wird. Am Fuße der Nord-Flanke des Vorderen Seekopfs überschiebt der obertriadische Hauptdolomit direkt auf die jurassischen Allgäu-Schichten. Diese Überschiebung markiert die Deckenbahn zwischen der Lechtal-Decke im Norden und der Inntal-Decke im Süden. Die in den Massiven des Mittleren und Hinteren Seekopfs erschlossenen Trias-Jura-Schichtfolgen der Inntal-Decke sind beim Eingleiten der Decke intensiv zerbrochen und verschuppt worden. Auf die genauen Details dieses Schuppenbaus an der Deckenstirn der Inntal-Decke wird bei Wanderung 9 (Abb. 9.8) eingegangen.

Bei 1760 Metern Höhe erreichen wir den Waldrand. Der weitere Aufstieg verläuft über den weit-
8.4 flächigen, flachen Wiesenhang und das Hochplateau der Saxeralm (3). Im Untergrund stehen die graugrünen Neokom-Mergel an, die an manchen Stellen aus der Wiese hervorspießen.

Bei unserer Begehung Ende Mai 2018 war die typische Frühjahr-Frühsommer-Vegetation in ihren
8.5 verschiedenen Stadien zu bewundern. Über gerade abgeschmolzenen Restschneeflächen leuchten aus den noch braunen Grasflächen erste Farbtupfer von bunten Blumenbüscheln und kleinen Teppichen heraus. Als erstes erscheinen auf den Flächen, wo der Schnee gerade weggeschmolzen ist, weiß und zart lila blühende Krokusse. Auf Flächen, die schon etwas länger schneefrei waren, folgen dann die dichten Gruppierungen von Schusternagel-Enzian und Clusius-Enzian sowie das zart lila blühende

Abb. 8.3. Blick auf die in südlicher Richtung angeordneten und jeweils durch Täler getrennten Felsmassive Seekogel, Vorderer Seekopf, Mittlerer Seekopf und Hinterer Seekopf.

Kleine Alpenglöckchen, Silberwurz und kleine lila Primeln. An manchen Stellen blühen bereits die ersten Trollblumen) und Küchenschellen auf. Die meisten Küchenschellen haben wir zu diesem Zeitpunkt jedoch noch im fortgeschrittenen Knospenstadium angetroffen.

Weiter geht es flach bergauf in Richtung der Alphütte, die man schon nach kurzer Strecke über uns ausmachen kann. Bei 1770 Metern Höhe sind weitere Gedenktafeln an ANNA STEINER KNITTEL aufgestellt, auf denen unter anderem die Ahnenreihe der Familie und ein von ANNA gezeichnetes Landschaftsbild abgebildet sind. Bald darauf erreichen wir die Saxeralp-Hütte und sind von dem einzigartigen Rundum-Panorama überwältigt. Es bietet sich an, hier eine kurze Rast einzulegen und die herrliche Landschaft im Umfeld der Hütte ausführlich zu genießen. Wie bereits eingangs erwähnt bietet das Hochplateau der Saxeralm die einmalige Gelegenheit, sich mit der Geologie in der Region um das Madautal und seinen Seitentälern vertraut zu machen und zusätzlich Fernerkundungen in das Lechtal vorzunehmen. Dieses Vorhaben werden wir von verschiedenen Standorten auf dem Hochplateau angehen. Dabei entwickelt sich im Zuge der fort-

Abb. 8.4. Ausbiss von graugrünen Neokom-Mergeln im Wiesenhang unterhalb der Saxeralm.

Abb. 8.5. Die Pionierflora über gerade abgeschmolzenen Restschneeflächen. a,b, Lila und weiße Krokusse; c, Alpenglöckchen (Soldanella alpina); d, Clusius-Enzian. e, Silberwurz; f, Schusternagelenzian und kleine Mehlprimeln; g, Trollblumen; h, Küchenschelle.

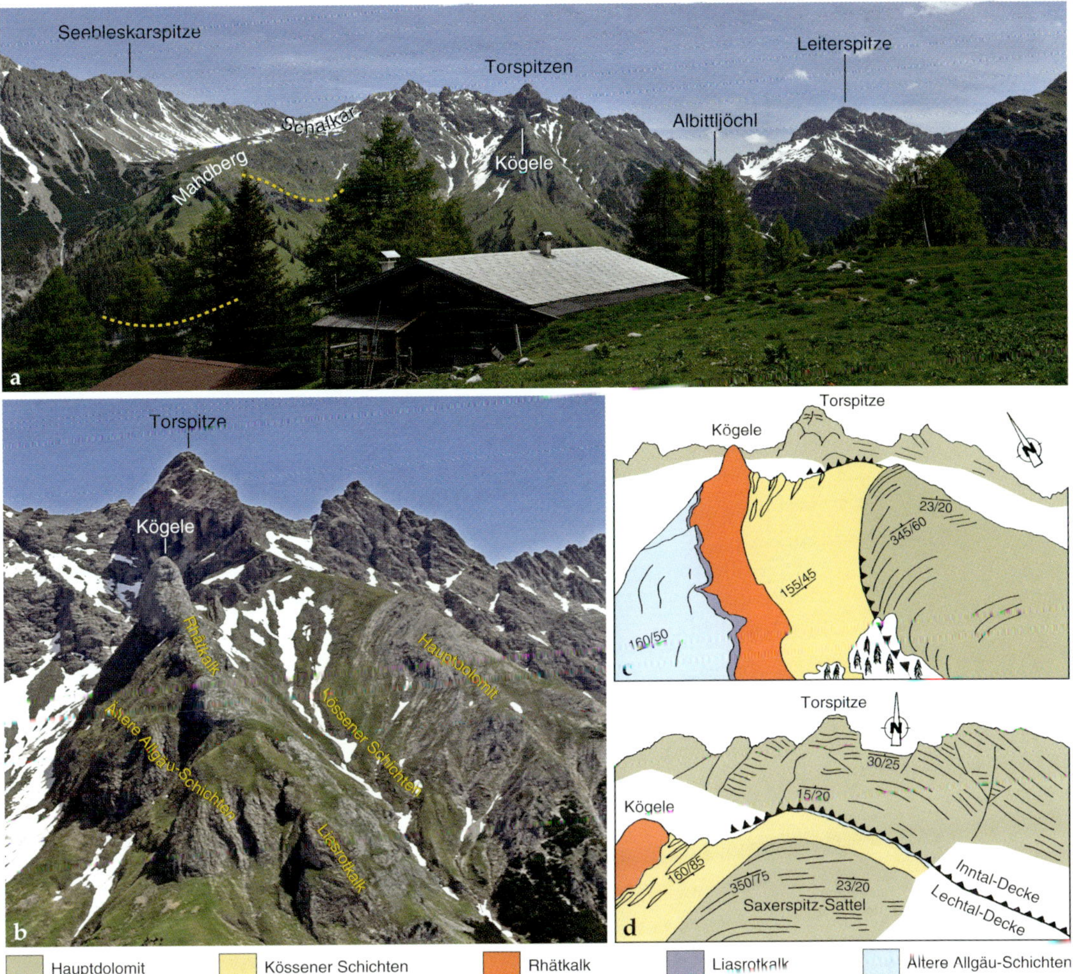

Abb. 8.6. a, Blick von der Saxeralm nach Nordosten auf den Mahdberg mit seinen Kalkrippen (gestrichelte gelbe Linien) und dem Torspitzmassiv; b, Das Torspitzmassiv und das Kögele herangezoomt; c, Geologische Übersichtsskizze zu b; d, Geologische Skizze der Gesamtkonfiguration. Die Inntal-Decke überschiebt mit gefaltetem und gestörtem Hauptdolomit unterhalb des Torspitzmassivs die Abfolgen des Saxerspitzsattels der Lechtal-Decke (umgezeichnet nach Skizzen aus dem unveröffentlichten Diplom-Kartierungsbericht von HARALD ANDRULEIT 1991).

geschrittenen Beobachtungen vor unseren Augen ein zunehmend plastischeres dreidimensionales Bild der geologischen Strukturen in den Bergmassiven und ihren Talhängen. Die gewaltigen Kräfte und die Mechanik der Deformationen, die bei der Auffaltung des Gebirges gewirkt haben, werden klar ersichtlich und bis ins Detail nachvollziehbar.

Der erste Standort unserer Beobachtungen befindet sich direkt oberhalb der Saxeralp-Hütte (**4**). *8.6a*
Von hier aus blicken wir nach Nordosten auf den Mahdberg und das Torspitzmassiv. Der Mahdberg bildet einen steilen, westöstlich ausgerichteten Wiesenhang, aus dem zwei fast hangparallel verlaufende, von grauen Kalken aufgebaute Felsrippen hervorstechen. Die erste Rippe ist im oberen Hang deutlich sichtbar. Die zweite Rippe verläuft tiefer am Hang. Sie wird in Abbildung 8.6a weitgehend durch das Nebengebäude der Hütte und die großen Fichten im Vordergrund verdeckt. Im Osten

erhebt sich über dem Wiesenhang ein markanter breiter Felsrücken der von zwei Süd-Nord bergan
8.6b ausgerichteten Klippen und einer dazwischen liegenden, flachen Senke aufgebaut wird. Der Top der ersten Felsklippe wird durch die besonders markante kegelförmige Spitze des Kögeles gebildet.
8.6c Zoomt man sich diese Situation mit dem Fernglas oder der Kamera etwas näher heran, so wird der geologische Aufbau sofort ersichtlich. Die erste Felsklippe wird von einem mächtigen Paket aus Kalk-Mergel-Wechselfolgen der Älteren Allgäu-Schichten aufgebaut, über dem ein dünnes, aber bei genauem Hinsehen weithin sichtbares Band von Lias-Rotkalken und am Top massige hellgraue Rhätkalke folgen. In der östlich anschließenden flachen Senke treten Mergel und Kalke der Kössener Schichten auf. Das gesamte Paket der bisher besprochenen Schichten fällt mittel steil nach Südosten ein. Die Schichtfolge ist überkippt, das heißt, das gesamte Paket wurde bei der Faltung zunächst steil aufgerichtet und dann bei weiterer Einengung überdreht, sodass die jüngsten Schichten (die Älteren Allgäu-Schichten) nunmehr im Stapel unten liegen und von zunehmend älteren Schichten (Lias-Rotkalk, Rhätkalk und Kössener Schichten) überlagert werden. Der nach Osten anschließende zweite, etwas flachere Felsrücken wird von zyklisch gebankten Dolomiten des Hauptdolomits gebildet. Die Bankfolgen sind im Rücken domartig nach oben gewölbt und stellen somit eine Sattelstruktur dar. Der zweite Rücken erschließt den Kern des Sattels, den nach der Typuslokalität, die sich oberhalb unseres Standpunktes befindet, benannten Saxerspitz-Sattel. Der von unserem Standort aus einsehbare Bereich zeigt den Kern und die überkippte Nordflanke des Saxerspitz-Sattels.

Durch genaues Hinsehen haben wir uns somit einen ersten plastischen Eindruck der Strukturen erarbeitet, die bei der Einengung und Auffaltung des Gebirges entstanden sind. Zudem haben wir wichtige Informationen über das Verwitterungsverhalten und die morphologischen Merkmale der betrachteten Formationen gesammelt. Am anfälligsten gegen den Verwitterungsangriff sind Tone und Mergel. Sie bilden daher im Gelände meist Senken und flache Almflächen (z. B. Kössener Schichten oder Neokom-Mergel). Kalk-Mergel-Wechselfolgen sind dagegen etwas verwitterungsresistenter und können je nach Anteil und Mächtigkeit der Kalke flache bis mittelsteile Rippen und Rücken bilden (z. B. Allgäu-Schichten). Am verwitterungsresistentesten sind reine Kalke, die steile markante Klippen und Felsrippen sowie steile schroffe Felsmassive aufbauen (z. B. Rhätkalk oder Ammergau-Formation). Dolomite neigen dazu, bei der Verwitterung in splittgroßen würfeligen Grus zu zerfallen. Sie bilden daher Felsrücken und Massive, die bei langer Verwitterungsexposition weniger markant hervortre-
8.6d ten und eher durch sanftere und abgerundete Formen gekennzeichnet sind (z. B. Hauptdolomit).

Als nächstes wollen wir uns mit den im Norden im Hintergrund sichtbaren Felsmassiven um die Torspitze beschäftigen. Diese werden abermals von zyklisch gebanktem Hauptdolomit aufgebaut. Die nordöstlich einfallende mächtige Hauptdolomitplatte der Torspitze kappt und überschiebt den Saxerspitz-Sattel. Dass es sich hier nicht nur um eine einfache Überschiebung, sondern um einen wesentlich weiteren Transportweg in Form einer Deckenbahn handelt, bezeugen aus dem Südflügel des Saxerspitz-Sattels abgescherte und beim Vorschub an der Basis der Decke mitgeschleppte Jungschichten der Allgäu-Formation. An dieser Stelle wird somit eine der bedeutendsten und lange Zeit unter den Fachkollegen heftig umstrittenen tektonischen Trennflächen in den Lechtaler Alpen (siehe Kapitel "Tektonische Grundlagen für das Verständnis des Gebirgsaufbaus", S. 23 ff) klar sichtbar (siehe auch Wanderung 9). Es handelt sich aufgrund der jüngsten Kartierbefunde unserer Gruppe (H. ANDRULEIT 1991) zweifelsfrei um die Deckenbahn zwischen der Inntal-Decke und der Lechtal-Decke.

8.7 Zum Schluss zoomen wir uns noch einmal in den westlichen Abschnitt des Mahdbergs ein. Hier beobachten wir, wie bereits in der Übersicht beschrieben, zwei markante hangparallele Rippen. Wenn man etwas näher heranzoomt, erkennt man, dass die Rippen aus gut gebankten grauen Kalken der Ammergau-Formation aufgebaut werden, die von rotem Radiolarit begrenzt sind. Im Wiesenhang zwischen den beiden Rippen stehen nach den Kartierbefunden unter der Grasnarbe Kalk-Mergel-Wechselfolgen der Jüngeren Allgäu-Schichten an. Es handelt sich also um eine in die Horizontale gekippte Sattelstruktur, den so genannten Mahdberg-Sattel, dessen beide Flügel gleichschenklig ausgerichtet sind.

Die komplexe Struktur des Mahdberg-Sattels wurde schon 1976 von ALEXANDER TOLLMANN als Rollfalte interpretiert. Diese Rollfalte entwickelte sich beim Überschieben der Inntal-Decke durch

Abb. 8.7. Blick auf den Westabschnitt des Mahdbergs. Fernperspektive des Aufbaus des Tauchsattels am Mahdberg. AK-Rippe = Ammergau-Kalk-Rippe.

Abscheren von Teilen des Südflügels des Saxerspitz-Sattels in der Lechtal-Decke und wurde von dort weiter nach Norden verschleppt. Sie ist heute rundum von Neokom-Mergeln umgeben. Die von meinem ehemaligen Diplomanden CARSTEN WIEGER (1989) angefertigte Skizze veranschaulicht, wie die Rollfalte des Mahdbergs in die mächtigen Kreideschiefer eingepresst wird und so eine an der Spitze aufgebogene Tauchsattel-Struktur bildet. Hiermit schließt sich der Bogen zur Entwicklung eines räumlichen Bildes. Wir haben einen fundierten Eindruck der immensen Kräfte und Deformationen gewonnen, die sich in der Knautschzone zwischen den beiden Decken beim Überschieben entwickelten. 8.8

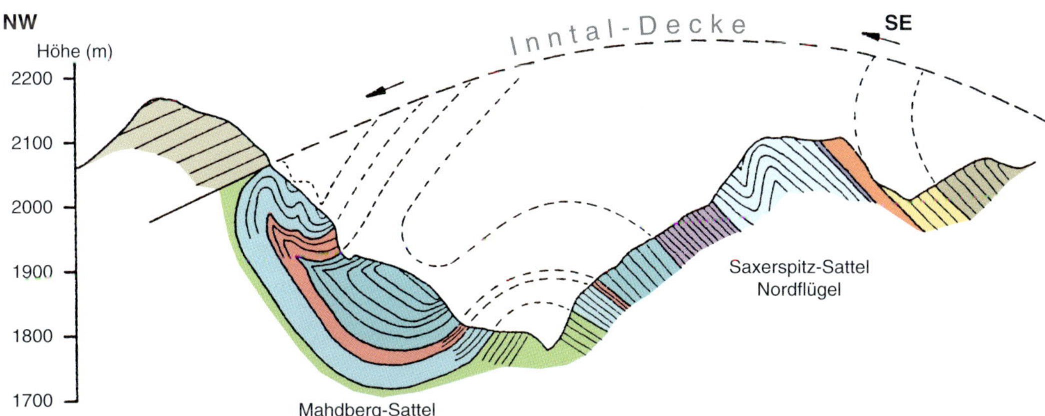

Abb. 8.8. Geologische Übersichtskizze der Rollfalte des Mahdbergs (umgezeichnet nach Skizze in unveröffentlichter Diplomarbeit von CARSTEN WIEGER 1989).

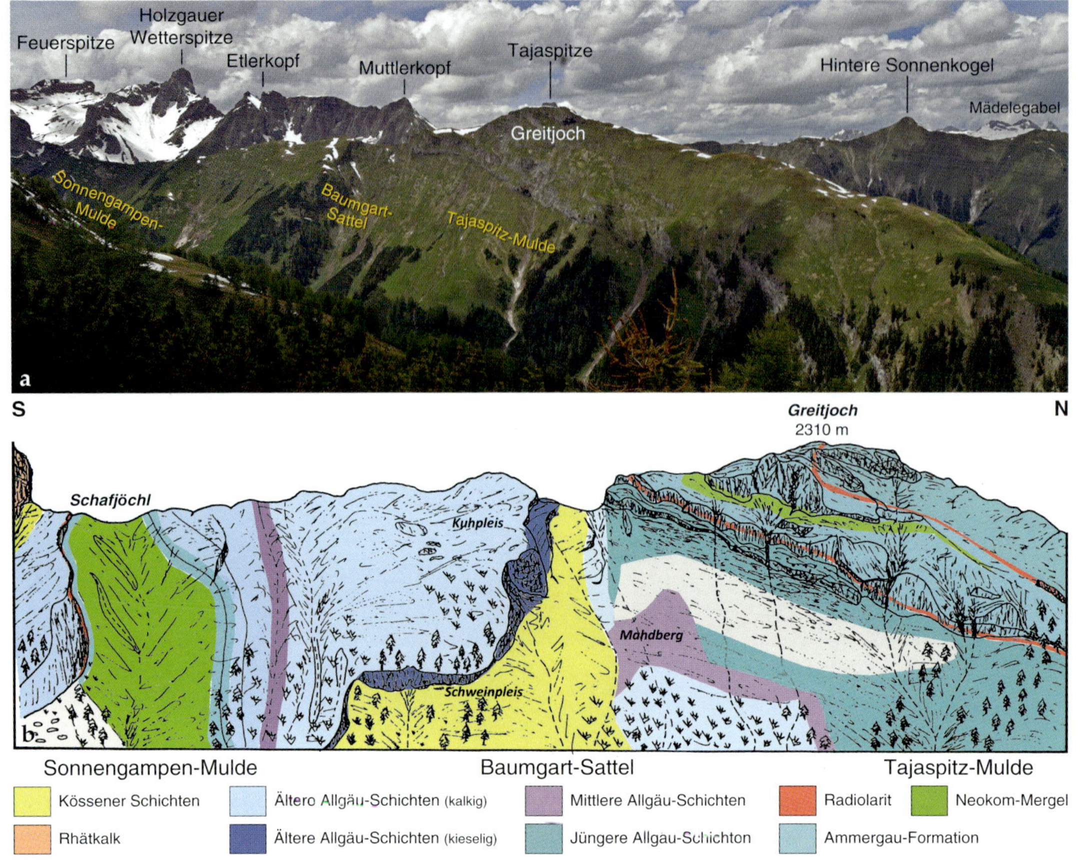

Abb. 8.9 Landschaftspanorama (a) und geologische Übersichtsskizze (b) des Greitjochmassivs.

Nach ausgiebigem Studium dieses eindrucksvollen Ausblicks folgen wir einem Steig, der in der Alpenvereinskarte schwach schwarz gepunktet eingezeichnet ist. Hier befindet sich unser nächster Beobachtungsstandort bei 2040 Metern Höhe (5), der auf einer Verebnungsfläche im Bergrücken an der Nordost-Flanke unterhalb der Saxerspitze liegt. Von hier aus hat man abermals ein einmaliges
8.9a Panorama. Im Mittelgrund direkt gegenüber sind die geologischen Strukturen des Greitjochmassivs auf der West-Flanke des Alperschonbachtals perfekt aufgeschlossen. Im Hintergrund ragen die markantesten und höchsten Gipfel des westlich folgenden Griesßtals eindrucksvoll empor. Von Nord nach Süd sind das der Hintere Sonnenkogel, das Massiv mit Muttlerkopf und Etlerkopf als höchsten Spitzen sowie die Holzgauer Wetterspitze und die Feuerspitze.

Befassen wir uns zunächst mit den Strukturen um das Greitjoch, die in einem Photo und illustrierender Schemaskizze in Abbildung 8.9 ausgewiesen sind.

8.9b Morphologisch heben sich im langgezogenen Bergrücken des Greitjochmassivs vor allem drei Elemente ab:

- Im nördlichen Bereich sind zwei deutlich hervortretende, flach nach Norden abfallende Felsrippen mit einer dazwischen liegenden Senke zu beobachten. Die Felsrippen werden von einem Schichtpaket aus Jüngeren Allgäu-Schichten, Radiolarit und Kalken der Ammergau-Formation aufgebaut, während in der Senke Neokom-Mergel anstehen. Der Geologe erkennt aus diesen Lagerungsverhältnissen sofort, dass hier eine flach geneigte gleichschenklige Muldenstruktur, die Tajaspitz-Mulde, vorliegt.

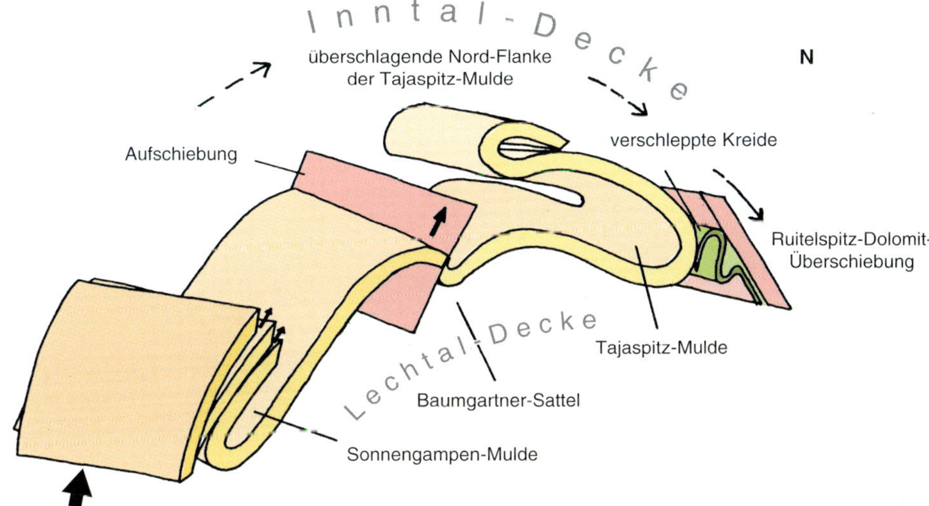

Abb. 8.10. Komplex gekippte und überdrehte Faltenstrukturen entstanden in der Lechtal-Decke als diese von der Inntal-Decke überschoben wurde. (Schemazeichnung aus dem unveröffentlichten Diplom-Kartierungsbericht von UTE GLAHN *1989).*

- Südlich des Greitjochgipfels schließt sich daran ein nach Süden von steilen Felswänden begrenzter Hangeinschnitt an. Der Blick auf die geologische Erläuterungsskizze zeigt, dass diese Konfiguration einen Sattel, den so genannten Baumgartner Sattel repräsentiert, dessen älteste Kernschichten die besonders Erosion anfälligen Kössener Schichten sind. Im Norden grenzt der Baumgartner Sattel direkt entlang einer markanten Störung an die Tajaspitz-Mulde.
- Ganz im Süden beobachten wir erneut einen markanten, von Neokom-Mergeln aufgebauten Hangeinschnitt, welcher die zentrale Füllung der an den Baumgartner Sattel südlich anschließenden Sonnengampen-Mulde ausmacht.

Die hier vorgefundene Komplexität der Deformation der Falten in der Lechtal-Decke, die nachträglich beim Überschieben durch die Inntal-Decke erzeugt wurde, wird aus der von meiner Diplomandin UTE GLAHN 1989 angefertigten Schemazeichnung sehr anschaulich begreifbar. Der Südflügel der Sonnengampen-Mulde wurde beim Vorschub der Inntal-Decke mehrfach zerschert und aufgeschoben. Im Baumgartner Sattel wurde der Nordflügel weitgehend ausgequetscht, sodass der Kern des Sattels direkt auf die nördlich anschließende Tajaspitz-Mulde überschoben wurde. Die Tajaspitz-Mulde wurde dabei zu einer flachliegenden, gleichschenkligen (von den Fachleuten auch als isoklinale Falte bezeichnet), in ihrem Kern stark ausgepressten Falte umgebildet. Zudem wurde bei der stetig zunehmenden Kompression der Nordflügel überschlagen und die ausgequetschten Neokom-Mergel des Muldenkerns weit nach Norden verschleppt. Man kann sich die aufgetretenen enormen Deformationskräfte, die während der Deckenbewegung aufgetreten sind, am besten vorstellen, indem man sie mit der Wucht eines Auffahrunfalls und den hierbei entstehenden Strukturen in den Knautschzonen der Fahrzeuge vergleicht. *8.10*

Nachdem uns der Kopf nach so viel Deformation kräftig brummt, lassen wir unsere Panorama-Tour mit einem entspannenden Fernblick ins Lechtal und die nördlich anschließende Hornbachkette ausklingen. Die geologischen Strukturen im Lechtal sind weniger komplex als die in dem von uns besuchten Gebiet und werden von einer mehrere Kilometer breit ausstreichenden Muldenstruktur, der Holzgau-Mulde, eingenommen (siehe Wanderung 2, S. 52 ff). In der Hornbachkette sind die ältesten Schichten im Nordflügel dieser Mulde mit bis 1000 Meter mächtigem Hauptdolomit aus der Obertrias aufgeschlossen. Die höchsten Gipfel reichen über 2600 Meter auf. Die Hauptdolomitplatte im Nordflügel der Holzgau-Mulde fällt mittelsteil mit circa 40–60° nach Süden ein und lässt sich über die gesamte Strecke ungestört von West nach Ost verfolgen. Nach Süden folgen sukkzessiv jüngere jurassische Schichtfolgen im Nordflügel der extrem breit gespannten Holzgau-Mulde.

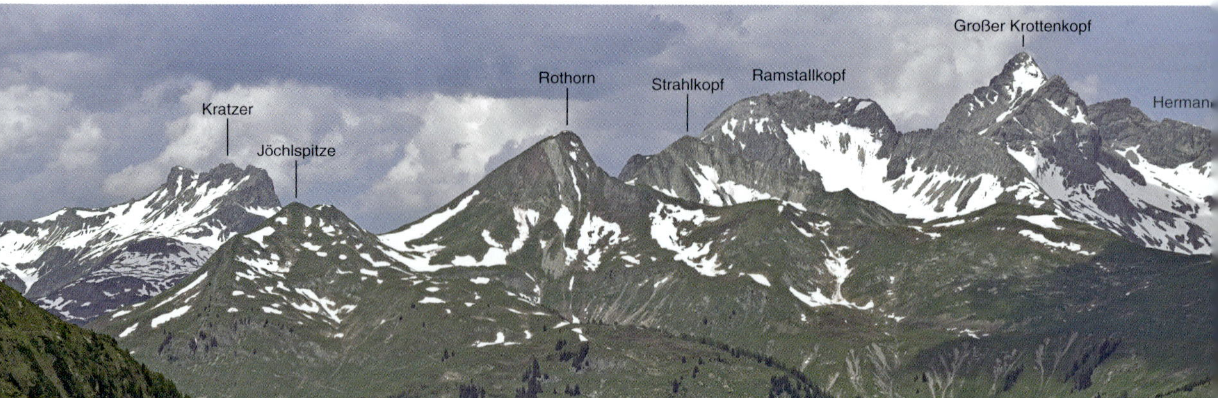

8.11 Genannt werden sollen hier nur die Allgäu-Schichten und der rote Radiolarit, welcher zum Beispiel im Bergmassiv des Rothorns besonders eindrucksvoll und weithin sichtbar aufgeschlossen ist. Diese Abfolge kann von unserem Beobachtungspunkt bereits sehr leicht mit dem unbewaffneten Auge ausgemacht werden.

Während des Höchststandes der letzten Eiszeit vor circa 18 000–22 000 Jahren (= LGM, Letztes Glaziales Maximum) war das gesamte Lechtal von einem mächtigen Eispanzer erfüllt. Die Eiskalotte reichte bis auf rund 2200 Meter Höhe hinauf. Nur die darüber hinausragenden Spitzen der Felsmassive lugten als so genannte Nunataks aus dem durchgehenden Eispanzer hervor. Der mächtige Haupteisstrom erstreckte sich über das gesamte Lechtal. Vor dem Alpenkörper bei Reutte breitete er sich in Form

Abb. 8.11. Der Fernblick über das Lechtal auf die Hornbachkette visualisiert den Aufbau des Nordflügels der Holzgaumulde. Besonders gut erkennbar an der im Bergmassiv der Rothornspitze perfekt aufgeschlossene Schichtfolge Allgäu-Schichten bis Malm-Aptychenkalk.

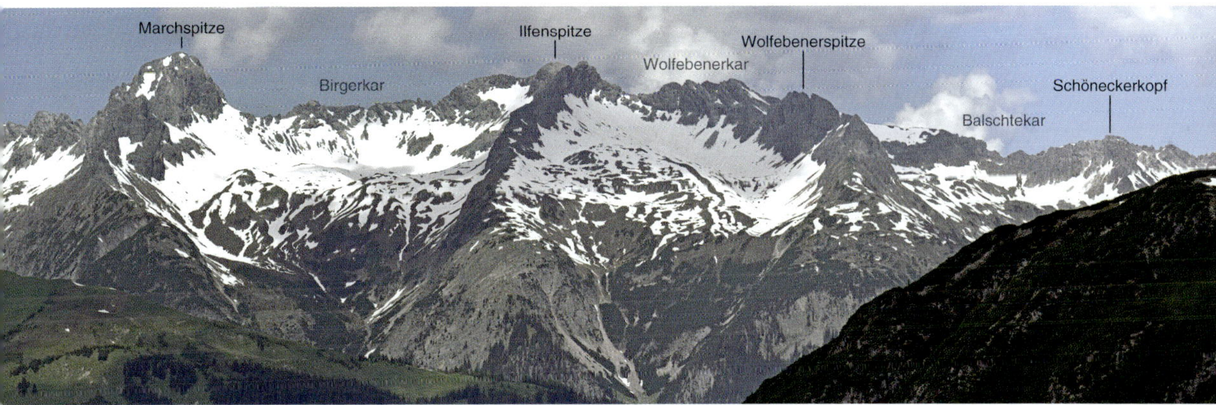

Abb. 8.12. Landschaftspanorama der vier von Ost nach West angereihten Großkare in der Hornbachkette.

einer sehr mächtigen und breiten Eiszunge aus, die weit ins Alpenvorland hinausreichte. Im Laufe der Zeit haben die von den Flanken der Hornbachkette abströmenden Seitengletscherzungen eine nahtlos aufgereihte Staffel von teelöffelförmigen bis kilometerbreiten Karen in die Hauptdolomit-Platte gefräst. Die Hohlformen dieser Kare prägen noch heute entscheidend das Landschaftsbild. Von West nach Ost aufgereiht sind das das Hermannskar, das Birgerkar, das Wolfebnerkar und 8.12
das Balschtekar.

Nach dem relativ schnellen Abschmelzen der mächtigen Eismassen war das gesamte Lechtal vor 12 000 Jahren bis auf minimale Reste fast ganz eisfrei, bis dann vor etwa 11 500 Jahren während der so genannten Jüngeren Dryas erneut eine kurze, aber sehr heftige Abkühlung einsetzte und die Gletscher erneut anwuchsen und sich mit ihren Eiszungen in den Karen ausbreiteten. Die Endmoränenwälle dieser Dryas-Gletscherzungen sind teilweise noch heute in den Karen zu bewundern.

Literatur

ANDRULEIT, H. (1992). Zur Geologie zwischen Torspitze und Seekogel, Zentrale Lechtaler Alpen. – 93 S., Universität Kiel.

GLAHN, U. (1990). Geologische Kartierung der Lechtal-Decke im westlichen Alperschontal. – 54 S., Universität Kiel.

WIEGER, C. (1990). Die Geologie der zentralen Lechtaler Alpen bei Madau. – 106 S., Großkartierung, Universität Kiel.

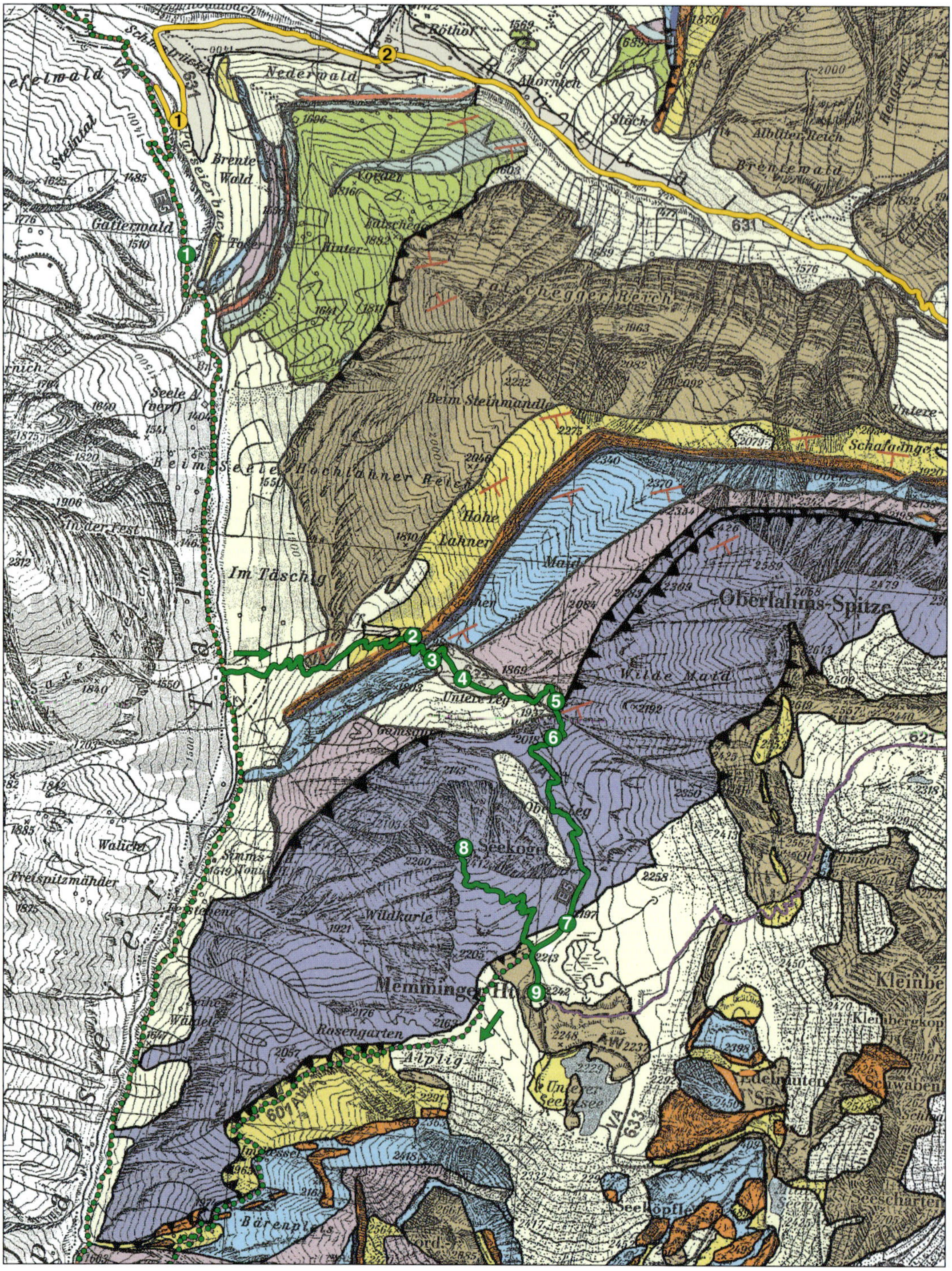

Abb. 9.1. Geologische Karte der Umgebung der Memminger Hütte mit Haltepunkten der Wanderung 9 *(erstellt nach Aufnahmebefunden von* SARNTHEIN *1962 und* ANDRULEIT *1991). Ein Teil von Wanderung*  *ist im oberen Kartenbereich zu sehen. Legende auf Seite 196.*

9 Vom Parseiertal zu den Felsmassiven und Karlandschaften um die Memminger Hütte

Ganztagswanderung mit mittlerem Schwierigkeitsgrad.

Die heutige Wanderung entlang des Alpin-Wanderwegs E5 beziehungsweise des Alpenvereins- 9.1
Wanderwegs 632 zur Memminger Hütte folgt einer der beliebtesten und meistbegangenen Routen in den Lechtaler Alpen. Am schnellsten und bequemsten kommt man mit dem Madautal-Taxi zum Ausgangspunkt der Wanderung, der Talstation der Materialbahn zur Memminger Hütte im Bereich der Unteren Seewiese im Parseiertal. Alternativ bietet sich eine Übernachtung im Berggasthaus Hermine in Madau an. Von hier führt der Alpenvereins-Wanderweg 632 zunächst flach bergauf durch schattigen Fichtenwald. Bei 1390 Metern Höhe stürzt das Wasser eines Nebenbachs des Parseierbachs in einem Wasserfall über eine kleine Felswand hinab (1). Hier sollte man die eindrucksvoll
zerscherten Falten in den plattigen, hellgraugrünen Kalken mit dünnen Mergelzwischenlagen der 9.2
Ammergau-Formation bestaunen.

Bei 1420 Metern Höhe öffnet sich die Landschaft zu einem breiten Hochtal, über dem sich der Parseierbach mit einem weit gespannten, verwilderten Flussverlauf ausbreitet. Nach 30–45 Minuten Gehstrecke erreichen wir an der Unteren Seewiese den Ausgangspunkt des Steigs zur Memminger
Hütte. Der Parseierbach wird hier über eine markante Holzbrücke gequert. 9.3

An deren Ende steigen wir in einer ersten Etappe in weit geschwungenen Serpentinen über einen alten Schuttfächer und eine bewaldete flache Felsrippe auf. Bei 1790 Metern Höhe erreichen wir den Waldrand. Abrupt verändert sich hier der Charakter der Landschaft. Nach einem deutlichen Geländeknick am Waldrand folgt ein flach ansteigendes, weit gespanntes offenes Wiesengelände. Die Ursachen für den markanten Wechsel im Landschaftsbild liegen im Aufbau der Gesteinsschichten im Untergrund sowie in den hierdurch bedingten unterschiedlichen morphologischen Prozessen

Abb. 9.2. Zerscherte Falten im Malm-Aptychenkalk in der Felsklippe mit Wasserfall bei 1390 Meter Höhe.

Abb. 9.3. Querung des Parseierbaches über eine Holzbrücke am Zugang zum Steig zur Memminger Hütte.

Abb. 9.4. Korallenstock in Rhät-Riffschuttkalken im Steig zur Memminger Hütte bei 1660 Metern Höhe.

der Eismassen während der letzten Eiszeit. Aufschlüsse entlang des Steigs durch die Felsrippe bei 1660 und 1680 Metern Höhe belegen, dass die Rippe von dickbankigem bis massigem Rhätkalk gebildet wird (2). Bei 1660 Metern Höhe hat die oberflächliche Verwitterung der dünnbankigen Riffschuttkalke an der Basis der Abfolge reichlich
9.4 Korallen, Muscheln, Brachiopoden und Schnecken herauspräpariert. Die ersten anstehenden dickbankigen bis massigen Rhätkalkbänke finden wir etwas höher im Steig bei 1680 Metern Höhe.

Beim weiteren Aufstieg durch die Rippe werden die massigen Rhätkalke bei 1700 Metern Höhe durch die Kalk-Mergel-Wechselfolge der Älteren Allgäu-Schichten überlagert. Gleichzeitig flacht sich das Relief der Rippe merklich ab (3).

Charakteristisch für dieses Schichtpaket sind fle-
9.5 ckige Kalke. Die Flecken gehen auf Wühlbauten und Grabgänge der Spurenfossilfazies *Zoophycos, Planolites, Chondrites* zurück.

Mit dem bereits erwähnten Geländeknick bei 1790 Metern Höhe wird dann der Übergang zu den über-
9.6 wiegend mergeligen Mittleren Allgäu-Schichten erreicht (4). In diese sind die charakteristischen glänzend schwarzblauen, schokoladenbraun verwitternden Manganschiefer eingeschaltet.

Abb. 9.5. Lesestein aus der Älteren Allgäu Formation mit der charakteristischen Spurenfossilgemeinschaft Zoophycos, Planolites, Chondrites.

Abb. 9.6. Mittlere Allgäu-Schichten im Steig bei 1800 Metern Höhe mit dünnplattigen, mergeligen Kalken und schokoladenbraun verwitternden Manganschiefern.

Abb. 9.7. Intensiv von bräunlich verwitternden Hornsteinknollen durchsetzte, graue Kalke der Kieseligen Älteren Allgäu-Schichten. Aufschluss am Bachufer am Top der Wasserfall-Felswand bei 2010 Meter.

Im weichen Untergrund der Mittleren Allgäu-Schichten haben es Murmeltiere besonders leicht, ihre Baue anzulegen. Dies haben sie in der Tat in der gesamten Wiese an vielen Stellen getan. Beim Überqueren des Wiesengeländes sind die zahlreichen Warnrufe der Murmeltiergemeinschaften unüberhörbar. Soviel zur Prägung der Topographie durch den geologischen Untergrund. Nun zum zweiten Aspekt der Überprägung durch die mächtigen Eismassen während der letzten Eiszeit. Die weicheren Gesteine der Mittleren Allgäu-Schichten wurden beim Abfließen des Eises tiefgründig abgehobelt und stehen heute breitflächig im Untergrund des flachen Wiesenhangs an. Morphologisch entsteht so eine tief ausgehobene Karschüssel. Die widerstandsfähigeren Gesteine der Felsrippe (Rhätkalke und überlagernde Ältere Allgäu-Schichten) wurden am Rand des Kars hingegen zu einer am Top abgeflachten Kartreppe abgeschliffen. Bergauf wird die Karschüssel durch eine zweite Kartreppe mit einer steilen, fast senkrechten Felswand abgeschlossen. In einem eindrucksvollen Wasserfall stürzen die Wassermassen des Wildbachs, der das Hochplateau um die Memminger Hütte entwässert, über die Felswand ab. Von dort fließen sie am Fuß der linken Talseite der Karschüssel weiter talwärts und werden schließlich in den Parseierbach am Ausgangspunkt unserer Wanderung eingespeist. Die fast senkrechte Felswand der zweiten
9.7 Kartreppe wird von den sehr verwitterungsresistenten kieseligen Älteren Allgäu-Schichten aufgebaut (5). Diese sind am Top der Wand bei 2010 Metern Höhe direkt am Bach aufgeschlossen.

Von Haltepunkt 4 am Aufschluss der Mittleren Allgäu-Schichten in der Mitte der unteren Kar-Schüssel wird der Zusammenhang der bisher durchquerten Schichtfolgen besonders gut sichtbar.
9.8 Auf der linken Kar-Flanke ist die gesamte Abfolge komplett aufgeschlossen. Entlang der Nordwest-Südost verlaufenden Talseite werden die einzelnen Schichtglieder aufgrund ihrer unterschiedlichen Verwitterungsresistenz eindrucksvoll morphologisch herausmodelliert. Die gesamte Schichtfolge fällt mittelsteil in südöstliche Richtung ein und erschließt sukzessiv jüngere Formationen. Das Profil beginnt im Nordwesten am Rand des Parseiertals mit einem von Hauptdolomit aufgebauten, abgerundeten Bergrücken. In südöstlicher Richtung folgt ein markanter Einschnitt, in dem die Kalk-Mergel-Wechselfolge der Kössen-Formation ansteht. Der Einschnitt wird durch die markant steile Felsklippe des Rhätkalks flankiert, der wiederum am Top von den Älteren Allgäu-Schichten überlagert wird, die in dem in südöstlicher Richtung folgenden, breitflächig aufgespannten, flachen Bergrücken anstehen. Als nächstes folgt die breit und markant tief eingeschnittene Senke mit den Mittleren Allgäu-Schichten. Bis hierhin sind somit kontinuierlich jüngere Abfolgen aufgeschlossen. Da in der Überlagerung der Mittleren Allgäu-Schichten jetzt aber kieselige Ältere Allgäu-Schichten im deutlich steileren Berghang anstehen, ist das Profil an dieser Stelle ganz offensichtlich gestört. Älteres liegt auf Jüngerem – folglich handelt es sich um eine Überschiebung.

Wie können wir unsere bisherigen Beobachtungen in ein Gesamtbild des geologischen Aufbaus der Region einfügen? Ein Blick auf die geologische Übersichtsskizze der Umgebung der Memminger Hütte belegt, dass die vorgefundene normal liegende Abfolge von Hauptdolomit bis Mittlere Allgäu-Schichten die Südflanke einer geologischen Sattelstruktur darstellt. Es handelt sich um den Saxerspitzsattel, dessen Sattelkern im Bereich des Hauptdolomits liegt (siehe Wanderung 10). Auf die Südflanke des Saxerspitzsattels sind dann die kieseligen Älteren Allgäu-Schichten überschoben, die ihrerseits wiederum von Hauptdolomit der höheren Decke, der Inntal-Decke überschoben werden. Am Endpunkt unserer Wanderung werden wir vom Gipfel des Seekogels einen eindrucksvollen Blick auf die Deckenbahn haben.

Abb. 9.8. Nordwest-Südost-Profilschnitt der in der Südwestflanke des Bergmassivs vom Hochlahner zur Oberlahmspitze aufgeschlossenen Formationen. HD, Hauptdolomit.

Von der Mitte der Karwiese kommend quert der Steig bei 1870 Metern Höhe den Wildbach. Ab hier geht es in engen Serpentinen über einen Schuttfächer, der aus einer Bruchzone in der Felswand hervorquillt, steil bergauf. Bei unseren ersten Begehungen Ende Mai 2018 lag hier noch sehr viel Schnee. Erst im zweiten Anlauf einige Tage später gelang es uns, in die Winterlandschaft um die Memminger Hütte vorzustoßen. Ganz anders war die Situation Mitte August 2018. Der nunmehr
mit herrlichen Staudenfluren überwachsene Fächer bot eine willkommene botanische Abwechslung 9.9
und wir genossen den Blick auf das Saxeralm-Plateau im Vordergrund und die Bergkette um das 9.10
Rothorn im Hintergrund. 9.11

Abb. 9.9. Dichte Staudenfluren überwachsen den Schuttfächer, der die Wasserfall-Felswand flankiert.

Abb. 9.10. Zu allen Jahreszeiten sind die Blumenwiesen um die Memminger Hütte und am Seekopfhang besonders vielfältig und eindrucksvoll. a, Heilglöckchen; b: Allermannsharnisch; c, Wiesenraute; d, Bachnelkenwurz; ...

... e, Alpen-Greiskraut; f, Weiße Waldhyazinthe; g, Mutterwurz; h, Miere; i, Alpen-Hahnenfuß und Primel; j, Bergdistel; k, Hasenlattich; l, Gelbes Veilchen.

a
b
c
d
e
f
g
h
i

◁ *Abb. 9.11. Bunt wechselnde Gruppierungen von Storchschnabel (a), Grauem Alpendost (b,e), Ochsenauge (b), Gelbem Wolfseisenhut (c) und blauem Eisenhut (d), Grauer Alpendost (e), Türkenbundlilien (f), Moschus-Schafgarbe (g), Baldrian (h) sowie Aufgeblasenem Leimkraut (i) begeisterten uns und ließen das Herz höher schlagen. Wahrlich ein botanischer Leckerbissen, wie er nicht alle Tage geboten wird.*

Abb. 9.12. Steinbockrudel in der Nähe des Steigs zur Memminger Hütte bei 2200 Metern Höhe.

Abb. 9.13. Blick vom Gipfel-Plateau des Seekogels in Richtung Norden.

Am Top der Felsklippe angelangt erreichen wir bei 2000 Metern Höhe den Rand der zweiten Kar-Treppe (6). Von hier geht es durch von einzelnen flachen Felshöckern und kleinen Klippen durchzogenes Wiesengelände stetig leicht bergauf, bis wir bei 2200 Metern Höhe das flache Felsplateau der zweiten Karschüssel erreichen (7). Vor uns taucht in südlicher Richtung am seitlichen erhöhten Rand der großdimensionierten Schüssel unser erstes Etappenziel, die Memminger Hütte, auf. Im Zentrum der löffelförmigen Schüssel erscheint im Vordergrund zunächst ein verlandeter See. Im Mittelgrund sticht besonders der Untere Seewisee aus der grünen Wiesenlandschaft heraus. Im Hintergrund der bogenförmige Karschluss mit den steilen Gebirgsmassiven des Vorderen, Mittleren und Hinteren Seekopfs sowie den mächtigen Schuttfächern in deren Sockel. Bei unserer Wanderung im August
9.12 2019 haben wir in der Nähe des Haltepunktes 7 ein Rudel von Steinböcken angetroffen, das sich von unserer Anwesenheit kaum beeindrucken ließ. Wir konnten ihm so nahe kommen, dass wir den Steinböcken auf die Schulter hätten klopfen können.

Schon bald darauf erreichen wir den Punkt, an dem der Steig zum Seekogel abzweigt. Hier steht die Entscheidung an, ob man die 200 Höhenmeter zum Gipfel des Seekogels gleich angeht oder sich zuerst eine Pause an der Memminger Hütte direkt vor uns gönnt. In jedem Fall sollte man
9.13 bei instabilem Wetter den günstigsten Moment abpassen. Der Rundumblick vom Seekogelgipfel ist wirklich einmalig und vermittelt den besten Überblick über die Geologie der Region. Für den Aufstieg benötigt man rund eine halbe Stunde.

9.14 Wenden wir uns nun den Höhepunkten der Rundumsicht vom Gipfel zu (8). Im Westen direkt vor uns das Saxerspitz-Plateau, das steil ins Madautal abstürzt, welches wiederum in nördlicher Richtung vom Ruitelspitzmassiv flankiert wird. Geologisch erschließen sich uns hier in einem Süd-Nord-Profilschnitt die überlagernden tektonischen Stockwerke der Lechtal-Decke und der Inntal-Decke. Am Beginn des Profils überschiebt in der Lechtal-Decke im Saxerspitz-Massiv der Hauptdolomit des Saxerspitz-Sattels auf die stark reduzierte Schichtfolge einer Neokom-Mulde des Freispitz-Synklinoriums am Saxerspitz-Plateau. Nach dem Einschnitt des Madautals erscheint in nördlicher Richtung das Ruitelspitz-Massiv, das wiederum von Hauptdolomit der Inntal-Decke aufgebaut wird.

Abb. 9.14. Das Panorama im Westen von der Saxerspitze im Süden bis zur Ruitelspitze im Norden.

Das Seekogel-Massiv stürzt im Westen steil in das Parseiertal ab. Die Elemente der verwilderten
Flusslandschaft des Parseierbaches tief unter uns hat Lehrbuchcharakter. Sich schnell verlierende 9.15
Rinnen, flankiert von kleindimensionierten Sand- und Kiesbänken sind die charakteristischen Muster.
Der Parseierbach wird zusätzlich von zahlreichen temporär aktiven Rinnen gespeist, die aus dem
Saxerspitz-Massiv Wasser einspeisen beziehungsweise gelegentlich auch Muren dränieren.

Abb. 9.15. Die eindrucksvolle verwilderte Flusslandschaft im Parseiertal.

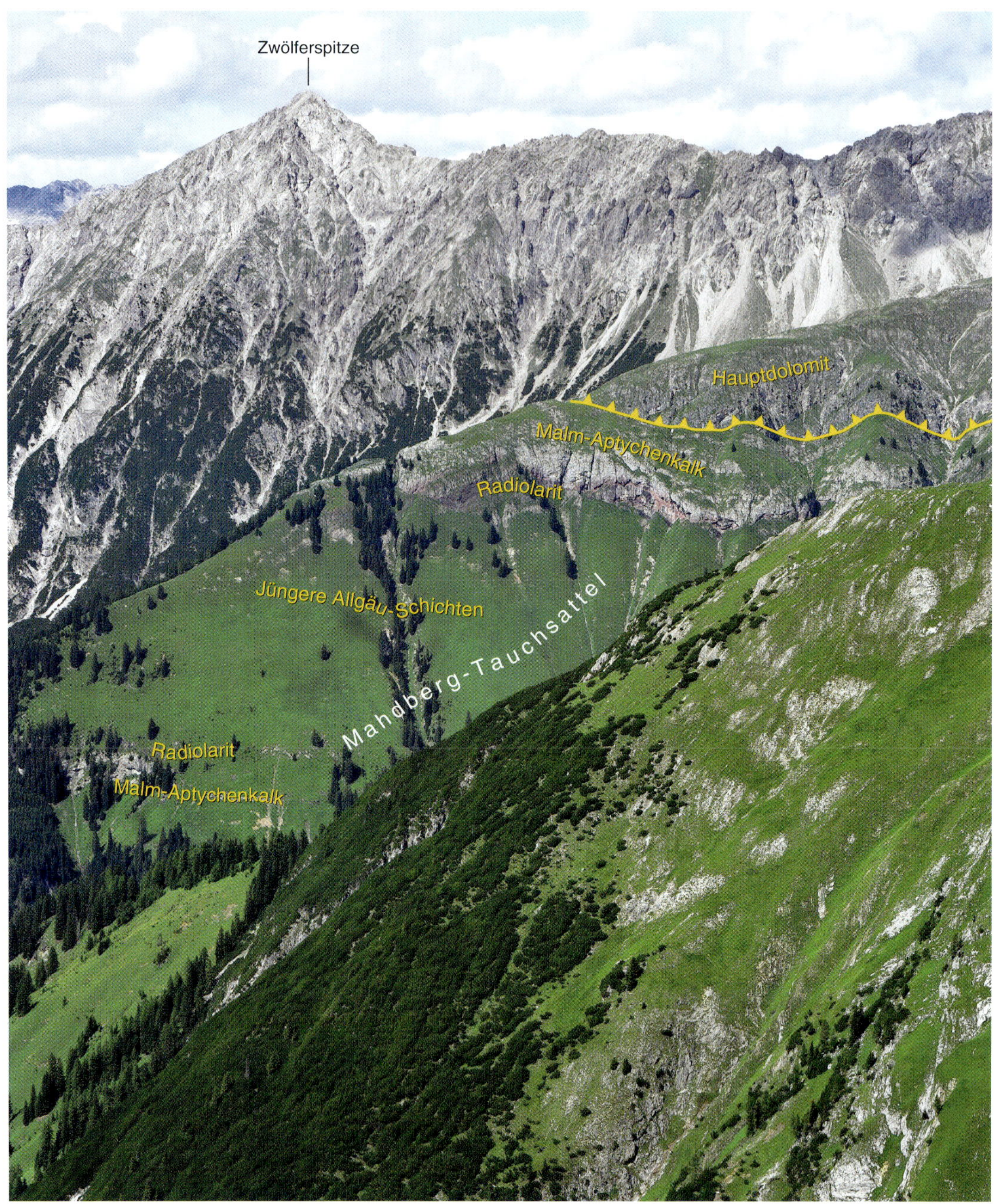

Abb. 9.16. Blick auf den Mahdberg-Tauchsattel.

9.16 Im Norden erscheint im Mittelgrund die Struktur des Mahdberg-Sattels. Diese komplexe Tauchsattelstruktur entstand beim Nordschub der Inntal-Decke, als diese die bereits vorher in der Lechtal-Decke angelegten Falten überfuhr und stark überprägte. Der Mahdberg-Sattel wurde dabei komplett überdreht und als Tauchfalte in die weichen Neokom-Schichten der vormals nördlich angrenzenden Mulde hinabgedrückt (weitere Erläuterungen hierzu siehe Wanderung (8)).

Abb. 9.17. Die Deckenbahn zwischen Lechtal-Decke und Inntal-Decke wird im Nordhang der Oberlahmspitze durch den markanten Kontrast zwischen Älteren Allgäu-Schichten (Lechtal-Decke) und Hauptdolomit (Inntal-Decke) besonders plastisch sichtbar.

Wir schwenken unseren Blick weiter im Uhrzeigersinn. Nordöstlich von uns tritt aus dem Nordhang der Oberlahmspitze die Deckenbahn der überschiebenden tirolischen Decke plastisch hervor. Besonders markant erscheint hier der Kontrast zwischen dem begrünten Wiesenhang der kieseligen 9.17
Älteren Allgäu-Schichten in der Lechtal-Decke und dem graubraunen Felsmassiv des Hauptdolomits in der Inntal-Decke.

Zum Schluss nun der absolute Höhepunkt, nämlich der Ausblick nach Südost bis Süd hinab in die 9.18
breite, obere Karlandschaft um die Memminger Hütte und die imposanten Felsmassive auf den Seiten und im Karschluss. Die schürfende und abschleifende Aktivität der Eismassen während der letzten Eiszeit spiegelt sich im Relief des Karbodens um die Memminger Hütte eindrucksvoll wider. Die Anordnung von Schürfrinnen und herausmodellierten Felshöckern folgt streng dem Abstrom der Eismassen nach Nordwesten. Malerisch gelegen sticht im hinteren Karboden der Untere Seewisee hervor.

Die Geologie in den umrahmenden Felswänden vermittelt einen Eindruck des komplexen Schuppenbaus in der Inntal-Decke nahe der Deckenstirn. Die Schubrichtung der Schuppen nach Nordwest wird aus den Scherfaltenzonen, die parallel zu den Überschiebungsbahnen ausgerichtet sind, klar ersichtlich. Im Karschluss ist im Gebrigsstock des Vorderen Seekopfs der überkippte Südflügel einer Mulde aufgeschlossen. Eindrucksvolle große Schutt- und Schwemmfächer imponieren im Sockel der Felsmassive.

Nachdem wir das Panorama gebührend bewundert haben, steigen wir zur Memminger Hütte ab (9), wo wir ausgiebig rasten und dabei nochmal die vielen Eindrücke und neuen Erkenntnisse Revue passieren lassen. Der Rückweg erfolgt entweder entlang der gleichen Route wie der Aufstieg oder

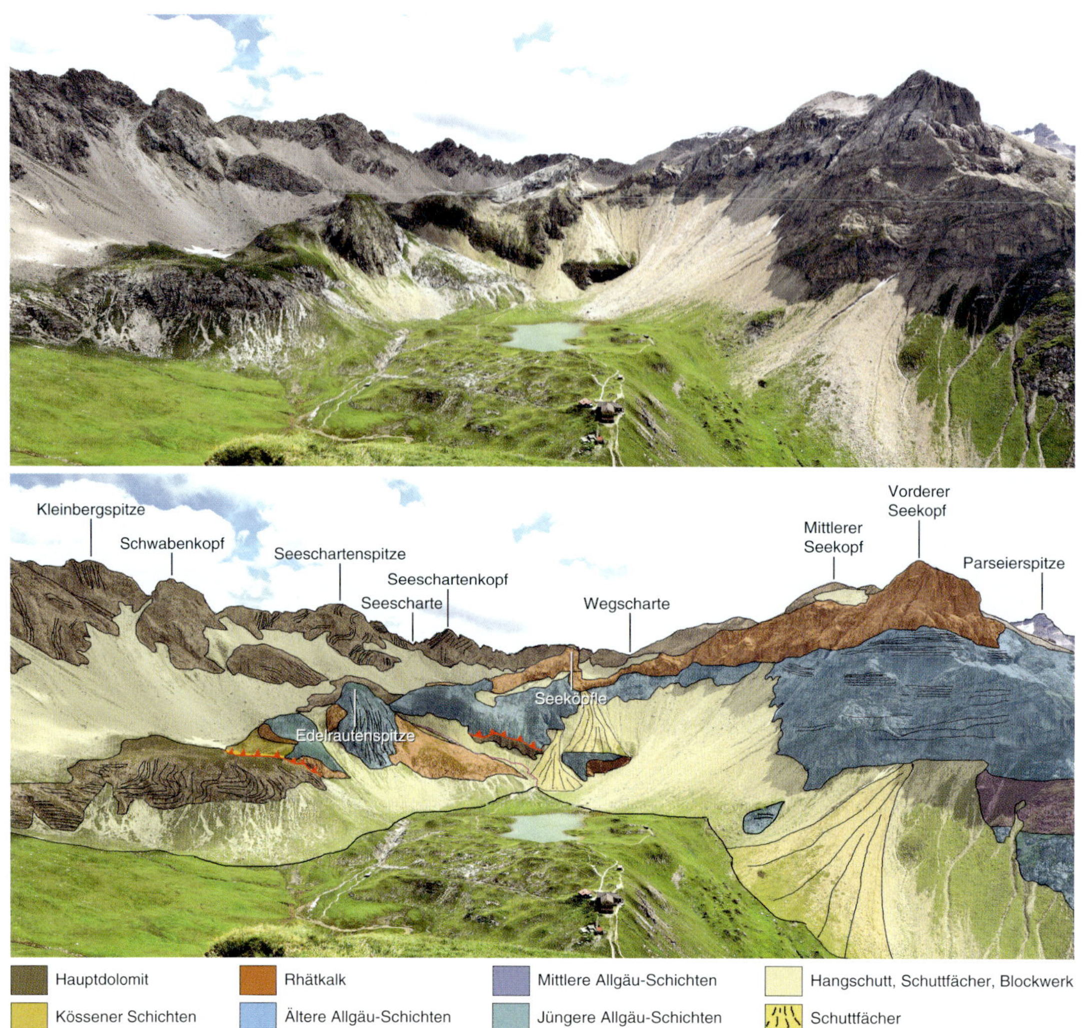

Abb. 9.18. Blick vom Seekogelgipfel hinab in das obere Kar um die Memminger Hütte und die Bergmassive auf den Flanken des Kars. a, Landschaftsaufnahme, b, Geologische Skizze des gleichen Bildausschnitts.

wir steigen über die eindrucksvolle Landschaft um Bärenpleis dem Alpenvereins-Steig 601 folgend ins Parseiertal ab. Hier führt der Weg über den Parseierbach auf die andere Talseite. Die Überquerung ist bei starker Wasserführung schwierig beziehungsweise nicht möglich. Von dort erreichen wir nach circa 2 Kilometern Wegstrecke talwärts entlang des Bachs unseren Ausgangspunkt am Parkplatz an der unteren Seewiese.

Literatur

Andruleit, H. (1991). Zur Geologie zwischen Torspitze und Seekogel. – 93 S.; unveröffentlichte Diplom-Kurzkartierung, Christian-Albrechts-Universität Kiel.

Sarnthein, M. (1962). Beiträge zur Tektonik der Berge zwischen Memminger und Würtemberger Hütte (Lechtaler Alpen). – Jahrbuch der Geologischen Bundesanstalt, 105: 141–172, Wien.

10 Durch das Röttalbachtal hinauf zum Streichgampenjöchl

Ganztagswanderung mit mittlerem Schwierigkeitsgrad.

Unsere heutige Wanderung startet am Berggasthof Hermine, der im randlichen Abschnitt eines breit- 10.1a
flächigen alten Schwemm-/Schuttfächers errichtet wurde. Von der Terrasse vor dem Hauptgebäude
aus hat man einen herrlichen Ausblick. Versäumen Sie es auf keinen Fall, sich von den Gastgebern
HELGA und KLAUS FREY gebührend mit den selbst zubereiteten Gaumenfreuden verwöhnen zu
lassen. Im Norden ragt über den steilen Bergwiesen und Felsklippen des Mahdbergs imposant das
schroffe Hauptdolomit-Felsmassiv der Zwölferspitze auf. Im Süden thront über dem Plateau der
Saxeralpe die markante Saxerspitze und im Westen erscheint das breite Massiv des Sonnenkogels, 10.1c
dessen hinterer Gipfel aufgrund seiner markanten Kegelform weithin erkennbar ist. Vom Gasthof
folgen wir einem kleinen Steig durch eine herrlich frisch blühende Frühsommerwiese hinab ins 10.1b
Tal. Längs des Weges sind in der Wiese mehrfach kleine Ausbisse von Schottern und Sanden aus 10.1d

Abb. 10.1. a, Der auf einem alten, breit ausladenden, flachen Schwemmfächer errichtete Berggasthof Hermine wird von bunten Bergblumenwiesen umrahmt. Im Mittelgrund rechts der bewaldete Berghang des Mahdbergs, im mittleren Hintergrund die Hauptdolomit-Felsmassive der Zwölferspitze und des Scheißtalkopfs. b, Randstufe einer ehemaligen Flussterrasse; c, Blick auf das breite Sonnenkogel-Massiv; d, Trollblumen setzen im Frühjahr markante gelbe Farbtupfer in die Bergwiese.

Abb. 10.2. a, Blick von der Brücke über den Parseierbach auf die Ruitelspitze und die Zwölferspitze; b, Die tosende Wildbachschlucht des Röttalbaches.

dem Schwemmfächer zu sehen. Der Steig mündet am Zusammenfluss des Röttalbachs mit dem Parseierbach auf die Forststraße. In der Wegböschung stehen mittelsteil nach Norden einfallende, dickbankige, dicht mikritische Kalke der Allgäu-Schichten (= Inntal-Formation) an.

Wir folgen zunächst der Ausschilderung des Alpenverein-Wanderwegs Nr. 632 in Richtung Württem-
berger Hütte stetig leicht bergan. Bei 1330 Metern Höhe biegen wir dann auf den Weg Nr. 631 nach
links ab, der nach kurzer Strecke hinab zu einer Brücke über den Parseierbach führt ((1), Abb. 9.1,
10.2a S. 152). Von der Brücke hat man einen schönen Ausblick auf die Ruitelspitze und die Zwölferspitze,
die vom bis 1000 Meter mächtigen, gebankten Hauptdolomit der Inntal-Decke gebildet werden.
Mit deutlichem Geländeknick schließen sich darunter deutlich flachere, glatte Berghänge an, die
von Wiesen und Wald bestanden sind und von breitflächig ausstreichenden Neokom-Mergeln der
Lechtal-Decke aufgebaut werden. Die Deckengrenze ist anhand des Geländeknicks gut verfolgbar.
Im Vordergrund rechts ragen aus dem Wald graue Felsklippen heraus, die von Oberjurakalken
10.3 der Ammergau-Formation aufgebaut werden (siehe geologische Karte). In den Wiesen und Wegböschungen in der Umgebung der Brücke war bei unserer Begehung Ende Mai 2018 der typische
Frühjahrsblumenschmuck mit Schlüsselblumen, Aurikel, Kuckucksklee, gelbem Hahnenfuß und
Bachwurz zu bewundern. Nach kurzer Wegstrecke tauchen wir erneut in Fichtenwald ein. Es gibt in
den Böschungen des Waldweges nur wenige Festgesteinsaufschlüsse, da hier das anstehende Gestein
weitgehend durch Moränenablagerungen und Hangschutt verdeckt wird. Das ändert sich aber schlagartig, als der Waldweg parallel zur tief eingeschnittenen Schlucht des Röttalbaches verläuft. Senkrecht
abstürzende Felsklippen, aufgebaut aus Kalk-Mergel-Wechselfolgen der Allgäu-Schichten bilden die
10.2b Flanken der Schlucht. Vom Weg aus blicken wir tief hinab in den unter uns tosenden Wildbach.

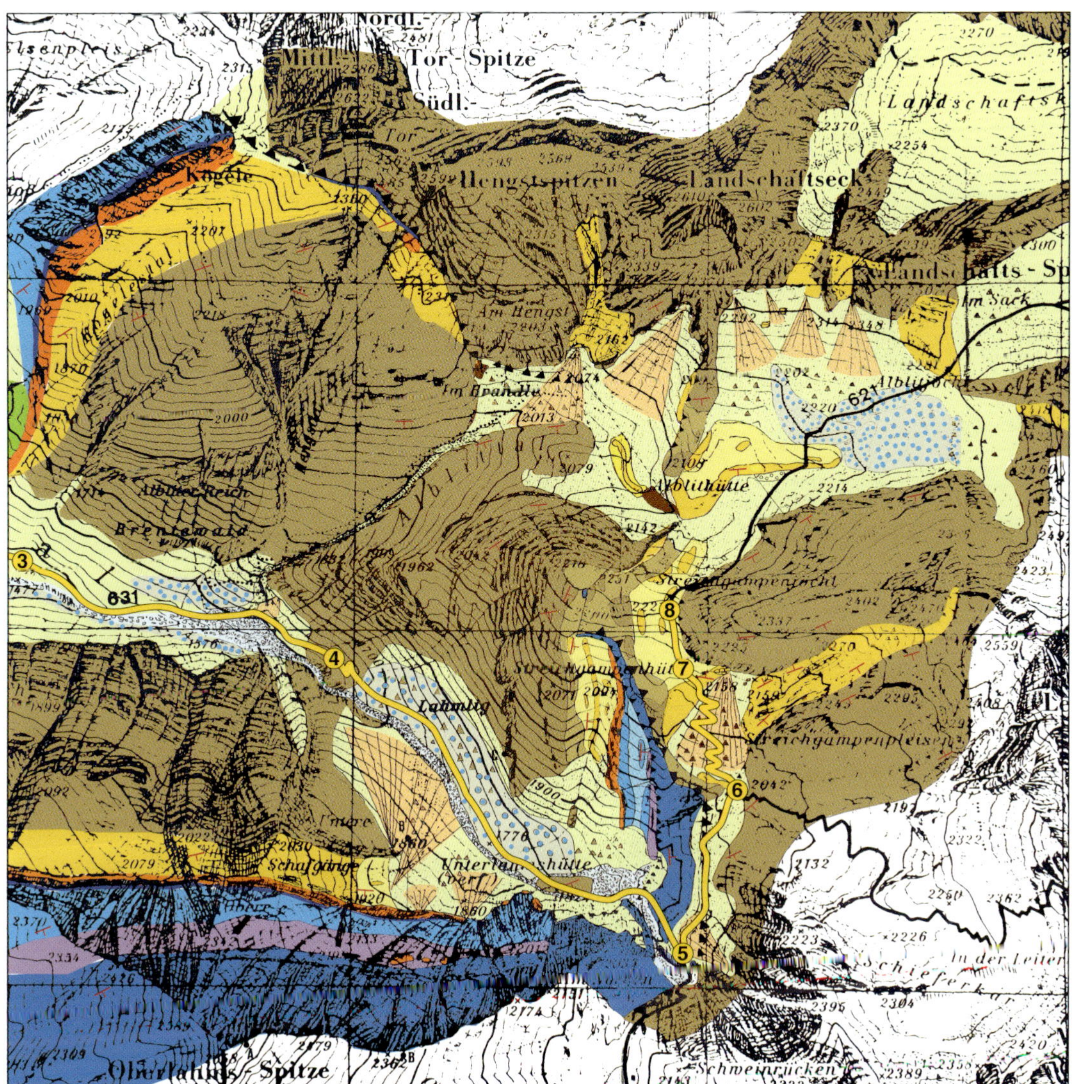

Abb. 10.3. Geologische Karte des Hinteren Röttals und der Umgebung der Albitalm mit Wanderroute **(10)**, *erstellt nach Aufnahmen von* MEGGERS *1991 und* ANDRULEIT *1991. Legende auf Seite 196.*

Nach kurzer Strecke lichtet sich der Fichtenwald am Waldweg bei 1390 Metern Höhe und gibt nach Nordosten den Blick frei über einen langen Taleinschnitt (**2**, Abb. 9.1, S. 152). Dieser wird beiderseits von relativ sanften, teils bewaldeten Berghängen flankiert. Geologisch handelt es hier um die östliche Fortsetzung der Tauchfaltenstruktur des Mahdberges (vgl. Wanderung **(8)**). Im Hintergrund ragen abrupt steile Felsmassive empor. Zoomen wir näher heran, so erkennen wir sofort eindeutig die in Wanderung **(8)** besprochene Konfiguration um den Kögele wieder. 10.4a

Im rechten Bildausschnitt blicken wir auf den überkippten Nordwestflügel des Mahdbergsattels. Im 10.4b
unteren, steileren Wiesenhang der Kelle sind Kalke und Mergel der Jüngeren Allgäu-Schichten aufgeschlossen, die im deutlich flacheren oberen Hang in die weichen Mergel der Mittleren Allgäu-Schichten übergehen. Darüber folgen im bräunlich anwitternden, steilen Felskliff Kalk-Mergel-Wechselfolgen der Älteren Allgäu-Schichten sowie ein markantes Band von Lias-Rotkalken und ganz am Top hell-

Abb. 10.4. Blick vom unteren Röttal am Waldrand auf Mietle und Kögele im Hintergrund. a, Landschaftsaufnahme; b, Geologische Skizze.

graue massige Rhätkalke. Die gesamte Schichtfolge in der Sattelflanke wurde beim Vorschub der darüber liegenden Inntal-Decke überdreht, sodass nunmehr alles verkehrt herum übereinander liegt, die jüngsten Schichten ganz unten, nach oben hin abgelöst von zunehmend älteren Schichten. Die überschiebende Inntal-Decke tritt im Gelände besonders eindrucksvoll in Form der steil aufragenden bizarren Dolomitfelsen im Hintergrund als Toplage des gesamten Schichtstapels in Erscheinung. Wir setzen unseren Weg fort und queren bald darauf den Röttalbach über eine Brücke. Das Tal weitet sich dahinter beachtlich. Der Weg führt jetzt durch eine Wiese leicht bergauf. Morphologisch sind hier zwei flach konvex gewölbte alte Schwemmfächer auszumachen (3). Die Fächer haben sich gebildet, als wesentlich mehr Wasser von den Hängen abfloss, das vermutlich von abschmelzenden Rest-Eismassen an den Talflanken vor 16 000 bis 14 000 Jahren beziehungsweise im Anschluss an den letzten Eisvorschub in der Jüngeren Dryas vor 11 500 Jahren stammte. Heute fließt nur noch
10.5 episodisch Wasser über die in die Fächer eingeschnittenen Rinnen dem Hauptbach im Tal zu.

Abb. 10.5. Breit aufgespannter Schwemmfächer auf der nördlichen Talflanke des Unteren Röttals.

Abb. 10.6. Blick entlang des beiderseits von Schutt und Schwemmfächern flankierten Röttals bei 1510 Metern Höhe. Im Mittelgrund rechts der Mahdberg, im Hintergrund die Sonnenkogel.

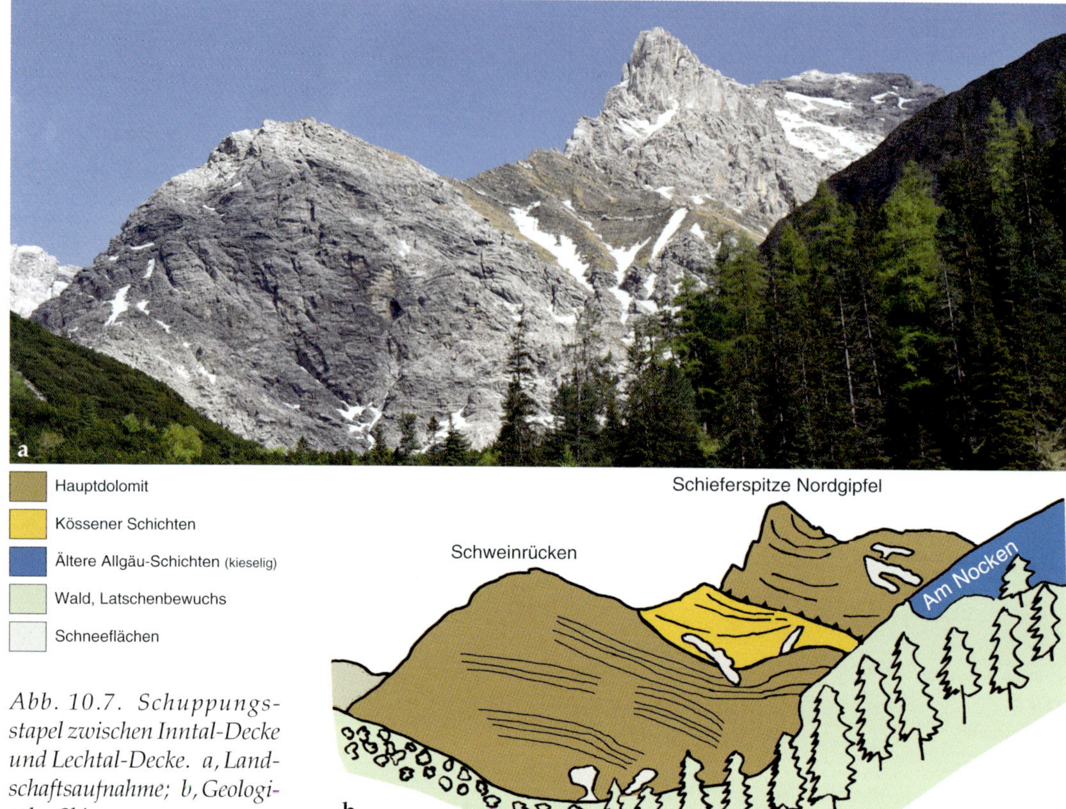

Abb. 10.7. Schuppungsstapel zwischen Inntal-Decke und Lechtal-Decke. a, Landschaftsaufnahme; b, Geologische Skizze.

Nach 500 Metern endet der Forstweg bei 1450 Metern Höhe am Waldrand. Von hier aus führt ein Steig durch lichten Fichtenwald und Latschenbewuchs, der vereinzelt mit Lärchen durchsetzt ist.

Bei circa 1510 Metern Höhe weitet sich das Tal abermals und wir genießen den herrlichen Blick
10.6 zurück nach Westen entlang des von mächtigen Schwemm- und Schuttfächern flankierten Tals. Im Mittelgrund erscheint auf der rechten Talflanke der von Wald und Wiesen bestandene Berghang des Mahdbergs und im Hintergrund ist das markante Massiv des Sonnenkogels zu sehen.

10.7 Etwas höher im Steig blicken wir nach Osten im Talschluss des Röttals auf einen typischen Schuppungsstapel an der Überschiebungsfront der Inntal-Decke, der in der Flanke des Nordgipfels der Schieferspitze zu sehen ist. Die Basisschuppe umfasst im Schweinrücken ein mächtiges Schichtpaket aus Hauptdolomit (=Felsmassiv) und Kössener Schichten (=eingesenktes Hochplateau darüber) mit den klassischen Mergel-Tonstein- und Kalk-Abfolgen. In der Nord-Flanke des Nordgipfels der Schieferspitze folgt darüber ein zweites mächtiges Paket von Hauptdolomit mit einem klaren Überschiebungskontakt zu den unterlagernden Kössener Schichten der Basisschuppe.

Beim weiteren Aufstieg durch den von Latschen bewachsenen, felsigen Hauptdolomit-Hang gibt
es zwischen 1640 und 1700 Metern Höhe immer wieder Gelegenheit für einen herrlichen Blick nach
10.8 Nordwesten entlang des Röttals auf die Ende Mai meist noch mit Schnee bedeckten Felsmassive der Hornbachkette im Hintergrund sowie den Sonnenkogel und Mahdberg im Mittelgrund.

Bei 1710 Metern Höhe erreichen wir unser erstes Etappenziel des Tages (4), eine flache Kartreppen-Landschaft nahe der Baumgrenze. Der Latschenbestand lichtet sich und üppige, herrlich blühende Bergwiesen, die in früherer Zeit von der Almwirtschaft vielfältig genutzt wurden, erstrecken sich vor uns. Heute muss man schon richtig suchen, bis man die Mauerreste der verfallenen Unterlahmshütte

Abb. 10.8. Panorama entlang des Röttals zwischen 1640 und 1710 Meter Höhe. Im vorderen Mittelgrund auf der rechten Talflanke der Mahdberg, im hinteren Mittelgrund der Sonnenkogel und im Hintergrund die Hornbachkette.

Abb. 10.9. Der Rand der Kartreppe mit typischer Buckelwiese bei 1710 Meter Höhe.

a
b
c
d
e
f
g
h
i

◁ *Abb. 10.10. Blumenvielfalt auf der Kartreppe auf 1710 Meter. a, Kugelblumen; b, Alpenglöckchen; c, Gletscher-Hahnenfuß; d, Alpen-Gemskresse, dahinter Pestwurz; e, Aurikel; f, Alpen-Fettkraut; g, Schlüsselblumen; h, Buchsblättrige Kreuzblume; i, Schusternagelenzian.*

findet. Die Bergwiesen sind keinesfalls eben, sondern auffällig buckelig gestaltet. Solche Buckelwiesen 10.9
sind ein sicherer Anzeiger von eiszeitlichen Klimaverhältnissen. Sie zeigen eine charakteristische Morphologie aus klein dimensionierten Buckeln und Mulden und sind besonders häufig über Moränenablagerungen zu beobachten. Die Entstehung der Buckelwiesenstrukturen geht auf frostmechanische Vorgänge in jahreszeitlich kurzfristig an der Oberfläche auftauenden Permafrost-Böden zurück, Verhältnisse, wie man sie heute in Sibirien und Alaska vorfindet. Als Folge dieses wiederholten Einfrierens und teilweisen Auftauens kommt es zu einer seitlichen Ausdehnung und Hebung der obersten Bodenschicht und an ihrer Oberfläche zur Ausbildung der typischen Strukturierung in Buckel und Mulden.

Bei unserer Begehung Ende Mai 2018
10 hat uns besonders die Vielfalt und Dichte von Blumen in den gerade wieder grünen Bergwiesen beeindruckt. Dichte Teppiche von Kugelblumen und dem Alpenglöckchen, teilweise durchsetzt mit Gletscher-Hahnenfuß, Bachwurz, Aurikel, Alpen-Fettkraut, Schlüsselblumen, Buchs-Kreuzblume, Schusternagelenzian sowie kleinwüchsiger lila Teufelskralle und lila blühenden Primeln begeisterten in vielfältigen Gruppierungen.

Nach kurzer Rast ist genug Zeit, sich etwas ausführlicher mit der fantastischen Geologie in der Umgebung vertraut zu machen. Spektakulär ist
.11 die Abfolge in der Nordflanke der Oberlahmspitze auf der gegenüberliegenden Talseite aufgeschlossen. Die verschiedenen Formationen sind hier besonders typisch in ihrem morphologischen Erscheinungsbild und ihrem internen Aufbau sowie den Verwitterungseigenschaften zu beobachten. Im Hintergrund ist von rechts nach links ein klassischer Nord-Süd-Profilschnitt erschlossen. Alle Schichten fallen mittelsteil in südliche Richtung ein. Das Profil beginnt im Norden mit einer steilen Felswand, in der die deutlich gebankten graubraunen Dolomitabfolgen der Formation des Hauptdolomits aufgeschlossen sind. Darüber folgt eine erste Verebnung, die von den stärker witterungsanfälli-

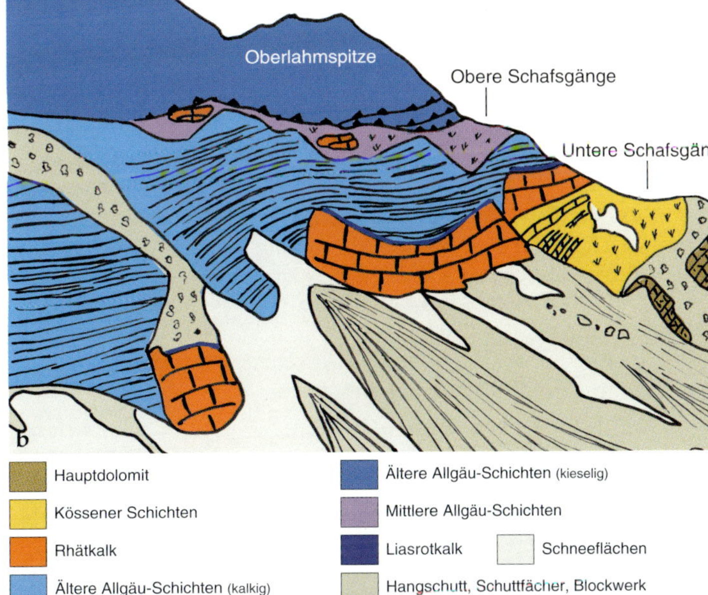

Abb. 10.11. Schichtfolge in der Nordflanke der Oberlahmspitze von der gegenüberliegenden Talseite betrachtet. a, Landschaftsaufnahme; b, Geologische Skizze.

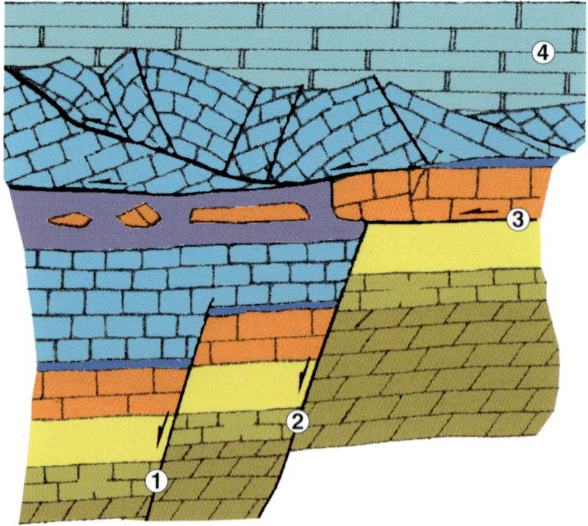

Abb. 10.12. Schematisches Entwicklungsschema der sedimentologischen und tektonischen Ereignisse, die aus den Befunden der in der Nordflanke der Oberlahmspitze aufgeschlossenen Schichtfolge abgeleitet werden können (Deutungsvorschlag von Prof. Dr. RAINER BRANDNER in GRUBER et al. 2010). ① Synsedimentäre Abschiebungen und Schlammgeröllströme; ② Während der Ablagerung der Manganschiefer wurde an großen Abschiebungen in der Liegendscholle die Schichtfolge Rhätkalk-Untere Allgäu-Schichten freigelegt (=Metascarp). In der Hangendscholle wurden die Manganschiefer bis auf Höhe der Kössen-Formation abgesenkt; ③ Eingleiten von Rhätkalkschollen, die von Manganschiefern einsedimentiert wurden. In der Folge Eingleiten von Großschollen von Unteren kieseligen Allgäu-Schichten; ④ Obere Allgäu-Schichten sedimentieren die Gleitschollen zu.

gen Kalken und Mergel-/Tonsteinen der Kössener Schichten gebildet wird. Diese flache Senke ist in der topographischen Karte als Untere Schafgänge verzeichnet, ein Hinweis auf ehemalige Haltung von Schafen auf der Unterlahmsalm, die problemlos in die steilen Wiesenhänge aufgestiegen sind. Darüber schließt sich eine sehr steile Felsrippe aus hellgrauen, grob gebankten bis massigen Rhätkalken an. Am Top des Rhätkalks tritt ein oft nur 1 bis 5 Meter mächtiges auffälliges Band von Lias-Rotkalken auf. Dieses ist in der Zeichnung in Abbildung 10.11 aufgrund der geringen Mächtigkeit nicht gesondert ausgewiesen, ist jedoch mit dem Fernglas oder beim Zoomen mit dem Fotoapparat an vielen Stellen klar erkennbar. Mit deutlichem Geländeknick und mittelsteilem Hangprofil setzen darüber die graubraun verwitternden Kalk-Mergel-Wechselfolgen der kalkigen Älteren Allgäu-Schichten ein, die am Top von einer zweiten Verebnung – den so genannten Oberen Schafgängen – begrenzt wird. Unter der Grasnarbe stehen hier weiche, braune Mergel der Mittleren Allgäu-Schichten an.

Bis an diese Stelle sind im Profil alle Formationen in ihrem normalen stratigraphischen Verbund ungestört übereinandergelagert. Da die Abfolge nach Süden einfällt, könnte es sich somit tektonisch um den ungestörten, normal liegenden Nordflügel einer Mulde handeln. Der weitere Verlauf des Profils zeigt hier jedoch einen klaren Bruch. Anstatt der zu erwartenden Jüngeren Allgäu-Schichten treten in der steilen Felswand bis zum Gipfel der Oberlahmspitze erneut Ältere Allgäu-Schichten auf, die jedoch im Gegensatz zu dem kalkigen Paket über den Rhätkalken als kieselige Kalk-Mergel-Wechselfolgen ausgebildet sind. Da über den Mittleren Allgäu-Schichten erneut Ältere Allgäu-Schichten folgen, muss hier eine Störung vorliegen, die in der geologischen Karte meines Diplomanden HELGE MEGGERS als Überschiebung verzeichnet ist (MEGGERS 1991). Auffällig ist auch, dass in den Mittleren Allgäu-Schichten Blöcke von Rhätkalk auftauchen (vgl. Abb. 10.11). Diese wurden von HELGE MEGGERS als kleine Scherkörper gedeutet, die an der Basis der Überschiebungsmasse mitgeschleppt und anschließend in die weichen Mergel beim Vorschub hineingepresst wurden.

Als Geologe ist man stets bemüht, die Geländebeobachtungen zu einem dreidimensionalen Raummodell zusammenzufügen. Daraus können unterschiedliche Modellvorstellungen resultieren, die sich teilweise auch widersprechen können. Die Beobachtungen in den Abfolgen in der Nordflanke der Oberlahmspitze lieferten auch den Anstoß zu einer derartigen, hochinteressanten und kontroversen Diskussion. Dem Kollegen RAINER BRANDER ist bei Geländebegehungen des Gebietes im Rahmen eines Kartierkurses mit Studenten der Universität Innsbruck aufgefallen, dass die markante hellgraue Rhätkalk-Rippe schräge Querbrüche mit deutlichem Versatz aufweist und somit in West-Ost-Richtung Dehnung erfolgt sein muss. Die Störungen sind somit als Abschiebungen aufzufassen. Eine weitere wichtige Beobachtung war, dass diese Abschiebungen nicht den gesamten Schichtstapel durchziehen, sondern nur im Schichtpaket unterhalb der Mittleren Allgäu-Schichten auftreten. Folglich kann es sich hierbei nicht um eine jüngere Tektonik handeln, die zum Beispiel nach der Einengung mit Faltung und Deckenstapelung durch Zerblockung und Dehnung beim Aufstieg des Gebirges angelegt wurde. Die beobachtete Dehnungstektonik erfolgte somit eindeutig vor der Faltung. Da die Störungen unterhalb des Pakets der Mittleren Allgäu-Schichten enden, ist es sehr wahrscheinlich, dass die Dehnungstektonik als synsedimentäre Abschiebungen im Unterjura und im Zuge der Zerblockung des untermeerischen Kontinentalhangs angelegt worden sind. Analoge Phänomene können heute weit verbreitet an vielen passiven Kontinentalrändern von jungen, sich spreizenden Ozeanbecken beobachtet werden. Die Ausweitung und Dehnungstektonik ist oft mit Mikroerdbeben verbunden, die neben den Brüchen auch große Massenbewegungen auslösen können. In jüngerer Zeit konnten in verschiedenen Regionen eindrucksvolle Beispiele solcher Phänomene aus dem Alpinen Jura nachgewiesen werden. Zusammenfassende Übersichtsarbeiten sowie Fallbeispiele aus den Berchtesgadener und Salzburger Alpen finden sich bei HENRICH et al. 2014 sowie HENRICH 2016.

Abb. 10.13. Eine Gams (a) und ein Rudel Steinböcke (b) rasten beziehungsweise grasen in den teils noch schneebedeckten Schutthängen unterhalb der Oberlahmspitze.

12 Abbildung 10.12 veranschaulicht in einer Schemazeichnung, wie sich Kollege BRANDNER den Ablauf der in der Nordwand der Oberlahmspitze dokumentierten Ereignisse vorstellt (vgl. hierzu auch die Ausführungen in GRUBER et al. 2013, Erläuterungen zur geologischen Karte des Blattes ÖK 113 Landeck). Als erstes wurden die synsedimentären Abschiebungen angelegt und es kam gleichzeitig am untermeerischen Hang immer wieder zu kleindimensionierten Massenverlagerungen in Form von Schlammgeröllströmen (Phase 1). Diese finden sich als bankweise Einschaltungen in den Älteren Allgäu-Schichten. In der Folge brachen an den sich zunehmend versteilenden untermeerischen Störungskliffs einzelne Blöcke aus der durch Zerblockung gekippten und freigelegten Rhätkalkplatte heraus und glitten hangabwärts in das Sedimentationsbecken der Mittleren Allgäu-Schichten ein (Phase 2), wo sie anschließend von Mergeln zugeschüttet wurden. Abermals später (Phase 3) nahmen die Intensität und das Ausmaß an Massenbewegungen zu und kulminierten mit den groß dimensionierten Gleitschollenbewegungen, die in den intensiv zerscherten und verschuppten Abfolgen der kieseligen Älteren Allgäu-Schichten in der Felswand unterhalb des Gipfels der Oberlahmspitze sichtbar sind.

Herr BRANDNER bietet uns mit seinem Modell eine äußerst spannende und hochinteressante Interpretation an. Nun möchten Sie als naturkundlich interessierter Wanderer sicherlich gerne wissen, welche Deutung denn wirklich die richtige ist. Ich bin der Meinung, dass wir diese Frage heute noch nicht

Abb. 10.14. Die Berglandschaft im direkten Umfeld der Oberen Streichgampenhütte.

eindeutig beantworten können, da bisher keine Fakten vorliegen, die einem der Modelle widersprechen. Belege für das in Phase 4 geforderte Zusedimentieren der jüngsten Gleitschollen durch Jüngere Allgäu-Schichten gibt es nicht, da die aufgeschlossenen Abfolgen in der Oberlahmspitze dieses Niveau nicht erreichen und bisher nirgendwo sonst in der Region eine Versiegelung von Gleitschollen beobachtet wurde, ein Schwachpunkt, den auch Kollege BRANDNER erkannt hat. Andererseits sind die eindeutig vorhandenen Abschiebungen im Einengungs- und Deckenvorschubmodell von HELGE MEGGERS auf den ersten Blick schwer unterzubringen. Allerdings muss betont werden, dass es wiederum reichlich Fallbeispiele aus Faltengebirgen (z. B. aus dem Rheinischen Schiefergebirge, HENRICH et al. 2017) gibt, wo Dehnung in Faltenachsenrichtung bei der Einengung auftritt, indem entlang von Quer- und Diagonalklüften einzelne Keile seitlich und nach oben ausgequetscht werden und somit Platz bei der Einengung schaffen.

Auf den Schneefeldern und Schuttfächern unterhalb der Oberlahmspitze ist bei unserer Begehung Wild unterwegs. 10
Eine Gams hat im kühlen Schnee einen geeigneten Ruheplatz gefunden und ein Rudel Steinböcke grast in dem ersten frischen Bewuchs der Geröllfelder und Schuttfächer.

Im Talschluss folgen wir dem Weg Nr. 631 – Stuttgarter Weg steil bergan (5) durch felsigen Untergrund und Schutt. Hier liegt bei unserer Tour Ende Mai noch reichlich Schnee, sodass der Wegverlauf oft erst nach intensiver Suche erkennbar ist. Der Steig mündet in den höhenparallelen Weg Nr. 621 bei 1950 Metern Höhe (6). Wir nehmen den Abzweig nach links. Nach circa 200 Metern Wegstrecke queren wir bei 2000 Metern Höhe einen tief in den felsigen Hauptdolomit-Untergrund eingeschnittenen Bach. Von hier aus hat man ein erstes herrliches Panorama mit der Oberlahmspitze und dem vor uns liegenden Anstieg zum Streichgampenjoch im Vordergrund sowie nach Westen im Mittelgrund auf das Sonnenkogelmassiv und ganz im Hintergrund die Hornbachkette. Wir queren über eine flache Talsenke, in der Kössener Schichten anstehen, hinüber zu einer flachen Felsrippe, die von Hauptdolomit gebildet wird. Von hier führt der Steig stetig in angenehm zu gehenden Ser-
10.14 pentinen bergan, bis man die Almgebäude der Oberen Streichgampenhütte (2154 m) erreicht (7).

Unter der Grasnarbe der Almwiesen um die Hütten stehen dunkelgraubraune bis schwarze Kalk-Tonstein-Mergel-Wechselfolgen der Kössener Schichten an, von denen sich an manchen Stellen kleine Ausbisse im Hang finden. Das Felskliff direkt hinter den Hütten wird von steil östlich einfallendem, zyklisch gebankten Hauptdolomit gebildet.

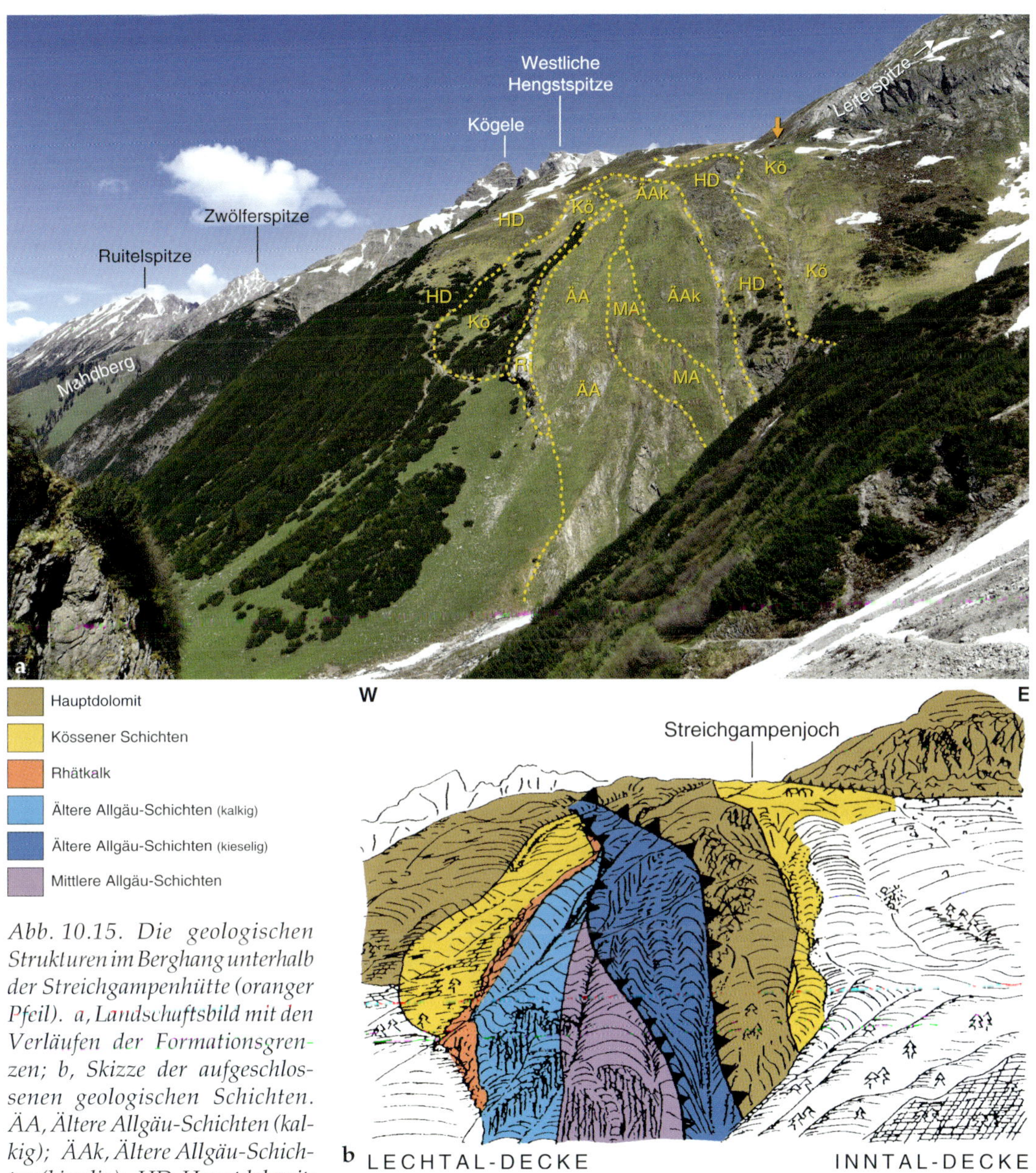

Abb. 10.15. Die geologischen Strukturen im Berghang unterhalb der Streichgampenhütte (oranger Pfeil). a, Landschaftsbild mit den Verläufen der Formationsgrenzen; b, Skizze der aufgeschlossenen geologischen Schichten. ÄA, Ältere Allgäu-Schichten (kalkig); ÄAk, Ältere Allgäu-Schichten (kieselig); HD, Hauptdolomit; Kö, Kössener Schichten; MA, Mittlere Allgäu-Schichten; RK, Rhätkalk.

Die geologischen Verhältnisse im Berghang zum Streichgampenjoch werden am besten anhand eines Geländefotos und einer im gleichen Maßstab und Blickrichtung entworfenen Zeichnung, in der die aufgeschlossenen Formationen farbig ausgewiesen sind, deutlich. Es ist die große Kunst des Geländegeologen, aus geringsten Änderungen in der Morphologie in Verbindung mit typischen Eigenschaften der Gesteinsarten, wie zum Beispiel Farbe, Verwitterungstyp und Bankung, unterschiedliche Formationen zu identifizieren und aus deren Abfolge und Lagerungsverhältnissen ein genaues Bild der geologischen Strukturen zu entwerfen. Auch als naturkundlich interessierter Wanderer kann 10.15

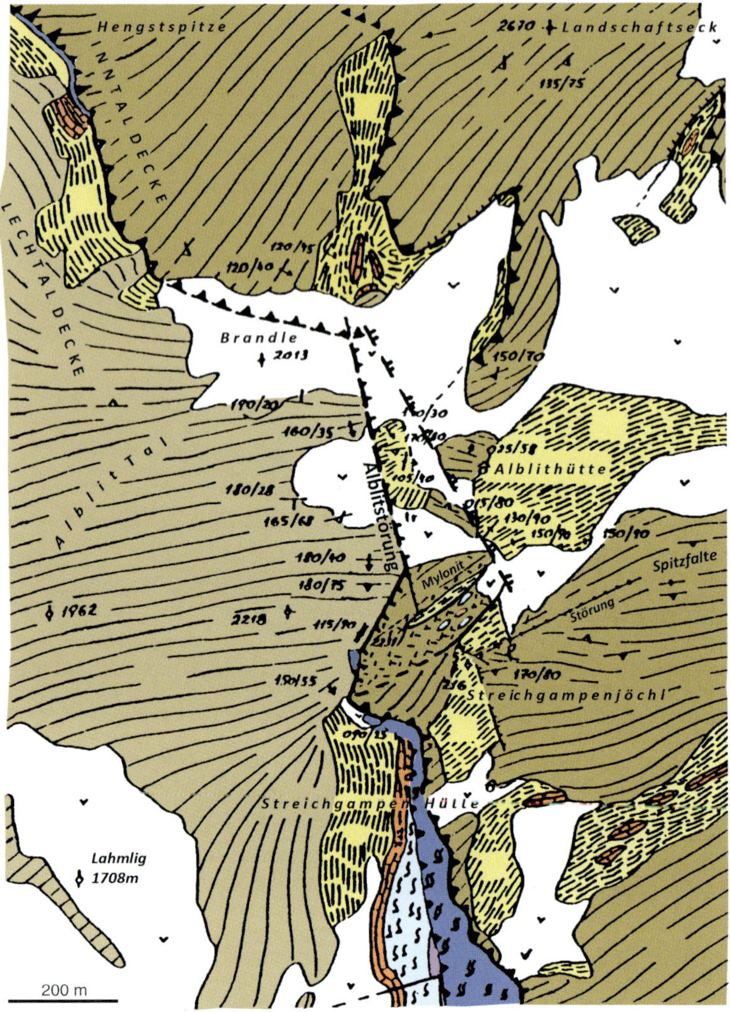

Abb. 10.16. Tektonische Übersichtsskizze der weiteren Umgebung des Streichgampenjöchls. Skizze aus dem unveröffentlichten Kartierungsbericht von HELGE MEGGERS 1991.

man sich in dieser Kunst durch Übung trainieren. Probieren Sie es doch einmal. Wie sind genau die Verhältnisse im Berghang zum Streichgampenjöchl? Alle Schichten fallen mittelsteil nach Osten ein. Von West nach Ost sind sukzessiv zunehmend jüngere Schichten aufgeschlossen, zunächst Hauptdolomit, darüber Kössener Schichten, Rhätkalk inklusive des dünnen Lias-Rotkalkbandes am Top, kalkige Ältere Allgäu-Schichten und schließlich Mittlere Allgäu-Schichten. Aufgrund des andersartigen Verlaufs der Ausstrichlinie des darüber folgenden Pakets von kieseligen Älteren Allgäu-Schichten im Hang wird sofort klar, dass sich die Einfallrichtung geändert hat und die Trennfläche somit als Störung angesprochen werden muss. Die Tatsache, dass Ältere Allgäu-Schichten über Mittleren Allgäu-Schichten folgen belegt, dass eine Überschiebung vorliegt. Die bisher vorgefundene Abfolge von Formationen entspricht exakt der des Oberlahmspitze-Profils. Der einzige Unterschied besteht im Einfallen der Schichten, an der Oberlahmspitze nach Süden, im Streichengampenjoch-Hang nach Osten. Im Talschluss des Rötbachtals dreht das Einfallen aus südlicher Richtung sukzessiv in östliche Richtung ein. Ein Blick auf die geologische Karte zeigt, dass es sich bei der Gesamtstruktur um einen Sattel handelt, dessen Achse im Talschluss nach Südosten eintaucht. Soweit die Westseite des Streichgampenjoch-Hanges.

Im Osten folgt über den kieseligen Älteren Allgäu-Schichten erneut eine Störung, dann Hauptdolomit, darüber Kössener Schichten und ganz am Top erneut Hauptdolomit, der die darunter liegenden Kössener Schichten überschiebt. Die Störung an der Basis des ersten Hauptdolomitpakets markiert die Deckengrenze zwischen der Lechtal-Decke und der Inntal-Decke.

Die Gesamtsituation um das Streichgampenjöchl ist aus der von HELGE MEGGERS in Anlehnung
10.16 an eine ähnliche Abbildung von ALEXANDER TOLLMANN angefertigten Skizze klar ersichtlich. Der genaue Verlauf der Deckengrenze war lange Zeit unter den Fachleuten hart umstritten. Jahrzehntelang wurde gestritten, ob es hier überhaupt eine Deckengrenze gibt oder ob die tektonische Situation nicht besser durch ortsgebundene Tektonik in Form von großen Beutelfalten verstanden werden könnte. Ein Blick auf die Skizze zeigt, warum diese Entscheidung nicht ganz banal war. Im Mittelabschnitt verläuft die Deckenbahn mitten durch ein einheitliches Gebiet von Hauptdolomit.

Abb. 10.17. a, Blick vom Streichgampenjöchl nach Süden auf die Kette von Hauptdolomit-Massiven der Inntal-Decke: Leiterspitze, Medriolkopf und Kleinbergspitze; b, Blick nach Norden auf Westliche Hengstspitze und Landschaftsspitze.

Hier ist die Deckengrenze nur anhand einer mehr oder weniger breiten Mylonitzone verfolgbar. In einer Mylonitzone wird das Gestein entlang der Deckenbahn beim plötzlichen Lösen der extremen Spannungen, die sich aufgebaut haben, kleinstückig zerbrochen, zerrieben und anschließend wieder zu einer festen Gesteinsmasse verschweißt.

Nach der Rast auf der Bank vor der Hütte gehen
wir die letzten 50 Höhenmeter des Aufstiegs zum
Streichgampenjöchl beschwingt an und genießen
7a dort den einmaligen Ausblick (8). Von Ost nach
Süd erstreckt sich die Kette der der Inntal-Decke
zuzurechnenden Hauptdolomitmassive: Kleine
und Große Leiterspitze und Medriolkopf; davor blicken wir im Süden im Mittelgrund auf
die Oberlahmspitze, in der die vorher intensiv
18 diskutierten jurassischen Abfolgen der Lechtal-
Decke aufgeschlossen sind. Der zweite Panoramaschnitt zeigt einen Ausschnitt der Kette von
7b Hauptdolomitmassiven der Inntal-Decke: das
Landschaftseck im Westen, das Landschaftseck
in der Bildmitte und sowie die Landschaftsspitze im Osten. Im rechten Bildausschnitt ist
das Alblittkar mit seinem vielfältigen glazialen
Formenschatz, den der Gletscher in die weichen
Kössener Schichten gefräst hat, zu sehen.

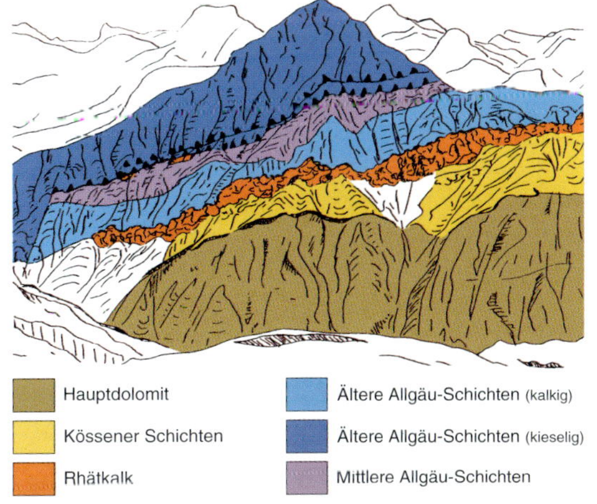

Abb. 10.18. Schichtfolge der Oberlahmspitze nach MEGGERS *1991 vom Streichgampenjöchl aus betrachtet.*

Hier endet unsere heutige Wanderung. Zurück geht es voller Eindrücke und Erlebnisse über den gleichen Weg stetig bergab. So ist der Rückweg viel leichter und erheblich schneller als der Aufstieg.

Literatur

ANDRULEIT, H. (1991). Zur Geologie zwischen Torspitze und Seekogel (zentrale Lechtaler Alpen). – 93 S., unveröffentlichte Diplomkartierung Universität Kiel.

GRUBER, A., G. PESTAL, A. NOWOTNY R. & SCHUSTER (2010). Geologische Karte der Republik Österreich 1:50000, Erläuterungen zu Blatt 144 Landeck. – Geologische Bundesanstalt Wien, 199 S., 34 Abb., 6 Falttafeln.

HENRICH, R., K.-H.BAUMANN & T. BICKERT (2014). New concepts on mass wasting phenomena at passive and active margins of the Alpine Tethys: famous classical outcrops in the Berchtesgaden – Salzburg Alps revisited. Part A: Jurassic slide/debrite complexes triggered by syn-sedimentary block faulting. – Pp. 661–674 in: S. KRASTEL et al. (eds.), Submarine Mass Movements and Their Consequences, Advances in Natural and Technological Hazards Research 37, DOI 10.1007/978-3-319-00972-8_59, Springer International Publishing Switzerland.

HENRICH, R. (2016). Synsedimentary tectonics and mass wasting along the Alpine margin in Liassic time. – Pp. 449–459 in: G. LARMARCHE et al. (eds.), Submarine Mass Movements and Their Consequences, Advances in Natural and Technological Hazards Research 38, DOI 10.1007/978-3-319-20979-1_45, Springer International Publishing Switzerland.

HENRICH, R., W. BACH, I. DORSTEN, F.-W. GEORG, C. HENRICH & U. HORCH (2017). Riffe, Vulkane, Eisenerz und Karst im Herzen des Geoparks Westerwald-Lahn-Taunus. – Wanderungen in die Erdgeschichte 33: 208 S., Verlag Dr. Friedrich Pfeil, München .

MEGGERS, H. (1991). Zur Geologie der Alblitalm sowie des hinteren Röttales (Zentrale Lechtaler Alpen). – 99 S., unveröffentlichte Diplom-Kurzkartierung Universität Kiel.

11 Durch das Grießltal über die Baumgartalm zum Fallenbacher See

Ganztageswanderung mittlerer Schwierigkeitsgrad.

Die Anreise zu unserer heutigen Tour ist relativ einfach. Die erste Etappe von Bach bis zur Abzweigung des Weges ins Grießltal kann man am bequemsten mit dem Madautal-Taxi absolvieren. Man spart dabei die ersten 2 Kilometer an Wegstrecke. An der Abzweigung folgen wir der Forststraße durch dichten Fichtenwald und erreichen nach einer halben Stunde bei rund 1400 Metern Höhe den Waldrand. Die ersten 200 Meter Höhenanstieg sind so schnell geschafft. Direkt rechts oberhalb des Weges liegt die Grießlalm. Von nun an geht es über 1,5 Kilometer Strecke kaum spürbar flach ansteigend durch das sich breit öffnende Grießltal mit seinen eindrucksvollen steilen Bergwiesenhängen und auf beiden Talflanken imposant steil aufragenden Felsmassiven, an deren Fuß sich mächtige Schutt- und Schwemmfächer entwickelt haben. Bei 1500 Metern Höhe queren wir den Grießlbach über eine Brücke. Die Forststraße wird nun steiler und kurvenreicher. Nach abermals einem Kilometer Strecke erreichen wir unser erstes Etappenziel, die bei 1961 Metern Höhe malerisch gelegene Baumgartalm. Nach ausgiebiger Pause und Rast setzen wir unsere Wanderung in Richtung Fallenbacher See fort. Wir folgen dem markierten Steig, der im Talschluss durch einen steil aufragenden Felsriegel zum See führt. Im Felsriegel müssen knapp 200 Höhenmeter in zum Teil anspruchsvollem Steilanstieg überwunden werden. Der Steig ist fast durchgängig durch eine Verdrahtung gesichert. Bergerfahrung und adäquates Schuhwerk sind allerdings unabdingbar. Am See angekommen wird man durch die grandiose Landschaft und beeindruckende Ausblicke belohnt. Zudem hat man oft eine gute Chance, die auch hier beheimateten Steinböcke in ihrem Revier zu beobachten.

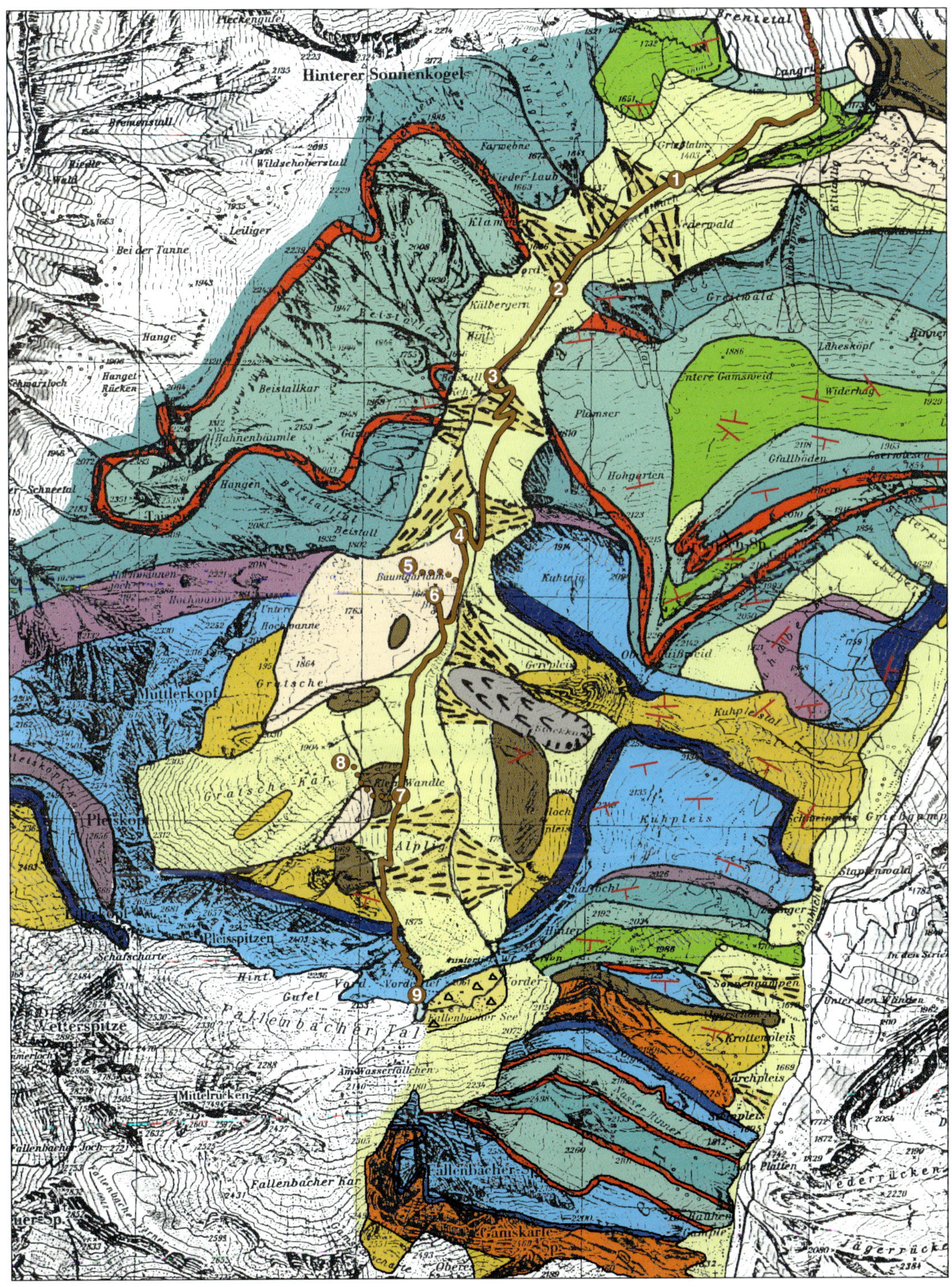

Abb. 11.1. Geologische Karte der Umgebung des Grießltals mit Haltepunkten der Wanderung **11**. *Legende auf Seite 196.*

Abb. 11.2. Gut erkennbare Radiolaritbänder in den Flanken des Grießltals. a,b, Aufsteigendes Band auf der östlichen Talflanke auf Höhe des dritten Schwemmfächers; c, Horizontal verlaufendes Band oberhalb der Baumgartalm in der westliche Talflanke.

Was macht die Wanderung ins Grießltal neben der aus der Wegstreckenbeschreibung bereits ersichtlichen grandiosen Landschaft so besonders interessant? Die Antwort ist einfach. Wichtige Elemente der Geologie der Lechtaler Alpen werden bei der Wanderung durch das Grießltal in einzigartiger Weise in den Felswänden direkt sichtbar und auch für den Laien begreifbar. So gesehen ist das Grießltal ein vorzügliches geologisches Lehrbuch. Beim Blättern in diesem Buch werden regionale Phänomene, aber auch grundsätzliche Strukturen in besonders eindrucksvoller Weise greifbar. Es gilt, den Blick zu schärfen und die Detailbeobachtungen zu einem Gesamtbild zusammenzufügen. Wir laden Sie ein, mit uns dieses Experiment zu vollziehen. Wir werden an verschiedenen Standpunkten im Tal Halt machen und anhand von Fotos und im gleichen Maßstab erstellten geologischen Erläuterungsskizzen die Entwicklung der Strukturen und Landschaftsformen rekonstruieren. Die
11.1 Haltepunkte sind im Geologischen Kartenausschnitt des Grießltals markiert.

Den ersten kurzen Stopp legen wir ein, nachdem wir den Waldrand erreicht haben. Vor uns erstreckt sich das Grießltal mit seinen steilen, von fast senkrecht abstürzenden Felswänden gebildeten Talflanken in voller Breite. Mehrere inaktive, überwachsene, großdimensionierte Schwemmfächer stechen aus den Schutthängen hervor. Bis in große Höhen erstreckt sich das offene Wiesengelände mit vereinzelt durchspießenden kleinen Felsen. In der westlichen Talflanke folgen südlich der Grießlalpe steil abstürzende Felswände, in denen die typisch graubraun verwitternden Kalk-Mergel-Wechselfolgen der Jüngeren Allgäu-Schichten markant hervortreten (1). Nachdem wir den dritten Schwemmfächer passiert haben, fällt in den Felswänden darüber sofort ein weithin erkennbares rotes Radiolaritband auf, das steil nach Nordwesten zum Gipfelgrat hinaufzieht (2). Darunter heben sich direkt unter den Gipfelfluren die charakteristischen, regelmäßig dünn gebankten, grau verwitternden Abfolgen des Malm-Aptychenkalks ab. Diese kann man über rund 1,2 Kilometer Wegstrecke in den Wänden weiterverfolgen bis zu einem zweiten roten Radiolaritband, das in westlicher Richtung steilstehend zur Gipfelregion hinaufzieht (3). Beide steilstehenden Radiolaritbänder sind durch ein in den Gipfelfluren immer wieder erkennbares höhenlinienparallel ausstreichendes Radiolaritband miteinander verbunden. Der Blick auf die geologische Karte zeigt, dass wir eine klassische Mulde, die so genannte Tajaspitzmulde durchquert haben. Aus der Biegung des Radiolaritbandes – die Biegung wird von den Fachleuten als umlaufendes Streichen bezeichnet – ergibt sich, dass die Achse der Tajaspitzmulde nach Osten eintaucht. Wir haben die Begehung für diese Wanderung am 15. Juni vorgenommen. Im Winter war außergewöhnlich viel Schnee gefallen, sodass es noch eine Menge Restschnee gab. Ein Baggerfahrer war gerade dabei, den Weg zur Alm wieder freizuschaufeln. Das Ergebnis waren eindrucksvolle Schneetunnel entlang des Straßenverlaufs in der kurvenreichen Anstiegsstrecke

Abb. 11.3. Dünn gebankte, grau verwitterte Abfolgen von Malm-Aptychenkalk an der Ostflanke des Grießltals.

Abb. 11.4. Die Straße im Anstieg zur Baumgartalm verläuft manchmal bis in den Sommer hinein abschnittweise durch über mannshohe Schneegräben.

Abb. 11.5. Erste Erkundungen eines Murmeltiers zu Beginn der diesjährigen Almsaison.

zur Baumgartalm. Gleichzeitig waren die Almbesitzer und ihre Helfer dabei, auf den schneefreien Wiesenhängen mit dem Frühjahrsputz zu beginnen. Im Winter aus den Felswänden gelöste Steine sowie herausgerissenes Buschwerk und Äste wurden ins Tal gerollt und dort zu Haufen aufgeschichtet. Wahrlich eine anstrengende und mühsame Arbeit. Der Frühjahrsblumenschmuck war noch spärlich
11.5 entwickelt, aber die Murmeltiere hatten die diesjährige Almsaison schon eröffnet.

Abb. 11.6. Anthropogen überprägte Moränenlandschaft im Bereich der Baumgartalm.

Abb. 11.7. Der von Allgäu-Schichten aufgebaute Felsriegel des Beistalls (Bildmitte) wird von einem Moränenwall gekrönt, der von einer heute noch aktiven Schwemmrinne durchschnitten wird.

Rund 500 Meter vor dem Anstieg zur Baumgartalm (1661 m) stehen in der Wegböschung Allgäu-
Schichten an. Diese werden in den letzten 500 Meter des Steilanstiegs zur Alm von einer Moräne 11.6
überdeckt, die weitflächig in der Umgebung der Alm ausstreicht. Im Norden grenzt das Morä-
nengebiet direkt an den aus Allgäu-Schichten aufgebauten Felsriegel des Beistalls und bildet eine
Wallstruktur aus, die von einer heute noch aktiven Schwemmrinne am Rand des Felsriegels durch- 11.7
schnitten wird (4).

Den mit mehr als 10 Kubikmeter Volumen größten vom Eis transportierten Block in der Moräne findet 11.8a
man 100 Meter nordwestlich der Hütten der Baumgartalm (5). Er stammt aus den stark verkieselten Basispartien der Älteren Allgäu-Schichten. Die gut gebankten grauen Kalke sind intensiv von

Abb. 11.8. a, Von Almrausch und kleinen Fichten überwachsener, vom Eis transportierter Block aus den Älteren Allgäu-Schichten, 100 m nordwestlich der Hütten der Baumgartalm; b,c, Graubraune, gut gebankte, intensiv von schwarzen Hornsteinaggregaten durchäderte Kalke mit Mergelfugen. In den Fugen haben sich Aurikel, Enzian und Silberwurz angesiedelt.

Abb. 11.9. Blick von der Baumgartalm auf die gegenüberliegende Talflanke. Im Vordergrund alte und junge Schutt- und Schwemmfächer (1, Schuttfächer; 2, Hangrutschungsfächer; 3, Junger Schwemmfächer), im Hintergrund darüber die Felswandfluren des breit aufgespannten Baumgart-Sattels.

11.8b schwarzen Hornsteinaggregaten durchädert. Diese schwarzen Quarzaggregate stellen diagenetische
11.8c Umbildungen von massiven Kieselschwamm-Ansiedlungen am Meeresboden dar. Im Dünnschliff
des Gesteins sind noch zahlreiche Schwammnadeln zu erkennen (siehe Abb. 4.8 in Wanderung 4). Der Block ist von kleinen Fichten und Lärchen überwachsen. In den dünnen Mergelfugen zwischen den Bänken haben sich zahlreich herrliche Aurikel, Silberwurz und Stielloser Enzian angesiedelt.

Kehren wir nun zurück zu den Almhütten und genießen das grandiose Panorama (6), das uns weitere wichtige geologische Strukturelemente des Grießltals in einzigartiger Weise verdeutlicht. Beim Blick
11.9 nach Osten auf die gegenüberliegende Talflanke imponieren im Vordergrund zwei mächtige Fächer.
Der erste auf der linken Bildseite zeigt eine regelmäßige Fächerstruktur. Auf seiner relativ glatten Oberfläche erkennt man eine lockere Bestreuung mit großen Blöcken. Aufgrund dieser morphologischen Merkmale erkennt der Fachmann, dass es sich um einen mächtigen Schuttfächer handelt, in dem der Hangschutt durch gravitative Prozesse im Laufe der Zeit akkumuliert wurde. Der teilweise mit Lärchen und Latschen bewachsene zweite große Fächer auf der rechten Bildseite weist dagegen ein unruhiges, leicht welliges Oberflächenrelief auf. Nach oben wird er durch einen amphitheaterähnlichen Einschnitt begrenzt, der von einer halbkreisförmig gebogenen Abrisskante umsäumt wird. Diese Kombination von Merkmalen weisen Hangrutschungen auf. Zwischen diesen beiden Fächern wird in der Bildmitte ein Schwemmkegel sichtbar, dessen Zufuhrrinne weit bergauf verfolgt werden kann. Ein sehr unruhiges Oberflächenrelief aus sich schnell verlierenden Rinnen und Kiesbänken ist für solche Schwemmfächer typisch. Am linken Bildrand erkennt man eine senkrechte Felswand, die in einem halbkreisförmigen Bogen zu den Gipfelfluren in der Bildmitte hinaufzieht. Die Felswand wird von dickbankigen, stark verkieselten Kalken der Älteren Allgäu-Schichten aufgebaut. In der oberen Bildmitte sind unterhalb der Gipfelregion wild gefaltete Kalk-Mergel-Wechselfolgen erkennbar, die den Kössener Schichten der obersten Trias zugeordnet werden können. Wir fassen zusammen:
11.10 Gewölbeartig nach oben gebogene, intensiv gefaltete Triasabfolgen der Kössener Schichten werden
hier eindeutig durch jüngere kieselige Ältere Allgäu-Schichten überlagert. Die Gesamtstruktur ist somit tektonisch als Sattel anzusprechen.

Weitere wichtige Elemente dieser weitgespannten Sattelstruktur, des Baumgart-Sattels, sowie dessen Einbindung in den regionalen Gesteinsaufbau werden von dem weiter Richtung Talschluss gelegenen Haltepunkt 7 aus eindrucksvoll sichtbar. Aus dieser Perspektive ist der Baumgart-Sattel in seiner

Abb. 11.10. Blick von Westen auf die komplexen Faltenstrukturen in den Kössener Schichten im Nordflügel des Baumgart-Sattels. Bei extremer Kompression am Top nach Nordwesten gedrehte Sattelstruktur.

vollen Ausstrichbreite in der östlichen Talflanke des Grießltals einsehbar. Kössener Schichten, überlagert von Älteren Allgäu-Schichten, ziehen in der Nordflanke zum Sattelgewölbe zu den Gipfelfluren in der Bildmitte hinauf und biegen dann in der Südflanke in Richtung Wasserfall nach Süden ab. Im Umbiegungsbereich in der Bildmitte wird die unterschiedliche Verwitterungsresistenz der einzelnen Schichtglieder besonders deutlich. Die ältesten Schichten im Kern des Baumgart-Sattels werden von den rhythmisch gebankten Dolomiten des Hauptdolomits aufgebaut. Aufgrund seiner relativ hohen Verwitterungsresistenz bildet der Hauptdolomit eine markante Felswand, die über dem Hangschutt in der unteren Talflanke steil emporragt. Darüber folgt ein deutlicher Geländeknick zu einer flacher ansteigenden Bergwiese, unter der die zu lehmigen Böden verwitternden Kalk-Mergel-Wechselfolgen der Kössener Schichten anstehen. Darüber setzt abrupt erneut eine fast senkrechte Felswand an, die bis zu den Gipfelfluren hinaufreicht. In der Wand ist eine Zweiteilung zu erkennen. Ein schmales, kompakt hervorwitterndes graues Felsenband wird von harten, stark verkieselten Kalken aufgebaut, die wir schon im Block in der Moräne gesehen haben. Stratigraphisch werden sie als stark verkieselte Untere Ältere Allgäu-Schichten eingestuft. Darüber erkennt man graubraune, rhythmisch gebankte Kalk-Mergel-Wechselfolgen, die weniger verwitterungsresistent als die Basisabschnitte sind, und daher in der Wand stärker zurückwittern. Hierbei handelt es sich um die mergelig-kalkige Abfolge der Oberen Älteren Allgäu-Schichten. Soweit der prächtige Ausstrich des Baumgart-Sattels. Bei der Auffaltung folgt, wenn der Verband weitgehend ungestört ist, auf einen Sattel (Schichten nach oben gebogen) eine Mulde (Schichten nach unten gebogen). Dies ist auch in unserem Geländeprofil *11.11a*
der Fall. Am Hochplateau schließt sich in südlicher Richtung die Sonnengampen-Mulde an. Beide Muldenflügel werden von Malm-Apytychenkalk aufgebaut. Im Muldenkern sind Neokom-Mergel aufgeschlossen. Diese sind morphologisch im Gelände leicht erkennbar. Sie bilden eine markante, von Wiese bewachsene Senke. Ganz am Südrand des betrachteten Profils ändert sich die Situation

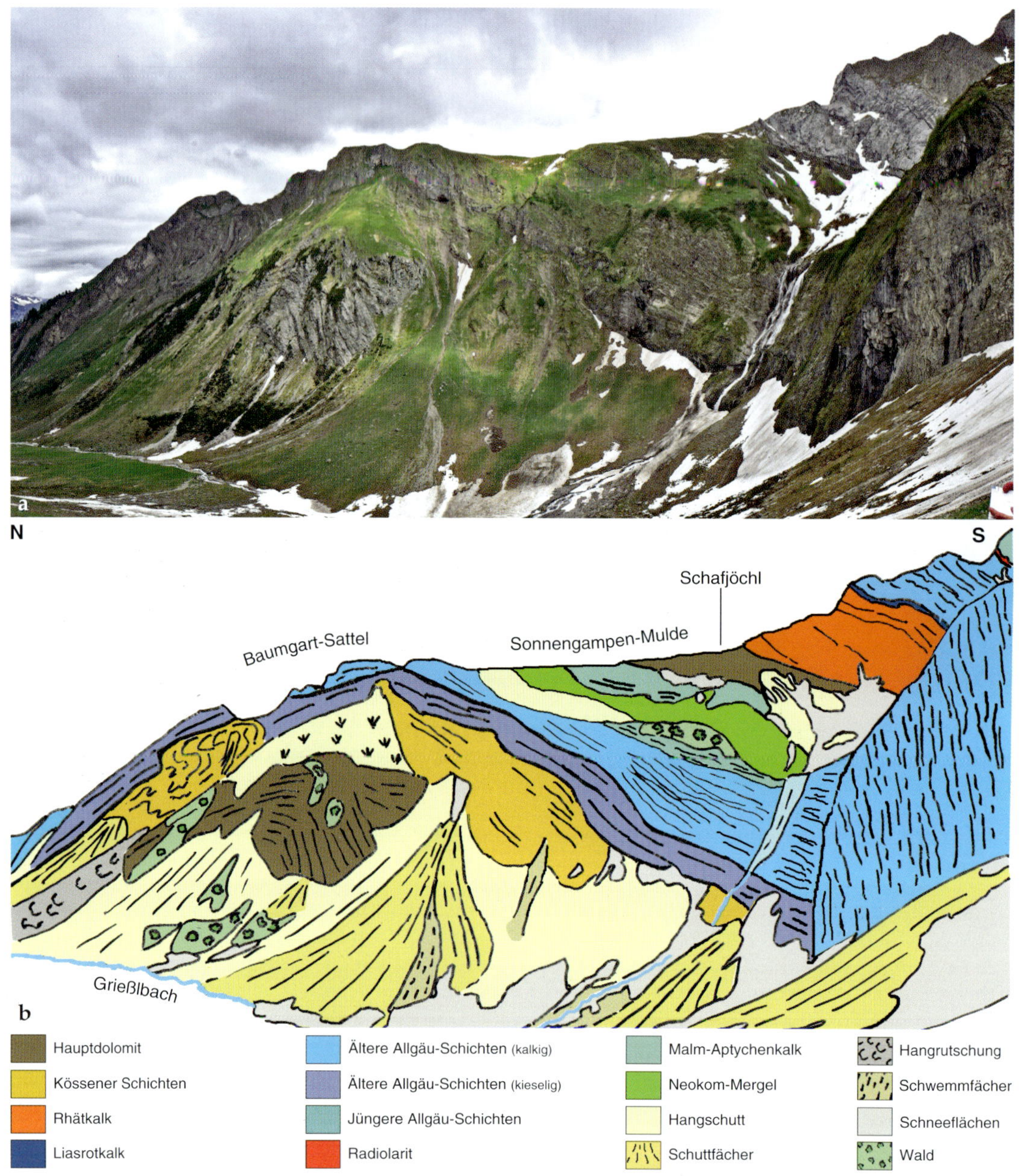

Abb. 11.11. Baumgart-Sattel und Sonnengampen-Mulde. a, Landschaftsaufnahme; b; Geologische Skizze.

11.11b erneut. Ein Blick auf die geologische Skizze weist in den südlichen Arealen des flach ansteigenden Hochwiesenplateaus signifikant ältere Schichten, nämlich Hauptdolomit aus. Südlich davon ragt abrupt eine massive graue Felswand steil empor. Im obersten Abschnitt dieser grauen Wand erkennt man deutlich nach Süden einfallende gebankte Kalke. Die Wand wird von der in die oberste Trias einzustufenden Rhätkalk-Formation aufgebaut. Das schmale Band von roten Kalken am Top ist dem Lias-Rotkalk zuzuordnen. Den Abschluss darüber bilden die graubraun verwitternden Abfolgen der Älteren Allgäu-Schichten.

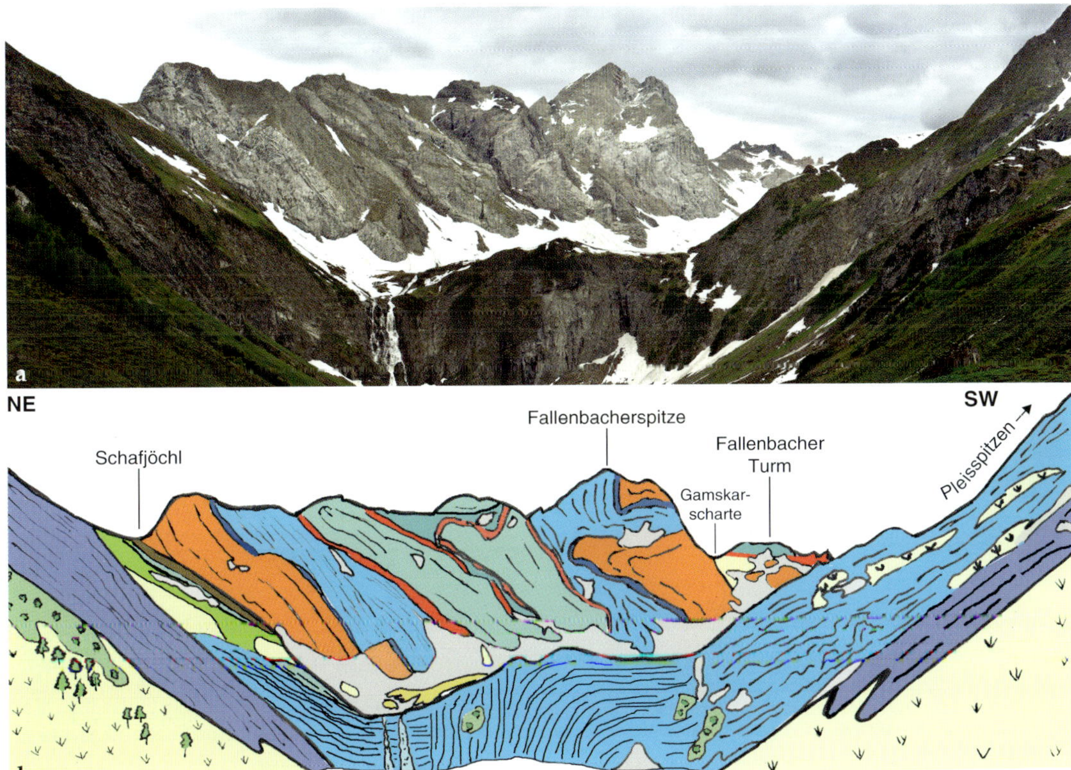

Abb. 11.12. Das so genannte Freispitz-Synklinorium, eine Schachtelung mehrerer tektonisch ausgedünnter Mulden und Resten der zwischengeschalteten Sättel. a, Landschaftsaufnahme; b, Geologische Skizze. Legende siehe Abb. 11.11.

Wie kann man sich nun den tektonischen Aufbau in diesem Abschnitt des Profils erklären? Da im Wiesenplateau oberjurassische Malm-Aptychenkalke direkt an den wesentlich älteren Hauptdolomit grenzen, muss an dieser Stelle eine Störung, und zwar eine Aufschiebung angenommen werden. In der Felswand folgen Schicht für Schicht nach Süden einfallende, kontinuierlich jüngere Abfolgen. Die Gesamtstruktur ist somit tektonisch dem normal liegenden Nordflügel einer neuen Mulde zuzuordnen. Zwischen der Sonnengampen-Mulde und dem Nordflügel dieser neuen Mulde fehlt eine komplette Sattelstruktur. Diese wurde an dieser Stelle bei der zunehmenden Einengung von Süd nach Nord komplett ausgequetscht.

Dass die Einengung im südlichen Abschnitt des Grießltals besonders intensiv war, bezeugen auch die komplexen Falten (siehe Abb. 11.10) innerhalb der Kössener Schichten auf der Nordflanke des Baumgart-Sattels. Beim Heranzoomen mit der Kamera oder mit Fernglas erkennt man im oberen Bildabschnitt eine Sattelstruktur, die bei der extremen Kompression am Top sehr stark nach Nordwesten gedreht und ausgedünnt wird.

Ein Blick auf die geologische Karte zeigt, dass auch die im unteren Grießltal aufgeschlossene Tajamulde von dem Nordwestschub in analoger Weise deformiert wurde. Letzteres wird ganz besonders in der Umgebung der Greitjochspitze sichtbar, wo der Muldenkern bei der extremen Einengung in Form einer Tauchfalte umgebogen wurde.

Wenden wir uns jetzt dem zweiten hochinteressanten Profilschnitt zu, einem Nord-Süd-Schnitt, der 11.12
sich oberhalb des Talschlusses des Grießltals vom Schafjöchl bis zur Fallenbacherspitze ersteckt. Während unserer Wanderung bleibt uns der Profilschnitt als Blickfang längs der gesamten Strecke

Abb. 11.13. Das Gesamtprofil mit Baumgart-Sattel (rechter Vordergrund) und Freispitz-Synklinorium (links im Hintergrund über dem Talschluss).

von der Baumgartalm bis zum Fallenbacher See stets erhalten. Die genaue Betrachtung des hier aufgeschlossenen geologischen Profils erlaubt es, den Baustil der an die Sonnengampen-Mulde sich südlich anschließenden Mulde genauer zu verstehen. Diese wird in der Literatur (BANNERT 1964) als Freispitz-Synklinorium bezeichnet. Der Begriff Synklinorium impliziert, dass es sich nicht um eine einfach gebaute Mulde handelt, sondern dass eine Schachtelung von mehreren Mulden eventuell kombiniert mit Resten von zwischengeschalteten Sätteln vorliegt. In der Tat werden wir am Ende unserer Analyse der von BANNERT 1964 veröffentlichten Ausdeutung sehr nahe kommen. Vor jeder Interpretation steht aber zunächst mal die genaue Betrachtung. Was sehen wir also? Unser Profil beginnt im Norden mit einer völlig intakten Abfolge: Nach Süden einfallende Rhätkalke werden von einem dünnen Band von Lias-Rotkalken und einem mächtigen Schichtstapel von Älteren Allgäu-Schichten überlagert. Tektonisch würde man diesen Schichtstapel folglich als Nordflügel

Abb. 11.14. Aktive und trockengefallene Schwemmrinnen im Gratschekar in 1950 m Höhe.

Abb. 11.15. Blick von der steilen Felsrippe im Talschluss zum Fallenbacher See hinab ins Grießltal.

einer Mulde interpretieren. Im südlichen Anschluss folgen dann gleichfalls nach Süden einfallend Radiolarit und Malm-Aptychenkalk, die auch dem Nordflügel der Mulde zugerechnet werden könnten. Aber an dieser Stelle ergibt sich das erste Problem. Zwischen den Älteren Allgäu-Schichten und dem Radiolarit fehlen die Mittleren und die Jüngeren Allgäu-Schichten. Doch es kommt noch schlimmer! Über den südfallenden Malm-Aptychenkalken folgen ein zweites Radiolaritband, eine reduzierte, teils ausgequetschte Abfolge von Jüngeren Allgäu-Schichten, ein drittes Radiolaritband, ein zweites mächtiges Paket von Malm-Aptychenkalk und ein viertes Radiolaritband. Alle genannten Schichtpakete fallen zudem unverändert nach Süden ein und nicht nach Norden, wie es sein sollte, wenn hier die Abfolgen des normal liegenden Südflügels der Mulde aufgeschlossen wären. Im Gebirgsstock der Fallenbacherspitze wird es dann nochmals komplizierter. Südeinfallend werden Ältere Allgäu-Schichten von Liasrotkalken und Rhätkalken überlagert. Die Abfolge liegt hier also eindeutig überkippt, das Jüngste liegt unten und wird von älteren Schichten überlagert. Schlimmer noch, die Rhätkalk-Platte ist zudem offensichtlich auseinandergerissen und in Teilstücken nach Norden über die jüngeren Schichten geschoben worden. Wie können wir diese komplexen Beobachtungen nun zu einem schlüssigen Gesamtbild zusammenfügen? Wäre die Verdoppelung der von Radiolarit beiderseits flankierten Malm-Aptychenkalk-Pakete nicht vorhanden, könnte es sich um eine große Mulde handeln, deren Südflügel allerdings überkippt wäre. Da sich in der Mitte des Profils mit den von Radiolarit flankierten Jüngeren Allgäu-Schichten Reste eines Sattelkerns andeuten, muss man davon ausgehen, dass der Südflügel der Mulde nicht intakt geblieben ist, sondern beim Nordwestschub intern überfaltet sowie aufgerissen und verschuppt wurde. Letzteres ist im Gebirgsstock der Fallenbacherspitze eindrucksvoll zu erkennen. Insgesamt dokumentieren die im Grießltal aufgeschlossenen Strukturen eindeutig, dass die maximale Kompression von Süd nach Nord erfolgte und in der letzten Ausgestaltung durch einen intensiven Nordwestschub charakterisiert war. Hier waren mit Sicherheit gewaltige Kräfte am Wirken.

Vor dem Aufstieg über den Felsriegel am Talschluss zum Fallenbacher See (2050 m) haben wir noch einen kurzen Abstecher bei den kleinen Wänden 1800 m) hinauf in das Gratschekar (1950 m) gemacht (8). Hier haben wir uns nochmal einen Überblick über das Gesamtprofil vom Baumgart-Sattel bis zur Fallenbacherspitze verschafft. *11.13*

Zudem gab es hier interessante Detailbeobachtungen über junge, aktive Schwemmrinnen und ihre Hinterlassenschaften am Hang zu bestaunen. Hier findet man eine aktive kleine Schwemmrinne mit Wasserfüllung sowie die Seitenwallstrukturen von trockengefallenen Rinnen in direkter Nachbarschaft. *11.14*

Abb. 11.16. Blick auf den Fallenbacher See und die dahinter sichtbaren Blöcke des Felssturzes.

Zurück am Abzweigpunkt folgt der finale Aufstieg durch die steile Felsrippe im Talschluss zum
Fallenbacher See (9). Dieser erfordert gute Bergausrüstung, Schwindelfreiheit und Trittsicherheit.
11.15 Testen Sie sich selbst und riskieren Sie nichts. Am See angekommen wird man mit grandiosen
11.16 11.17 Ausblicken zurück ins Tal über den Fallenbacher See und in die umliegende Felslandschaft belohnt.

Der See hat sich im Randbereich eines großen Felssturzes aufgestaut und zeigt eine zunehmende
Tendenz zur Verlandung. Bei unserer Begehung im Juni 2019 lag hier noch sehr viel Schnee. Vom
11.18 Felssturz, war daher abschnittweise wenig zu sehen. Dafür tauchte eine Hütte eindrucksvoll aus
11.19 den Schneemassen hervor und die Steinböcke gaben ein Stelldichein.

Abb. 11.17. a, Blick vom Fallenbacher See nach Südwesten auf den Mittelrücken; b, der Bereich direkt südlich des Fallenbacher Tals.

Abb. 11.18. Noch intensiv von Schnee bedecktes Blocksturzgebiet oberhalb des Fallenbacher Sees und die Felswände des Freispitz-Synklinoriums.

Zum Schluss unser Fazit: Der Ausflug in das geologische Lehrbuch des Grießltals hat sich in jedem Fall gelohnt und auch ansonsten hat das Tal viel zu bieten. Dazu gehören nicht zuletzt auch die herrliche Einkehrmöglichkeit und ausgezeichnete Bewirtung auf der Alm.

Literatur

BANNERT, D. (1964). Die Geologie der Ruitelspitzen und der Umgebung von Madau in den zentralen Lechtaler Alpen. – 166 S., Dissertation Phil. Fak. Univ. Marburg.

Abb. 11.19. Steinböcke rasten auf den Grashängen in der Umgebung des Sees.

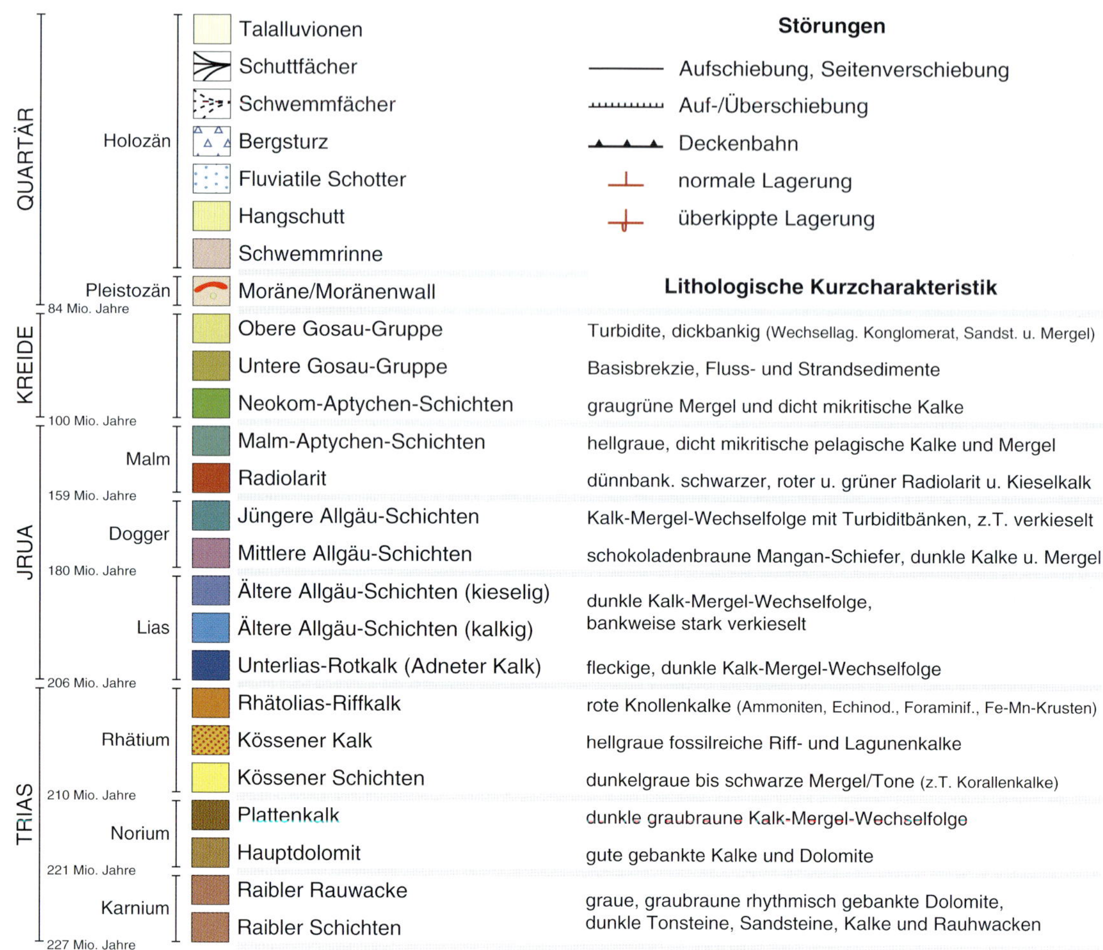

Legende zu den geologischen Karten der Wanderungen inklusive einer kurzen Charakterisitik der verschiedenen Schichten.

Über die Autoren

Claudia Henrich, Jahrgang 1960, ist Diplomgeologin mit einer Spezialisierung in Petrographie und Gefügekunde metamorpher Gesteine. Sie hat ihre Diplomarbeit über ein Gebiet in den Gurktaler Alpen in Kärnten an der Technischen Hochschule in Darmstadt angefertigt. Später hat sie ihren Mann, Rüdiger Henrich, bei Geländeeinführungen von Diplomanden sowie bei nationalen und internationalen Exkursionen oft begleitet. Beide haben so manche unvergessliche Tour in den Lechtaler und Allgäuer Alpen unternommen, nicht zuletzt bei den Geländebegehungen für diesen Führer. Claudia hat sich schon immer sehr für Botanik interessiert und ihren diesbezüglichen Kenntnisstand stets erweitert. Alle Pflanzenbestimmungen in diesem Buch fundieren auf ihren Kenntnissen. Noch viel wichtiger für die Illustrationen in diesem Buch ist ihr zweites Hobby, die Photographie. Im Laufe der Jahre hat sie dabei die Technik und Ausrüstung immer mehr perfektioniert. Am wichtigsten ist aber ihr geschulter Blick für das Einfangen attraktiver Motive und Stimmungen.